高效节水灌溉理论与实践

吴现兵　魏　亮　程伍群　贾志军　米　勇◎著

中国建设科技出版社 有限责任公司
China Construction Science and Technology Press Co., Ltd.
北　京

图书在版编目（CIP）数据

高效节水灌溉理论与实践/吴现兵等著．
北京：中国建设科技出版社有限责任公司，2025.5.
ISBN 978-7-5160-4464-3

Ⅰ．S275

中国国家版本馆 CIP 数据核字第 2025N4Y027 号

高效节水灌溉理论与实践
GAOXIAO JIESHUI GUANGAI LILUN YU SHIJIAN
吴现兵　魏　亮　程伍群　贾志军　米　勇◎著

出版发行：	中国建设科技出版社有限责任公司
地　　址：	北京市西城区白纸坊东街 2 号院 6 号楼
邮　　编：	100054
经　　销：	全国各地新华书店
印　　刷：	北京雁林吉兆印刷有限公司
开　　本：	787mm×1092mm　1/16
印　　张：	9.75
字　　数：	230 千字
版　　次：	2025 年 5 月第 1 版
印　　次：	2025 年 5 月第 1 次
定　　价：	56.00 元

本社网址：www.jskjcbs.com，微信公众号：zgjskjcbs
请选用正版图书，采购、销售盗版图书属违法行为
版权专有，盗版必究。 本社法律顾问：北京天驰君泰律师事务所，张杰律师
举报信箱：zhangjie@tiantailaw.com　举报电话：(010) 63567684
本书如有印装质量问题，由我社事业发展中心负责调换，联系电话：(010) 63567692

前　言

与生活用水、工业用水不同，农业灌溉用水不仅所占比例最大，而且是消耗性用水，其用水量和用水效率直接关系区域水环境改善和国家粮食安全。中华人民共和国成立初期我们大面积建设地表水、地下水灌区，使粮食产量大幅度增加，有力地支援了国家建设。本世纪70年代末，由于大量开采地下水，产生了严重的水文地质问题，农业节水开始受到空前重视，最成功的节水灌溉形式为低压管道输水系统，农民形象地称之为"田间自来水"，适用于一家一户的农业生产模式，大大降低了井灌区输配水系统输水损失量，但田间灌溉水利用率的进一步提高遇到了瓶颈，也没办法实现灌溉水肥一体化，不利于农业灌溉自动化和智慧农业的发展。

地下膜调控润灌系统是一种全新的灌溉形式，它的主要特点是：可直接向作物主要吸水吸肥的根区（5～50cm土层）直接供水供肥；地表以下主根区全部湿润，可种植大部分大田作物；主要靠土壤水吸力在耕作层配水、配肥；田间配水装置均位于耕作层之下，与田间耕作互不影响；可实现田间水分实时观测、实时供水，为实现农业灌溉乃至农业现代化、智慧农业提供基础支持；使用年限长，操作方便，省工省力，并可实现自动灌溉、施肥；可较大幅度提高灌溉水肥利用效率。不同于地表和浅埋式滴灌管每个农业季都需更新，地下膜调控润灌更新年限在15年以上，可作为新时期农田基本建设的典型，具有广阔的推广、应用前景。

地下膜调控润灌系统基本理念由衡水市翟世彦老师首先提出，并建立了试验小区。为了更好地验证和取得科学数据，河北农业大学程伍群团队与河北省水利科学研究院朱永涛团队在河北润农农业科技有限公司、河北国农节水工程有限公司帮助下，在衡水龙华建设了50亩试验田，开展了长期田间试验；其后还得到河北雄安新区管委会资助在新区建设了示范工程。

本书汇集作者团队过去近10年的研究成果，系统阐述了节水灌溉理论和技术以及地下膜调控润灌节水试验研究实践。全书共为7章：第1章由吴现兵、魏亮、程伍群、米勇撰写，介绍土壤水组成、田间土壤水分运动、作物吸水、田间水的消耗和田间水量平衡等理论知识。第2章由吴现兵、程伍群、贾志军、米勇、王二英撰写，介绍较成熟的灌溉方式及其优缺点，其中地表灌溉主要有漫灌、畦灌、沟灌和波涌灌，设施灌溉主要有喷灌、地表滴灌和地下滴灌。第3章由魏亮、贾志军、王二英、孙童、张博雄、贾坤鹏撰写，介绍河北省主要作物种植情况，分析河北省主要作物灌溉用水量和灌溉制度试验成果。第4章由程伍群、吴现兵、张西平、绳莉丽、韩明明、段启蒙撰写，介绍地下膜调控润灌的技术原理，室内外试验和数值模拟相结合提出地下膜调控润灌的主要技术参数。第5章由程伍群、吴现兵、魏亮、张雅冰、陶治撰写，通过蒸渗仪、测坑和大田试验，分析地下膜调控润灌下冬小麦生育期土壤水分分布规律、冬小麦和夏玉米耗水规律及对作物生产、产量和水分利用效率的影响。第 6 章由吴现兵、孟霄、王嘉毅撰写，通过温室试验，以甘蓝为试材，分析不同调控膜埋深和灌水量对土壤水分分布及甘蓝生长的影响，提出了蔬菜较优的调控膜埋深和甘蓝较优的灌溉制度。第 7 章由程伍群、吴现兵、米勇、张西平、贾志军撰写，介绍地下膜调控润灌田间工程设计和施工的要点和注意事项，为该灌溉方式的推广应用提供技术支撑。全书由吴现兵统稿。

本书由河北农业大学和河北省水资源研究与水利技术试验推广中心两个单位联合完成。本书的出版得到了河北省水利科技计划项目"地下膜调控润灌系统农业节水试验与示范"（2022-14）的资助。

在本书撰写过程中，我们力求数据准确可靠、分析系统全面、论证科学合理，但由于水平有限，我们对有些问题的分析和认识有待进一步深化，书中疏忽和不足之处也在所难免，恳请读者批评指正。

作 者
2025 年 2 月 26 日

目 录

1 土壤水及田间水循环 ··· 1
   1.1 土壤水组成 ··· 1
   1.2 田间土壤水分运动 ··· 2
   1.3 作物吸水 ··· 5
   1.4 田间水的消耗 ··· 6
   1.5 田间水量平衡 ··· 6

2 作物的主要灌溉方式 ··· 8
   2.1 地表灌溉 ··· 8
   2.2 设施灌溉 ··· 9

3 河北省主要作物灌溉用水分析 ··· 12
   3.1 河北省灌区概况 ··· 12
   3.2 河北省种植结构分析 ··· 13
   3.3 河北省主要灌溉试验站情况 ··· 17
   3.4 河北省主要农作物灌溉制度试验成果 ··· 18

4 地下膜调控润灌技术及主要技术参数确定 ··· 21
   4.1 技术原理 ··· 21
   4.2 室内试验 ··· 23
   4.3 室外试验 ··· 32
   4.4 数值模拟 ··· 47
   4.5 地下膜调控润灌主要技术参数确定 ··· 60

5 地下膜调控润灌下冬小麦、夏玉米耗水规律及灌溉制度 ··································· 61
   5.1 试验材料与方法 ··· 61
   5.2 膜调控润灌下冬小麦生育期土壤水分分布规律研究 ································· 66
   5.3 膜调控润灌对冬小麦生长、产量及水分利用效率的影响 ····························· 79
   5.4 膜调控润灌下夏玉米生长、产量及水分利用效率研究 ······························· 91

6 地下膜调控润灌下蔬菜耗水规律及灌溉制度 ··· 104
   6.1 试验材料与方法 ··· 104

  6.2 膜调控润灌下甘蓝生育期土壤水分空间分布 …………………… 106
  6.3 膜调控润灌下不同处理对甘蓝生长的影响 ……………………… 125
  6.4 膜调控润灌下甘蓝耗水规律及水分利用效率分析 ……………… 133

7 地下膜调控润灌系统设计与施工 ………………………………………… 138
  7.1 工程方案选择 ……………………………………………………… 138
  7.2 技术设计方案 ……………………………………………………… 139
  7.3 田间工程施工 ……………………………………………………… 142

参考文献 ………………………………………………………………………… 146

1 土壤水及田间水循环

土壤水是指存储于土壤孔隙中的水分，一般以固态、液态和气态形式存在，其中液态水对植物生长和田间水循环最为关键。本章就土壤水的组成、田间土壤水分运动、作物吸水、田间水的消耗和田间水量平衡进行阐述。

1.1 土壤水组成

土壤作为多孔介质体，其固相骨架主要由矿物质和有机质构成，内部孔隙一般为水（或水溶液）和空气所填充。水分在土壤中存在的形态有固态、气态和液态三种。其中液态水在土壤中的含量随时空变化最大，并且与作物的生长关系最为密切，因此，从影响作物生长和生理性状角度来讲，人们主要研究土壤中液态水含量的多少及运移和分布问题。存在于土壤中的液态水常被划分为吸湿水、薄膜水、毛管水和重力水四种形态。

（1）吸湿水

土壤周围环境中的水汽分子受到土壤颗粒强大的吸附力作用而吸附于土壤颗粒表面的水分称为吸湿水。吸湿水含量的多少受周围环境水汽分子含量、土壤质地、土壤颗粒表面积大小、土壤溶质含量和有机质含量等影响，当土粒周围的水汽饱和时，土壤吸湿水量达到最大，此时相应的含水量称为最大吸湿量或吸湿系数。吸湿水被束缚在土粒表面不能自由运动，也难以被植物根系所吸收利用。

（2）薄膜水

随着土壤颗粒表面吸湿水含量的增加，土粒对水汽分子的吸附力明显减小。当吸湿水达到最大吸湿量后，土粒则只能吸持周围环境中的液态水分子，使其附着在吸湿水的外部，逐渐形成连续的水膜，此时的水被称为薄膜水。薄膜水受土粒的吸附力较小，可在吸湿水外部的水膜上自由移动。随着土粒吸持液态水分子数量的增加，水膜会逐渐增厚，当薄膜水达到最大值时的土壤含水量被称为最大分子持水量。

（3）毛管水

当土壤中的水分含量超过最大分子持水量后，多余部分的液态水将在毛管力作用下充填土壤中大小不一、错综复杂的孔隙，这些被吸持在毛管中的水分称为毛管水。根据土壤水分在毛管中的存在形式，可将其分为毛管上升水和毛管悬着水。毛管上升水是指在地下水潜水面之上，由于毛管力的作用使部分地下水进入毛管上升到一定高度，并保持在毛管中的水分。当地下水位埋深较浅时，毛管上升水是地下水补给土壤水分的一种重要形式，同时也可能将地下水或下层土壤中的盐分搬运至上层土壤或地表，使土壤出现盐渍化。当地下水位埋深较深时，土壤中的水分主要依靠降水或灌溉补给，水分从地表进入土壤孔隙受到重力和毛管力的作用，当重力大于毛管力的作用时，水分沿毛管向下渗漏，此种情况一般发生在较大的土壤孔隙中；当土壤孔隙较小、毛管力大于重力时，水分将保持在毛管的上部呈悬着状态，此部分水分被称为毛管悬着水。毛管悬着水量达最大值时的土壤的含水量称为田间持水量。

毛管水在毛管力和重力的作用下在毛管中具有较强的自由运移能力，可使土壤水分从含水量大的地方运移到含水量小的地方。这部分水分极易被植物根系所吸收利用，而且毛管水也是土壤养分的主要载体，可将土壤养分携带至植物根系附近供其吸收。

（4）重力水

土壤中孔隙形成的毛管错综复杂，孔径大小不一，毛管直径越大则毛管力就越小。随着外界水分不断进入土壤孔隙填充毛管，当土壤含水量大于田间持水量时，较大孔隙中的毛管力将不能抵抗其中水分的重力作用，使多余水分在重力作用下沿毛管向下运动，这部分土壤水分被称为重力水。重力水虽具有液态水的基本特征，但多分布于植物主要根系层之下，因此很难被植物吸收利用。随着外界水分继续进入土壤孔隙，当所有孔隙被水所充满时，土壤将达到饱和含水量。

此外，当外界没有水源对土壤孔隙补充水分时，随着植物根系不断对土壤水分的消耗，根系层土壤含水量逐渐下降，当土壤不能补偿植物耗水量时，植物将永久凋萎，此时的临界土壤含水量被称为凋萎系数。

上述最大吸湿量、最大分子持水量、凋萎系数、田间持水量、饱和含水量等特征含水量，被统称为水分常数。水分常数将土壤水的数量和形态联系起来，并用来定量描述土壤水分分布情况和盈亏状态。由前述可知，并非所有的土壤中的水分都可以被植物根系吸收利用，综合考虑土壤水分的存在形态、性质、数量和植物根系吸水能力等因素，通常把凋萎系数看作土壤有效水分的下限，而上限为田间持水量。

1.2 田间土壤水分运动

1.2.1 土壤水分特性曲线

土壤水分存在于田间空隙，与其他物质一样具有能量特性，其总的能量由势能项和动能项组成。但因土壤水分在土壤空隙中运动速度非常缓慢，一般可忽略动能项，即土壤水分总的能量主要由势能项组成。土壤水分所具有的势能可被称为土水势。从热力学角度分析，土水势由重力势、压力势、基质势、溶质势和温度势五个分势组成（雷志栋等，1998）。在研究田间土壤水分运动时，溶质势和温度势可忽略不计。当土壤水分处于非饱和状态时，基质势小于零，压力势等于零；当土壤水分处于饱和状态时，则基质势等于零，压力势不等于零。土壤水的基质势通常为负值，为了使用上方便，将基质势的负数定义为吸力，用 s 表示，即土壤水的基质势越大则土壤水吸力越低，土壤水的基质势越小则土壤水吸力越高。

土壤水分特征曲线形状受土壤质地、土壤结构和温度等因素影响较大。一般情况下，土壤的黏粒含量越高，同一吸力条件下土壤含水量越大；同一土壤质地、同一吸力条件下，土壤干密度越大，土壤含水量越大；温度升高，同一土壤含水量时土壤水吸力减小。土壤水吸力（基质势）由土壤颗粒表面张力和毛管作用引起，但土壤水吸力和土壤含水量之间的关系复杂，目前主要用经验公式进行描述，如 Brooks-Corey（1964）和

van Genuchten（1980）公式等。大量研究表明，van Genuchten 公式能够描述大部分土壤水分特征曲线（Skaggs et al.，2004；池宝亮等，2005；王全九等，2007；Provenzano，2007；Kandelous et al.，2010；余根坚等，2013；李耀刚等，2013）。在实际中应用广泛，其公式为

$$\theta(s) = \begin{cases} \theta_r + \dfrac{\theta_s - \theta_r}{[1+(\alpha s)^n]^m} & s > 0 \\ \theta_s & s = 0 \end{cases} \tag{1-1}$$

式中，θ_s 为饱和土壤含水量（%）；θ_r 为残余土壤含水量；s 为土壤水吸力；α 为孔隙分布参数；m、n 为模型参数。

当土壤含水量达到饱和时，土壤水吸力等于零。

土壤非饱和导水率也是一个描述土壤水分运动的重要基本水力参数，但其值难于直接测定，目前常用土壤水分特征曲线进行推求，用 van Genuchten 公式计算土壤非饱和导水率（K）的公式为

$$K = K_s \left(\dfrac{\theta - \theta_r}{\theta_s - \theta_r}\right)^{0.5} \left\{1 - \left[1 - \left(\dfrac{\theta - \theta_r}{\theta_s - \theta_r}\right)^{1/m}\right]^m\right\}^2 \tag{1-2}$$

式中，K_s 为土壤饱和导水率；$m = 1 - 1/n$。

1.2.2 土壤水分运动方程

土壤水分运动满足达西定律和质量守恒原理，达西定律是土壤水分运动所应满足的运动方程，质量守恒是物质运动和变化普遍遵循的原理，将质量守恒原理应用到土壤水分运动得出的方程称为连续方程，因此将达西定律和连续方程相结合可推导出土壤水分运动基本方程。

饱和土壤水分运动的达西定律为

$$\boldsymbol{q} = K_s \nabla h \tag{1-3}$$

式中，h 为总水头或总水势。

当土壤水分处于饱和状态时，土壤孔隙全部被水充满，此时土壤水基质势为零，饱和导水率（K_s）数值较大，且为常数。但生产实际中，农田作物主要根系层土壤大多处于非饱和状态，土壤水基质势随土壤含水量的升高而增大，而土壤非饱和导水率（K）也为一变量。从物理学的角度看，一般认为适用于饱和土壤水分运动的达西定律也适用于非饱和土壤水分运动。1931 年 Richards 将饱和土壤水分运动达西定律引入非饱和土壤水分运动的研究中，认为非饱和导水率（K）是土壤含水率（θ）或土壤基质势（φ_m）的函数。非饱和土壤水分运动的达西定律为

$$\boldsymbol{q} = -K(\theta)\nabla\varphi \tag{1-4}$$

式中，φ 为土水势。

假定土壤水为不可压缩液体，水的密度为常数，则土壤水分运动连续方程可表示为

$$\dfrac{\partial \theta}{\partial t} = -\nabla \boldsymbol{q} \tag{1-5}$$

将式（1-4）代入式（1-5），可得非饱和土壤水分运动基本方程，即

$$\dfrac{\partial \theta}{\partial t} = \nabla[K(\theta)\nabla\varphi] \tag{1-6}$$

设土壤为各向同性，对非饱和土壤水分运动，总水势（φ）由土壤基质势（φ_m）和重力势（$\varphi_g = \pm z$）组成，将式（1-6）展开可得非饱和土壤水分运动的基本微分方程式，即

$$\frac{\partial \theta}{\partial t} = \frac{\partial}{\partial x}\left[K(\theta)\frac{\partial \varphi_m}{\partial x}\right] + \frac{\partial}{\partial y}\left[K(\theta)\frac{\partial \varphi_m}{\partial y}\right] + \frac{\partial}{\partial z}\left[K(\theta)\frac{\partial \varphi_m}{\partial z}\right] \pm \frac{\partial K(\theta)}{\partial z} \quad (1-7)$$

根据所研究问题的需要和复杂程度，可将上式简化为水平一维和二维土壤水分运动方程、垂直一维和二维土壤水分运动方程，可以用比水容量 $C(\varphi_m)$ 和扩散率 $D(\theta)$ 来表示非饱和土壤水分运动的基本微分方程，在此不再赘述，可参考相关书籍资料。

土壤水分运动基本方程为偏微分方程，目前仍无法获得其精确解析解，通常采用有限差分、有限元等数值计算方法和半解析解或近似方法获得土壤水分运动的动态分布。

1.2.3 土壤水分入渗

入渗是降水或灌溉水从外界进入土壤内部的过程。土壤入渗过程的主要影响因素：一是外界供水强度；二是土壤入渗能力。外界供水强度主要受两种情况制约：一是降雨强度；二是所采用的灌溉方式以及出水口的出流速率。土壤入渗能力主要受土壤自身因素影响，如土壤质地、土壤结构、土壤初始含水量、土壤温度等。当外界供水强度超过土壤入渗能力时，土壤入渗过程受土壤入渗能力控制，反之则受外界供水强度控制。

对降雨或地表灌溉，水分从地表进入土壤内部形成土壤水，土壤水分主要受重力作用，湿润锋以向下运动为主，在灌溉水与地表土壤接触的边界和湿润体的边缘，受毛管力的作用，土壤水分在横向上向四周有所扩展，但范围较小。对地下滴灌，灌溉水自滴头流出后，先是在毛管吸力的作用下，以滴头为圆心，开始向四周扩散。当滴头附近土壤含水量超过田间持水量后，土壤水分在重力作用下开始以向下运动为主。综上，目前采用的灌溉方式，无论是地表灌溉还是设施灌溉，灌溉水进入土壤后主要在重力作用下，都以向下运动为主。当灌水量较大时灌溉水易出现深层渗漏，一方面造成灌溉水利用效率较低、浪费严重，另一方面易造成养分或盐分的淋失，污染地下水。

目前描述土壤入渗过程的数学模型概括起来可分为三种，即物理基础模型、经验模型和概念模型。其中常用的物理基础模型主要包括 Green-Ampt 入渗公式和 Philip 入渗公式等，常用的经验模型主要包括 Horton 入渗公式和考氏加可夫入渗公式等，常用的概念模型主要有 Holton 入渗公式等（王全九等，2007）。这些公式无论是基于理论还是经验，在一定程度上都可反映土壤水分的入渗规律，每一个公式都有其适用条件。

高效节水灌溉技术应突破现有技术瓶颈，如改变水分进入土壤后的受力特点，将目前水分在土壤中主要靠重力作用运移的特性变为主要靠毛管吸力作用在土壤中运移，要实现这种改变，可在土壤中某一深度处设置一定面积的不透水介质，阻断其上方土壤水分在重力作用下向下运移的通道，同时降低出水口的出流速率，以浸润的方式进行灌溉，使出流速率、湿润体边缘土壤毛管吸力接近平衡，也就是使描述土壤入渗的关系曲线与描述土壤水吸力变化的土壤水分特性曲线相适应，以达到主要通过土壤毛管吸力的作用影响土壤水分空间分布的目的，从而使更多的灌溉水滞留在作物主要根系层供其吸收利用。地下膜调控润灌就是以此为出发点研发的一种高效节水灌溉新技术。

1.3 作物吸水

作物生长发育离不开水分的供给。从作物生理角度看,水分是构成作物细胞原生质的重要成分,水分既是作物体内生化反应的介质,又是光合作用的重要原料,水分可溶解土壤中的养分并输送至作物体内供其吸收利用。有研究表明,粮食作物植株含水量占其鲜重的60%~80%,蔬菜类作物含水量更高,约为90%,可见水分对作物生长发育的重要性(罗金耀,2003)。作物在生育期短时间内轻度缺水,一般不会对作物生长和产量造成影响,复水后还可能加速作物生长;长时间轻度缺水会使细胞扩大受到抑制,作物茎叶生长减缓,叶面积指数降低,从而影响作物生长和产量。若因土壤干旱造成作物重度缺水,水分供给不能满足作物正常蒸腾和生长发育需要,作物则可能产生永久凋萎而死亡。

作物正常生长发育所需水分和养分来源于土壤,获取途径则是通过作物的根系来完成,作物根系的生长状况和活力直接影响作物的生长发育水平和产量。作物所需养分的载体为土壤水分。在自然条件下,土壤水分的来源主要是通过降水和地下水的补给,对缺水严重的华北平原区,地下水埋藏较深,不能补给作物根系层土壤供作物利用,而该地区年均降水量的70%一般发生在6—8月间,而冬小麦需水关键期在返青期至灌浆期(3—5月),此间有效降雨多不能满足冬小麦需水要求,夏玉米需水关键期在苗期至灌浆期(6—9月),平水年($P=50\%$)和偏枯年($P=75\%$)多也不能满足夏玉米需水要求,因此,为了保证作物产量,作物生育期的需水量扣除期间可被利用的有效降雨量后,不足部分则需人工灌溉进行补给。

以河北山前平原区为例,由河北省地方标准《用水定额 第 1 部分:农业用水》(DB13/T 1161.1—2016),冬小麦、夏玉米不同质地土壤不同水文年灌溉定额见表1-1。

表 1-1 冬小麦、夏玉米不同质地土壤不同水文年灌溉定额

作物名称	水文年型/%	土壤质地	灌溉定额/(m³/亩)	灌水次数
冬小麦	50	沙土	150	4
		壤土	140	4
		黏土	130	4
	75	沙土	210	5
		壤土	200	5
		黏土	180	5
夏玉米	50	沙土	50	1
		壤土	45	1
	75	沙土	110	2
		壤土	100	2

注:1亩≈666.7m²,下同。

平水年($P=50\%$)不同质地土壤冬小麦一般需要灌水四次,建议灌溉定额为130~150m³/亩,夏玉米一般需要灌水一次,建议灌溉定额为45~50m³/亩;偏枯年

($P=75\%$) 不同质地土壤冬小麦一般需要灌水五次，建议灌溉定额为 $180\sim210m^3/$亩，夏玉米一般需要灌水两次，建议灌溉定额为 $100\sim110m^3/$亩。可见，河北山前平原区要保证粮食作物高产、稳产，人工灌溉补给土壤水分是必不可少的。

1.4　田间水的消耗

灌溉水或雨水接触田面后，首先通过入渗填充包气带孔隙使土壤含水量增加，当土壤含水量超过田间持水量后，毛管中多余水分在重力作用下继续下渗，当下渗深度超出作物根系层范围后则产生深层渗漏。存储在作物根系层的土壤水分消耗途径主要是土壤表面蒸发和作物蒸腾，合称蒸发蒸腾量。

土壤表面蒸发是指表层土壤孔隙中的水分由液态变为气态散失的过程。农田土壤表面蒸发强度主要受光照、地表空气温度、湿度、风速、土壤含水量、土壤温度、作物冠层覆盖度等因素影响。除气象因素外，降雨或灌溉后，土壤表层含水量较高，土壤蒸发强度较大，随着表层土壤含水量的下降，蒸发强度也降低。对种植作物的农田，在作物苗期冠层覆盖度较低，大面积田面裸露，土壤表面蒸发强度较大，随着作物生长，作物冠层覆盖度不断增大，土壤蒸发逐渐减弱。

蒸腾是指作物体内的水分通过作物表面以气态排入大气的过程。作物根系从土壤中吸取水分进入作物体内，通过植株体向上传输，此过程中小部分水分满足作物正常生长需要（作物的蒸腾系数一般为 $125\sim1000$），大部分水分会被传输至作物叶片，通过叶片表面的气孔散失到大气中。因此，蒸腾主要发生在作物的叶面。影响蒸腾的主要有光照、空气温度、湿度、风速、土壤含水量、土壤温度、土壤盐分含量、土壤通气状况、根系吸水能力、作物特性等。有研究发现，作物吸收 1000g 水只能形成 $3\sim4g$ 干物质。可见，作物生育期需要从土壤中吸收大量水分才能满足作物正常生长需要，其中大部分水分消耗于作物蒸腾。

在作物生育期内，土壤蒸发和作物蒸腾同时发生，苗期作物耗水以土壤蒸发为主，随着作物生长，作物冠层覆盖度增大，土壤蒸发减弱，而作物蒸腾增强。因此，在作物生长的中期和后期，作物耗水逐渐变为以作物蒸腾为主。

土壤水分深层渗漏也是田间水消耗的途径之一，主要发生在灌水量或降雨量较大时，土壤水分产生深层渗漏不仅是水分的损失，往往同时会挟带表层土壤中的养分和盐分一同进入深层土层，甚至进入浅层地下水，造成地下水的污染。张维理等（1995）对北京、天津和河北内 13 个区县（市）进行调研发现，农田大量施用氮肥和过量灌溉对地下水造成了非常严重的硝酸盐污染，超过 50% 的调查点地下水硝酸盐含量超标，最高值超过允许值六倍。可见，科学灌溉不仅可提高灌溉水的利用效率，而且可防止养分和盐分淋失造成的地下水污染。

1.5　田间水量平衡

在太阳辐射和地球引力作用下，地球上的水不断参与蒸发、水汽运动、降水、入渗、径流等过程，这些过程连接起来形成闭环，就构成了大水文循环和小水文循环，使人们在研究某一尺度和某一时段内的水量平衡问题时，可以建立水量平衡方程。如从全球角度看，从大尺度时间来看，蒸发量就等于降水量；而在中、小尺度或较短时段内，水量平衡方程可表示为进入该区域的水量和流出水量的差值等于该区域蓄水量的变化。具体到构建田间水量平衡方程，则需要分析田间尺度下降水、植物截留、入渗、径流、土壤水分再分布、深层渗漏与地下水补给、土壤水分蒸发、根系吸水、植物体内水分传输、作物蒸腾等过程所构成的自然条件下的农田水分循环过程。农田水分循环过程连续不断地进行，从不同时段长度（年、季、月或某种作物全生育前、不同生育阶段等）分析均处于相对平衡状态。即使考虑人工灌溉影响，田间水文循环过程依然成立，取不同时段长度分析也处于平衡状态。这种平衡状态可用农田水量平衡方程表示为

$$(P+S_g+I) - (E_s+T+D_1+S_1+E_c) = \Delta W_s + \Delta W_p \tag{1-8}$$

式中，P 为农田区域内降水量（包括水汽凝结量）；S_g 为地下水补给量；I 为研究时段内的灌水量；E_s 为植物棵间土壤表面蒸发量；T 为植物植株蒸腾量；D_1 为土壤深层渗漏量；S_1 为地表水和地下水径流量；E_c 为植物截留和田面填坑补洼蒸发量；ΔW_s 为研究区域内土壤储水量的变化；ΔW_p 为植株体内储水量的变化。

农田水量平衡方程表示研究区域某一时段内进入农田的水量和支出的水量之差值与农田内部储水量的变化相平衡。在实际应用时，常忽略式（1-8）中的次要项，将作物主要根系层作为土壤计划湿润层，列水量平衡方程为

$$P_e + S_g + I - E_t - D = W_t - W_0 \tag{1-9}$$

式中，P_e 为研究时段内的有效降水量；S_g 为地下水补给量；I 为研究时段内的灌水量；E_t 为时段内蒸发蒸腾量；D 为时段内土壤计划湿润层的渗漏量；W_t 为时段末土壤计划湿润层内的储水量；W_0 为时段初土壤计划湿润层内的储水量。

2 作物的主要灌溉方式

田间土壤中的水分主要来源于降水、灌溉水和地下水，其中降水和地下水对土壤水的补给主要受自然因素影响。若要保证作物的稳产和高产，则作物必须能够从土壤中及时获取正常生长所必需的水分，对于地下水位较低的地区，受人工控制的灌溉水供给保证率一般要显著高于降水。因此，农田灌溉是农业生产中必不可少的关键环节。但过量的灌溉不仅造成资源浪费，也不利于农田土壤环境的良性发展。节水灌溉是科学、高效利用灌溉水的主要技术手段，目前较成熟的节水灌溉方式有地表灌溉和设施灌溉两种类型。本章对这两种类型中常用灌溉方式的基本原理、优缺点和适用条件进行阐述。

2.1 地表灌溉

2.1.1 漫灌

漫灌作为一种重力灌水方式，是农田灌溉中最早采用的灌水方式之一。其特点是田面不设置任何沟梗，灌水时将水引入田间任其在地面漫流，灌溉水在田面主要靠重力作用渗入土壤。这种灌水方式的缺点是灌水时间长、灌水均匀性差、人力投入大；破坏表层土壤结构，导致田面板结，增加土壤蒸发量；田面首、中段会有大量灌溉水发生深层渗漏，从而造成灌溉水利用效率低、水量浪费较大的情况。因此，漫灌属于一种较粗放的灌水方式，尤其是在水资源较匮乏的地区，该灌溉方式不建议采用（郭元裕，2019）。

2.1.2 畦灌

畦灌是目前农作物地表灌溉中应用最广泛的一种灌水方式。其具体做法是首先平整田面，然后沿灌水方向筑起若干个田埂将田面划分为一系列的小畦。在灌水时，对地表水灌溉，一般是利用各级渠道将灌溉水引至输水垄沟，依次在畦田首部的垄沟上开口，将水引入小畦进行灌溉；对使用地下水灌溉，一般是利用各级有压输水管道将灌溉水引至畦田首部，然后利用垄沟或"小白龙"直接将水引入小畦进行灌溉。灌溉水在畦埂的约束下，主要沿畦长方向流动，并主要靠重力作用湿润田面土壤。畦灌的优点是灌水时间短，灌水均匀度较高，与漫灌相比，节水效果显著；缺点是也会破坏表层土壤结构，导致田面板结，增加土壤蒸发量，灌溉人力投入较大。

对畦灌，为了提高灌水效率，应根据田面地形坡度、土地平整情况、土壤质地等因素合理选定畦田规格、灌水流量和灌水时间等技术要素。畦田顺水流方向适宜的田面坡度为1‰～3‰，并应采用先进的精细地面平整技术（如激光控制土地平整技术等）对田面进行平整，根据土壤透水性能确定畦长、入畦流量和灌水时间，以提高灌水均匀度，防止深层渗漏。畦灌适用于小麦、谷子等窄行距密播作物。

2.1.3 沟灌

沟灌是在作物行间开挖一定尺寸的灌水沟，灌溉水从输水垄沟或有压输水管道出水口输入灌水沟，对作物进行灌溉的地面灌水方式。灌溉水利用重力和毛管力湿润沟底和沟侧土壤。沟灌的优点是不破坏沟侧作物根区附近土壤结构，可减少土壤蒸发量和深层渗漏量，灌溉水利用效率较高。其缺点是人力投入大、灌溉作物种类有限。为了提高沟灌灌水效率，应根据田面地形坡度、土壤质地等因素合理选定灌水沟坡度、沟长、流量和灌水时间等技术参数。一般灌水沟顺水流方向适宜的坡度为 0.5%～2%，灌水沟间距一般为 50～80cm，土壤透水性越差，相应沟间距越大、沟长就越长。沟灌适用于宽行距种植的中耕作物。

2.1.4 波涌灌

波涌灌又称间歇灌，是在传统畦（沟）灌基础上发展起来的一种地面节水灌溉技术。波涌灌即灌水一段时间、停水一段时间，重复多次，直到灌水沟的首尾作物得到均匀灌溉为止。这种灌水方式可使过流的田面或沟面孔隙被细小的泥土颗粒填充，一方面在重复灌水时减小入渗速率，另一方面降低过流面糙率，以加快水流推进时间，从而达到节水、节能等效果。波涌灌的主要技术参数包括周期放水时间、周期停水时间、灌水周期、周期数、循环率、灌水流量和灌水量等。

波涌灌技术最早由美国学者提出，并被广泛开展研究和推广应用。我国自 1986 年开始对波涌灌入渗特性、影响因素和节水机理等方面开展理论和试验研究。目前国内外开展研究和应用采用的灌水方式主要有三种，即定时段-变流程法、定流程-变时段法和流量增量法。其中定时段-变流程法容易控制、操作方便，在田间试验和推广应用中采用较多。研究表明，与连续灌溉相比，波涌灌可加快水流推进速度，降低土壤入渗率。波涌灌可将灌水效率从传统沟灌的 50%～60%提高到 70%～80%，但与传统连续灌溉相比，这种灌水方式明显增加灌水时间、加大人力成本投入，且操作相对较烦琐，因此该灌溉方式在国内仍是以试验研究为主，实际应用较少。

2.2 设施灌溉

2.2.1 喷灌

喷灌是 19 世纪末出现的一种设施节水灌溉方式。喷灌的水源可以为地下水或地表水，利用水泵抽取加压后，通过有压管道系统将水流输送至田间喷头，再利用喷头将喷出的水打散成水雾，均匀降落在田面后入渗到土壤中形成土壤水供作物吸收利用。喷灌相比畦灌、沟灌等地表灌溉方式，减少了输配水系统的蒸发渗漏损失，提高了渠系水利用效率，同时也增加了灌水均匀度，且对地表的平整度要求不高，因此，喷灌具有节水、省工、对地形适应性强等优点。

喷灌系统一般由三部分组成：首部枢纽、输配水系统和灌水器（喷头）。首部枢纽一方面为灌溉提供水量、保证水质，另一方面也为喷灌系统提供压力，一般包括水泵、逆止阀、快速释压阀、排气阀、过滤器、水表等设备以及电机、变频柜等机电设备，若采用水肥一体化，还包括施肥桶、注肥泵和管路等。输配水系统一般包括干管、分干管和支管等，干管通常埋设于地下，分干管和支管则根据喷灌方式不同，可埋设于地下，也可铺设在地表。输配水系统的布置形式可采用树状管网、环状管网或混合式管网，其中树状管网在喷灌工程中应用较多。灌水器（喷头）按结构形式可分为固定式喷头、旋转式喷头、孔管式喷头和脉冲式喷头等。其中，固定式喷头按喷头结构和喷洒特点可分为折射式、缝隙式和离心式喷头；根据转动机构特点旋转式喷头又可分为摇臂式（包括单摇臂和双摇臂式）、叶轮式和反作用式喷头（包括射流式和垂直摇臂式喷头）。

喷灌系统按结构形式和布置方式可分为固定式喷灌系统、半固定式喷灌系统和移动式喷灌系统。固定式喷灌系统一般是将干支管埋设于耕作层以下，喷杆露出地面一定高度，喷嘴可以拆卸，各轮灌组轮流使用。这种布置方式管理方便，但喷杆与田间耕作以及机械化作业会存在相互干扰。为了解决这个问题，科技人员研发了全自动地埋伸缩式喷灌系统。该系统除了干支管埋设于耕作层之下外，喷灌和喷嘴也埋设于耕作层之下。进行灌溉时，利用水压力将喷杆从地下顶出，然后喷嘴开始喷水灌溉。灌溉结束后，喷杆自动收缩回地下。半固定式喷灌系统一般是干管埋设于耕作层以下，分干管和支管等管线以及喷杆布置在地表，使用前将其铺设在待灌溉的农田中。灌溉结束后将其收回或铺设到下一个轮灌组继续灌溉。目前大田灌溉多采用此种形式。移动式喷灌系统包括管道移动式系统和机组移动式系统，管道移动式的全部管线和设备都在地面安装，所有设备是可移动的。机组移动式系统包括小型移动机组式系统、卷盘式移动机组系统和大型机组移动式系统（主要包括时针式喷灌系统和平移式喷灌系统）。机组移动式系统一般将干管埋设于地下，通过布置在干管上的给水栓（或阀门）给移动式机组上的管道供水，机组在田间移动来完成灌溉。

相同面积条件下，喷灌比地表灌溉用水减少30%以上，节水效益显著，但投资相对较高，且受风的影响大。喷灌系统输配水环节多，灌溉过程中会有一定的漂移损失和植物截留损失，其田间水利用效率一般低于微灌或微润灌。另外，喷灌采用水肥一体化也会因植物截留造成一定程度的肥料损失。因此，目前虽然喷灌系统在不断改进，但系统输配水环节多、水肥利用效率较低等问题（康绍忠，2005）。

2.2.2 地表滴灌

地表滴灌是微灌的一种形式，即将毛管铺设在地表，通过安装在毛管上的灌水器（滴头）通过压力将水流直接输送至作物根区附近进行灌溉（Wang et al.，2013；李久生等，2016）。根据种植作物、土壤质地等情况，毛管布置的间距、选取的滴头出流量也有所不同。对于冬小麦和夏玉米等粮食作物，一般毛管间距为40~80cm，滴头出水量一般不超过8L/h。滴灌与喷灌相比，减少了输配水环节，可进一步提高灌溉水利用效率。

滴灌系统与喷灌系统类似，也由三部分组成：首部枢纽、输配水系统和灌水器（滴头）。不同的是，滴灌对水质要求更高，否则滴头易被泥沙堵塞；减少了输配水环节，灌溉水从滴头流出后直接落到地表湿润根区附近，不会因风的影响造成漂移损失。滴头的分类：按与毛管的连接方式，可分为管间式、管上式和内镶式滴头；按出水方式，可分为滴水式、涌泉式、渗水式和间歇式滴头；按消能方式，可分为长流道式、孔口消能式、涡流消能式和压力补偿式滴头；按灌水器水流流态，可分为紊流式滴头和层流式（多孔毛管、双腔毛管和微灌）滴头。

大田粮食作物耕作应考虑田间耕作和机械化作业方便，因此多选用铺设和回收都比较方便的滴灌带进行灌溉，滴头一般为内镶式。滴灌可实现水肥一体化灌水施肥，节水、节肥和省工效果明显。缺点是与田间耕作相互影响，田间耕作必须将滴灌带回收，回收过程易引起滴灌带的损坏，田间机械化作业也易损坏滴灌带。另外，如果滴灌带单根铺设长度较长，易发生打折的现象，灌溉时压力水流很难将打折的地方冲开，这就造成打折带附近无法进行灌溉。为了克服这些缺点，实际工程中可将滴灌带埋设在地表以下 5~8cm 的地方，称为浅埋滴灌。但与田间耕作相互影响的不足仍有待解决。另外，埋设在地下的滴头易被泥土堵塞，且滴灌带需要每年更换。滴灌带人工回收工作量大、用工多、用时长，多利用机械回收，机械回收极易造成滴灌带断裂遗漏在田间，从而造成环境污染。

与喷灌不同，滴灌属于局部灌溉。灌溉时土壤一般为带状湿润，若要增加土壤湿润比，则需减小毛管间距，相应工程投资将增加。同时地表滴灌虽然比地表灌溉和喷灌等全面灌溉减小了蒸发损失，但由于灌溉水仍是从地表向下渗入，也会存在一定的蒸发损失。

2.2.3 地下滴灌

为了进一步减少土壤蒸发损失，技术人员研发了地下滴灌灌溉方式，即将滴灌管埋设在地下一定深度，直接将灌溉水和肥输送到作物根区供其吸收利用。地下滴灌是目前较成熟的灌溉方式中最为节水的一种方式。

地下滴灌毛管埋深一般分为三种：浅埋，埋深在地面以下 10cm 左右；中度埋深，在地面以下 20cm 左右；深埋，在地面以下 25cm 左右，而田间耕作深度一般为 20~30cm。地下滴灌虽然克服了地表滴灌的一些缺点，进一步提高了灌溉水利用效率，但与田间耕作配合有待提升，这也造成使用年限较短，且回收困难。另外，地下滴灌灌溉水进入土壤主要靠重力和土壤毛管力的联合作用在田间配水、配肥，总体以向下入渗为主，在剖面上湿润体形状呈偏心圆形，且灌溉水在毛管力的作用下，一般上升 20cm 后便很难继续，这也是地下滴灌管埋深一般不能超过 25cm 的主要原因。地下滴灌与地表滴灌都属于局部灌溉，一般只能实现田间耕层土壤带状湿润，土壤湿润比相对较低（王伟等，2000）。地下滴灌滴头外堵的问题也是限制地下滴灌难以普及应用的一个重要原因，由于滴头埋设在作物主要根系层，作物根系具有向水、向肥的自主伸展特性，在作物生育期其根系会形成对滴头的缠绕和堵塞，且灌水结束时滴头负压吸泥也容易造成外堵（李久生等，2008；Barth H K，1995；Barth H K，1999）。可见，虽然地下滴灌节水效果较好，但以上不足使得在实际农田基本建设中难以推广普及，同时也不利于智能高效水肥一体化的实现。

3 河北省主要作物灌溉用水分析

河北省地处华北平原北部,地跨36°05′N—42°40′N,113°27′E—119°50′E。现辖11个地级行政市,地势西北高、东南低。属温带大陆性季风气候,年降水量变化较大,一般年平均降水量为400~800mm,降水主要集中在夏季,占全年降水量的70%左右,其中燕山南麓和太行山东麓迎风坡一侧降水量相对较多,年降水量可达700~800mm;而坝上地区和冀东南平原降水相对较少,年降水量不足400mm。全省年平均气温为0~14℃,1月为-14~2℃,7月为17.5~27℃。气温总体上呈现西北低、东南高的分布趋势,北部的坝上地区年平均气温较低,为0~5℃;南部地区气温相对较高,年平均气温为12~14℃。

作为农业大省,河北省是小麦、玉米等粮食作物的主产区,承担着保障国家粮食安全的重大责任。同时河北省也是我国典型的缺水地区,多年平均水资源总量约为176.47亿m^3,人均水资源量为238m^3,远低于国际公认的人均1000m^3的重度缺水标准,可见河北省水资源短缺问题严峻(刘昌明,2001)。随着全球气候变暖,河北省生态环境也发生显著变化,气候条件不稳定,干旱形势愈加明显,降水量时空分配不均,地区之间水资源总量存在差异,水资源供需矛盾使得河北省经济发展受到制约(刘晓东,2020)。

作为严重缺水地区,河北省必须依靠取用地下水保障粮食生产。从近10年的统计数据看,全省农业地下水用量占农业总用水量的六成左右(王二英等,2005)。鉴于此,国家和地方均出台了一系列相关政策文件,2023年中央一号文件指出加强水利基础设施建设,深入推进农业水价综合改革;《中华人民共和国国民经济和社会发展第十四个五年规划和2035年远景目标纲要》("十四五"规划)特别指出加快华北地区及其他重点区域地下水超采综合治理;河北省政府出台了《关于认真贯彻落实习近平总书记在推进南水北调后续工程高质量发展座谈会上重要讲话精神全力推进全社会节水工作的实施意见》,确定河北省节水工作的总体目标:到2025年,全省用水总量控制在206亿m^3以内,农田灌溉水有效利用系数提高到0.675以上,实施农业节水增效。

3.1 河北省灌区概况

大中型灌区旱能灌、涝能排,是保障国家粮食安全的主战场。河北省现有大中型灌区76处,有效灌溉面积1360万亩,自2019年推进大中型灌区农业水价综合改革工作以来,累计实施改革面积568万亩,占全省大中型灌区有效灌溉面积的42%。

河北省30万亩以上大型灌区有17处,分布在石家庄、邢台、衡水、张家口、秦皇岛、唐山、保定、邢台、邯郸9个市,设计灌溉面积1220万亩,有效灌溉面积1044万亩，近年来平均实灌面积 748 万亩；5 万～30 万亩重点中型灌区 37 处，分布在石家庄、承德、张家口、秦皇岛、唐山、保定、邢台、邯郸 8 个市，设计灌溉面积 417 万亩，有效灌溉面积 276 万亩，近年来平均实灌面积 150 万亩；1 万～5 万亩一般中型灌区 22 处，分布在石家庄、张家口、秦皇岛、唐山、邢台、邯郸 6 个市，设计灌溉面积 60 万亩，有效灌溉面积 39 万亩，近年来平均实灌面积 21 万亩。

3.2 河北省种植结构分析

河北省的地貌类型多样，包括高原、山地、丘陵、平原等多种地貌。受温带大陆性季风气候影响，河北省冬冷夏热、昼夜温差大、降水少、风向随季节性变化。河北省自然条件复杂，耕作历史悠久，受地貌及气候等因素的影响，土壤种类繁多，主要有钙栗土、黑土型沙、山地棕壤土、山地褐土、褐土、草甸褐土、浅色草甸土、褐土化草甸土等。由于地形、气候、植被、母质及社会生产活动等因素，土壤地理分布及基本特征存在很大差异。总的分布大致为东北、西南向带状排列分布，山地则因海拔高度的不同呈垂直带分布。

钙栗土和黑土型沙土主要分布在高原区和冀西北山间盆地区。成土母质为黄土状物风积物和岩石风化物，表土层厚 20～90cm。土壤质地以砂壤质、壤质和砂质为主，保水肥能力较差。

山地棕壤土和山地褐土主要分布在河北省广大山区。其中，山地棕壤土分布于海拔 800～1000 m 以上的山地，以燕山山地分布面积较大，成土母质为花岗岩和片麻岩，土层厚度在 1 m 左右。土壤质地以重壤、黏质为主，潜在肥力较高。山地褐土分布在海拔 800～1000 m 的低山丘陵区，成土母质为黄土，土壤肥力较低。

褐土、草甸褐土主要分布在山前冲积平原。其中，褐土主要分布在山前冲积扇的中上部。成土母质为黄土，土层深厚，有机质含量中等。土壤质地为轻壤土，疏松多孔，保水保肥。

浅色草甸土和褐土化草甸土主要分布在冲积平原，成土母质为河流沉积物，土层中有不同层位和厚度的胶泥夹层出现。有机质含量中等偏低，部分浅色草土区域有不同程度的盐化。土壤质地为壤质、轻壤质，褐土化草甸土主要分布在冲积平原中地形较高处。

在沿海地区分布着一些草甸盐土，近年来已有部分土地脱盐成为良田。

在河北省玉田县，土壤主要为海域沉积物，黄沙、黏土等成分混合，适合种植花菜、西蓝花、白菜、土豆等。在唐山市曹妃甸区，主要分布着黄绵土，适合种植稻谷、油菜、小麦等。在邢台市内丘县，主要土层为冲积土，适合种植玉米、棉花等作物。由此可见，河北省土地地形复杂，土质不一，针对不同的土壤类型，农民利用各种适应性强、产量高的农作物进行种植。

作为中国的粮食生产大省，河北省对小麦的种植情况一直非常关注。近年来，河北省小麦种植面积稳定在 3300 万亩以上，占全国小麦种植面积的 10% 左右。除种植面积外河北省小麦产量在全国也占有重要地位，其产量占全国小麦总产量的 10% 以上。

根据麦区的不同特点，河北省合理布局了强筋、中强筋和中筋等优质品种及特色小麦品种。马兰1号、金钻九号、冀麦765、藁优2018等品种在河北省内广泛种植，并取得了良好的产量和品质表现。河北省还着力打造冀中南强筋小麦优势产区、东部旱碱麦特色种植区，促进小麦优质专用全面发展。针对不同麦区根据土壤、气候等条件，河北省农科人员鼓励广大农民选择适宜的小麦品种进行种植。在小麦种植过程中，注重科技支撑和技术创新，通过推广先进的种植技术和管理模式，提高小麦的产量和品质。如精准施肥、节水灌溉、病虫害绿色防控等技术的广泛应用，为小麦的丰收奠定了坚实基础。政府也出台了一系列政策扶持小麦生产，包括种粮补贴、农机购置补贴、农业保险等，降低了农民的生产成本，提高了农民种粮的积极性。

整体上，河北省小麦种植情况呈现出面积稳定、产量增长、品种优化、技术提升、政策扶持和市场需求旺盛的良好态势。未来，随着农业现代化的不断推进和科技创新的深入发展，相信河北省小麦产业有望实现更高质量的发展。

除小麦外，玉米也是河北省的主要粮食作物之一，技术进步和种植模式的优化使得玉米单位产量稳步增加。河北省在玉米种植过程中注重技术的推广和应用，例如，采用科学的播种技术、合理的施肥管理和病虫害防治措施，以提高玉米的产量和品质。同时，机械化作业在玉米种植中的普及率也在不断提高，降低劳动强度的同时也提高了生产效率。河北省在玉米品种选择上注重种植区域适应性和产量潜力。通过审定和推广适合当地种植的优良品种，如耐密、抗倒、高产、稳产的品种，以及适合机械化作业的品种，来保障玉米的稳定生产。此外，河北省还注重鲜食玉米等特色品种的种植和推广，以满足市场需求。玉米作为重要的粮食作物和饲料原料，在河北省及全国范围内都有广泛的需求。随着养殖业和深加工行业的发展，玉米的饲用消费和工业消费将持续增长。然而，具体需求情况可能受到多种因素的影响，如市场价格、政策调整等。河北省政府及相关部门对玉米种植给予了一定的政策支持，包括提供种植补贴、推广先进技术、加强市场信息服务等，以鼓励农民增加玉米种植面积和提高产量。随着科技的进步，河北省在玉米种植过程中积极引入新技术和新设备，如智能灌溉系统、无人机植保等，以提高生产效率和品质。

大豆是河北省重要的经济作物，河北省种植大豆的区域主要为滦南、定州等地区。由于河北省气候适宜、土壤肥沃，大豆的种植效益相对较高，获得的收益也比较丰厚。

此外，河北省的蔬菜种类繁多，如各类绿叶蔬菜、根茎蔬菜以及茄果蔬菜等。蔬菜产地主要包括石家庄、唐山、保定、沧州、张家口等地，其中，石家庄市是河北省重要蔬菜生产基地之一。河北省境内中南部和沿海地区气候条件较为适宜水果生长，且种类丰富，其中以苹果、葡萄、桃、杏等为主。

总体上，河北省的种植结构以粮食作物为主，积极发展经济作物、蔬菜、饲草料等产业，同时充分利用盐碱地资源发展特色农业。这种多元化的种植结构有助于优化农业产业结构、提高农业综合生产能力和市场竞争力。

河北省1949—2021年小麦、玉米等主要农作物的详细的种植情况见表3-1，总体上总播种面积的变化呈减少趋势，但小麦、玉米及大豆仍是占比较大的作物种类。

3 河北省主要作物灌溉用水分析

表 3-1 河北省历年主要农作物播种面积　　　单位：$\times 10^3 \text{hm}^2$

年份/年	小麦	玉米	稻谷	大豆	薯类	棉花	花生	芝麻	蔬菜	瓜果
1949	1577.1	1246.3	38.6	632.1	350.2	625.4	232.5	52.5	—	—
1952	1586.4	1129	53.5	548.9	456.9	978.1	229.9	45.4	—	—
1957	2397	1473.7	145	813.6	481.2	935.8	220.5	36.9	—	—
1962	1724.1	1216.6	57.5	535.5	768.1	667.8	80.6	46.7	—	—
1965	1851.6	1457.6	122.2	480	673.6	716.5	142.5	39.4	—	—
1970	2076.1	1735.6	92.8	410.7	694.6	580.8	123.5	46.2	—	—
1975	2813.2	1895.9	73.5	241.1	630.3	582.3	137.9	40.4	210	25.3
1978	2854.8	2236.2	110.2	260	608.5	576.6	133.1	32.1	225.4	26
1980	2648.9	2340.9	145.2	261.2	473.6	548.7	237.1	52.3	213.7	36.5
1985	2351.9	1749.5	127.6	300.7	473.9	850.3	331.6	123.3	263.2	82.7
1990	2508.4	2040.8	147.7	403.5	433.7	910.9	296.2	59.7	288.5	45.2
1995	2500.6	2290.8	128.7	481.4	407	700.5	371.7	46.4	408.9	53
2000	2678.8	2478.6	143.9	423.7	447.4	307.4	463.3	25.9	866.1	87.7
2001	2579.8	2543.4	94.1	379.2	408.8	418.5	494.5	26.1	925.8	109.7
2002	2449.6	2577.4	111	331.3	406.5	407.1	479.8	21.3	1028.9	104.1
2003	2192.9	2488.8	75.6	280.5	376.5	581.4	489.2	19.2	1068.5	111.8
2004	2161.5	2630.6	83.5	274.1	320.8	669.1	448.9	16.2	1082.2	109.3
2005	2377.1	2677.4	87.7	254.9	295.8	573.5	438.8	15.2	1104.8	105.4
2006	2504.5	2799.9	88.7	210.9	249.5	664.1	377.6	13	1066.7	103.1
2007	2420.2	2903.2	84	180.5	249.6	678.5	383.5	9.7	653.6	99.9
2008	2431.8	2885.4	80.5	180.4	250.8	679.4	384.3	7.4	670.3	92.8
2009	2397.8	3080.4	83.4	145.7	234.4	581.7	352.8	5.8	669.6	82.7
2010	2451.4	3191	77.6	124.5	225	558.9	336.4	4.4	693.2	83.3
2011	2435	3264.7	80.3	109.1	232.6	603.7	317.8	3.8	705.7	83.3
2012	2457.1	3323.2	82.6	98.5	228	547.5	311.4	3.1	734	84.1
2013	2432	3428.5	82.9	92.1	216.7	451.2	311.6	2.5	743.6	84.8
2014	2404	3542.1	80.1	86.1	206.7	375.4	287.6	2.1	754.7	85.6
2015	2394.2	3654.4	79.9	78.6	210.2	322.5	276.7	2.1	755.1	85.8
2016	2389.8	3696.1	76.3	68.7	211.8	230.7	270.6	1.5	751.8	70.3
2017	2373.4	3544.1	75	70.1	211.6	220.6	266.8	1.4	748.6	70.7
2018	2357.2	3437.7	78.4	87.6	226.1	210.4	258.1	1.6	787.8	73.9
2019	2322.5	3408.2	78.2	93.5	222.4	203.9	250.2	1.4	794.6	74.6
2020	2216.9	3417.1	78.7	89.5	230.7	189.2	246.1	1.7	803.5	74.9
2021	2246.6	3454.1	78.4	66.8	222.6	139.8	247.3	1.9	814	73

注：数据来源于《2022年河北省农村统计年鉴》。其中，"—"指该项统计数据不详或无该项统计资料。

河北省土地资源丰富、土壤类型多样，根据不同的土壤类型，种植了适应性强、产量高的各类农作物,如小麦、玉米、大豆、蔬菜、水果等。各地农民利用当地优势资源,采取科学的种植技术,弘扬勤劳、务实、创新的精神,在推动农业现代化方面取得了积极进展,并为中国农业的进步作出了重要的贡献。近年来河北省主要农作物播种面积构成见表3-2,其中以农作物总播种面积为100%,整体上河北省主要农作物播种面积构成相对稳定,近年来未发生较大变化。

表3-2 河北省主要农作物播种面积构成 单位:%

指标	2010	2015	2020	2021
农作物总播种面积	100.00	100.00	100.00	100.00
一、粮食作物	77.12	79.84	78.98	79.39
♯夏收粮食	29.01	28.45	27.73	28.04
1. 谷物	72.51	76.20	74.62	75.45
稻谷	0.93	0.94	0.97	0.97
小麦	29.35	29.23	27.41	27.75
玉米	38.21	43.08	42.24	42.66
谷子	1.93	1.87	1.60	1.53
高粱	0.20	0.14	0.03	0.35
2. 豆类	1.92	1.16	1.51	1.19
♯大豆	1.49	0.93	1.11	0.82
3. 薯类	2.69	2.48	2.85	2.75
♯马铃薯	1.70	1.91	1.94	1.84
二、油料	5.13	4.53	4.39	4.33
♯花生	4.03	3.26	3.04	3.05
油菜籽	0.27	0.21	0.39	0.40
芝麻	0.05	0.02	0.02	0.02
胡麻籽	0.48	0.37	0.35	0.31
葵花籽	0.28	0.63	0.58	0.52
三、棉花	6.69	3.80	2.34	1.73
四、麻类	—	—	—	—
♯黄红麻	—	—	—	—
五、甜菜	0.17	0.14	0.16	0.10
六、烟叶	0.03	0.02	0.01	0.01
♯烤烟	0.02	0.02	0.01	0.01
七、药材	0.34	0.73	1.43	1.60
八、蔬菜	8.30	8.90	9.93	10.05
九.瓜果类	1.00	1.01	0.93	0.90
十、其他农作物	1.22	1.03	1.83	0.19
♯青饲料	0.77	0.66	1.22	0.03

注:数据来源于《2022年河北省农村统计年鉴》。其中,"—"指该项统计数据不详或无该项统计资料,"♯"指其中的主要项。

3.3 河北省主要灌溉试验站情况

河北省灌溉试验站网组建于 20 世纪 80 年代初。90 年代中期，因多种因素发展缓慢。2004 年，水利部组织恢复全国灌溉试验站网，河北省根据水利部的要求，积极开展恢复工作。参照 2015 年 6 月水利部发布的《全国灌溉试验站网建设规划》，除了省级中心站以外，河北省还建成了 5 个市级重点灌溉试验站。

（1）中心试验站

河北省灌溉中心试验站位于河北省石家庄市区西北。试验站占地 30 亩，仪器设备覆盖土壤水分、养分，以及作物生态等方面，包括埋入式水分传感器、便携式土壤水分测量仪、植物冠层分析仪、叶绿素仪、温室自动温湿度计及自动气象站等。

近几年完成的科研课题主要包括冀中南地区冬小麦喷灌灌溉制度和管理技术研究、日光温室茄子滴灌节水增效技术研究、冬小麦地下滴灌节水技术研究、设施葡萄套种蔬菜立体栽培滴灌灌溉技术研究、基于自动控制的精准灌溉技术模式研究、设施甜瓜滴灌立架栽培节水增效技术研究与应用等。

（2）张家口市灌溉试验站

张家口市灌溉试验站（现张家口市农业高效节水研究所）位于张家口市张北县庙滩村，试验站占地 92 亩，试验田面积约 50 亩，其中包括日光温室大棚 4 座，大型称重式蒸渗仪 6 台，18 个测坑。

近几年取得的主要成果有《温室架豆滴灌水肥高效利用技术规程》（DB1307/T 345—2021）、《洋葱膜下滴灌节水技术规程》（DB1307/T 348—2021）、《甘蓝膜下滴灌节水技术规程》（DB1307/T 347—2021）、《大白菜滴灌水肥高效利用技术规程》（DB1307/T 349—2021）。

（3）保定市灌溉试验站

保定市灌溉试验站位于望都县城西 1km，试验站占地面积 50 亩。经过 2016 年提升改造后，该站现在有连栋温室 1 座，大型称重式蒸渗仪 6 台，24 个测坑。仪器设备覆盖土壤水分、养分、作物生态、大气等方面，包括埋入式水分传感器、便携式土壤水分测量仪、土壤团粒分析仪、土壤养分、盐分测定仪、土壤三参数（水分盐分温度）监测系统、植物冠层分析仪、光合测定系统、植物气孔计、叶绿素仪、叶面积仪、温室自动温湿度计、涡动相关测量系统及自动气象站等。

目前开展的试验包括冬小麦灌溉制度及需水量试验，夏玉米需水量试验，保定地区灌溉水利用系数测算工作。

（4）邢台市临西灌溉试验站

邢台市临西灌溉试验站位于临西县城东 6km，大刘庄乡后闫村北。试验站占地面积 318.5 亩，2015 年进行了升级改造。目前，试验设施主要包括 28 个测坑、2 台蒸渗仪、标准化温室大棚 3 栋。仪器设备覆盖土壤水分、养分、作物生态、大气等方面，包括埋入式水分传感器、便携式土壤水分测量仪、土壤团粒分析仪、土壤养分、盐分测定仪、土壤三参数（水分盐分温度）监测系统、植物冠层分析仪、光合测定系统、植物气孔计、叶绿素仪、叶面积仪、温室自动温湿度计及自动气象站等。

(5) 衡水市灌溉试验站

衡水市灌溉试验站位于深州市以东，307国道以北。试验站占地110亩，其中试验区占地101亩，为2015年新建站。目前，该试验站的试验设施主要包括24个测坑、6台蒸渗仪，温室大棚1栋。仪器设备覆盖土壤水分、养分，作物生态、大气等方面，包括埋入式水分传感器、便携式土壤水分测量仪、土壤团粒分析仪、土壤养分、盐分测定仪，土壤三参数（水分盐分温度）监测系统，植物冠层分析仪、光合测定系统、植物气孔计、叶绿素仪、叶面积仪、温室自动温湿度计及自动气象站等。

目前主要开展冬小麦、夏玉米灌溉制度试验，以及地表水灌区畦田规格优化及灌溉用水量研究。

(6) 沧州市灌溉试验站

沧州市灌溉试验站位于沧州市运河区的永平里村，试验站占地125.4亩，其中试验区占地116.2亩。目前，该试验站的试验设施主要包括24个测坑、6台蒸渗仪，温室大棚3栋。仪器设备覆盖土壤水分、养分，作物生态、大气等方面，包括埋入式水分传感器、便携式土壤水分测量仪、土壤团粒分析仪、土壤养分、盐分测定仪，土壤三参数（水分盐分温度）监测系统，植物冠层分析仪、光合测定系统、植物气孔计、叶绿素仪、叶面积仪、温室自动温湿度计及自动气象站等。

3.4 河北省主要农作物灌溉制度试验成果

3.4.1 冬小麦灌溉制度试验

冬小麦是河北平原的主要粮食作物，它有种植广泛，适应性强等特点。冬小麦生产对国家粮食安全战略有重要意义，直接关系人民群众生活。冬小麦生长季节为10月至次年6月，正好处在干旱季节，全生育期多年平均降水量只有90mm左右，主要依靠灌溉保证稳产高产。在现有农业生产水平条件下，冬小麦灌溉用水量约占农业灌溉用水总量的70%，是名副其实的农业用水大户。近年来，河北省主要灌溉试验站对冬小麦喷灌灌溉制度、地下滴灌节水等技术进行了相关研究，深入研究冬小麦高效节水灌溉对提高灌溉水的利用率、节约灌溉用水量、实现节水压采目标有着十分重要的意义。

3.4.1.1 冀中南地区冬小麦喷灌灌溉制度和管理技术研究

作物耗水量、灌溉水利用系数、灌水定额、灌溉定额和作物水分生产率，是灌溉工程的规划设计依据，同时也是灌溉工程的评价依据。准确测定这些参数，可以为地下水超采综合治理区高效节水灌溉工程建设提供评价的技术指标，也能为今后的高效节水灌溉工程建设提供改进、完善和提高的技术途径。2014—2017年，中心试验站对冀中南地区冬小麦灌溉制度进行试验，对冬小麦全生育期内不同灌水次数条件下的生长指标、耗水量及收获时的最终产量进行测定，以期在喷灌方式下制定合理高效的冬小麦灌溉制度。得出以下试验成果。

(1) 分析2014—2017年灌水次数试验。喷灌冬小麦的耗水量及产量随着灌水次数的增加呈增长趋势。试验条件下，灌水5次，灌水定额为40m^3/亩时，产量最高。产量最高为 579.70kg/亩，对应耗水量为 523.02mm。

（2）分析 2014—2017 年灌水定额试验。喷灌冬小麦的耗水量及产量随着灌水定额的增加呈增长趋势。试验条件下，灌水 4 次，灌水定额为 50m³/亩时，产量最高，产量最高为 570.37kg/亩，对应耗水量为 496.98mm。

综合分析灌水次数试验、灌水定额试验条件下最优灌溉管理模式的作物水分生产率及灌溉水分生产率，建议采用灌水 5 次，灌水定额为 40m³/亩，灌水时期分别为越冬期、返青期、拔节期、孕穗期和乳熟期的灌溉管理模式。

3.4.1.2 冬小麦地下滴灌节水技术研究

近年来，喷灌、滴灌等高效节水技术已逐步从经济作物向大田作物的应用逐步推广。通过开展滴灌、微喷灌、小畦灌、漫灌 4 种灌溉方式对冬小麦生长影响的研究，可知在三种灌溉方式下，滴灌以较低的灌水量却得到了最高的产量。

根据数据分析可知，滴灌的灌溉制度和灌水方式更有助于形成冬小麦各生育期生长所需的适宜土壤含水率，提供了良好的生长环境。与畦灌、微喷灌相比，滴灌处理冬小麦生育期的耗水量减少量最高，水分利用效率提高最大。

综上，滴灌技术既可保障产量，又可省水省肥，符合当前规模化农业生产的要求，因此建议在冬小麦生产上推广应用（宓文海等，2013；宜丽宏等，2017；尚宏翔，2018）。直接大面积推广滴灌技术仍存在许多问题，地面滴灌因滴灌管（带）铺于地表，易受牲畜、机械破坏，降低了系统的使用年限；对于非多年生作物，需在第二年或收获后需重新铺设滴灌管（带），增加了人力、物力成本；另外，采用地面滴灌仍会造成地表水分的蒸发损失。

地下滴灌技术是将滴灌管（带）埋于地下，将水肥直接输送到作物根区，实现了灌水量、施肥量的精确化，同时减少了土壤表层水分的无效蒸发，提高水肥利用效率。

麦田滴灌技术是对密植作物灌溉的一次改革，由于增产节水效果显著，已成为新疆小麦节水技术重点推广项目之一。但是目前在华北平原半湿润易旱区冬小麦滴灌技术，尤其是地下滴灌技术仍处于研究阶段。因此开展华北平原地区冬小麦地下滴灌的研究是很有必要的。

在以上背景下，中心试验站进行了冬小麦地下滴灌试验研究，旨在为华北平原地区粮食作物地下滴灌技术的应用提供理论依据。试验得出如下结论。

（1）地下滴灌冬小麦的耗水量不同年份略有不同。2014—2015 年度冬小麦的最佳耗水量为 324.9mm，2015—2016 年度冬小麦的最佳耗水量为 405.1mm；2016—2017 年度冬小麦的最佳耗水量为 402.3mm。

（2）地下滴灌冬小麦的耗水规律为到越冬期耗水强度逐渐增高，返青以后强度增加，到抽穗灌浆时耗水强度达到最大值，进入成熟阶段耗水强度又开始减小。冬小麦全生育期耗水量与产量之间呈二次抛物线关系。各年度的耗水量与产量的相关性均达极显著相关水平。

（3）2014—2015 年（平水年）适宜的灌溉制度即灌水定额 30m³/亩，灌水时期分别是越冬、拔节、孕穗、抽穗开花、灌浆 5 个时期，灌水次数为 5 次，灌溉定额 150m³/亩。2016—2017 年（较旱年）适宜的灌溉制度即灌水定额 30m³/亩，灌水时期分别是越冬、拔节、孕穗、抽穗开花 4 个时期，灌水次数为 4 次，灌溉定额 120m³/亩。

（4）地下滴灌与管灌比较减少了棵间土壤蒸发，所以省水效果比较明显。通过典型试区的调查及分析结果，同是灌水 4 次的处理，地下滴灌比管灌节水约 25％。

3.4.2　夏玉米灌溉制度试验

由于生长期短，产量高，夏玉米较适宜麦后种植，因此在北方一直是一种主要的粮食作物，在河北省种植极为普遍。但是夏玉米种植期恰逢雨期，夏玉米需水与当地雨、热同步，除黄淮地区、华北地区外均无明显的灌溉要求。深入研究河北省夏玉米需水规律对提高灌溉水的利用率、节约灌溉用水量、实现节水压采目标有着十分重要的意义。

保定灌溉试验站于望都进行了夏玉米灌溉制度试验，保定市望都县位于保定地区南部的太行山东麓冲积平原，可代表太行山前平原区自然地理概况。

3.4.2.1　夏玉米测坑需水量试验

保定市灌溉试验站于 2020—2023 年进行了夏玉米测坑需水量试验，通过耗水量与产量的回归分析，得到了夏玉米测坑条件下总耗水量与总产量的关系。2020 年，夏玉米全生育期的最佳耗水量为 550.5mm，产量为 735kg；2021 年，全生育期的最佳耗水量为 392.2mm，产量为 738.6kg；2022 年，全生育期的最佳耗水量为 618mm，产量为 751kg；2023 年，全生育期的最佳耗水量为 320.7mm，产量为 437.7kg。

此外，不同水分处理的夏玉米株高、叶面积指数在全生育期均呈现出叶面积指数从拔节期开始明显增大，抽雄期后逐渐平稳，后期略有降低。这与夏玉米的生长状态是相符的，但不同处理间有所差异。

3.4.2.2　夏玉米测坑灌溉制度试验

分析 2022—2023 年灌溉制度试验，夏玉米的耗水量及产量随着灌水次数的增加呈增长趋势。试验条件下，灌水 5 次，灌水定额 40m^3/亩时，产量最高，耗水量最高。产量最高为 743.4kg/亩，对应耗水量为 267.5m^3/亩。综合分析灌水次数试验条件下最优灌溉管理模式的作物水分生产率及灌溉水分生产率，建议采用灌水 5 次，灌水时期分别为播种出苗期、苗期、拔节期、抽雄吐丝期和灌浆期的灌溉管理模式。

4 地下膜调控润灌技术及主要技术参数确定

地下膜调控润灌是由地下滴灌技术改进而来，是一种新的灌溉方式（韩明明等，2022）。它的主要特点是可向作物主要吸水吸肥的根区（5～50cm）直接供水供肥，通过调控膜的调控可使地表以下作物主根区全部湿润，并且主要靠土壤水吸力在耕作层配水、配肥，田间配水装置布置于耕作层之下，与田间耕作互不影响，还可防止泥土和根系堵塞滴头，有利于智能水肥一体化的实现，符合农田基本建设的需求。本章在介绍地下膜调控润灌技术原理的基础上，通过室内外试验和数值模拟相结合，分析调控膜对土壤水分分布的影响，提出调控膜尺寸、埋深和间距及滴头出水量范围等技术参数。

4.1 技术原理

地下膜调控润灌的结构组成如图4-1所示，地下膜调控润灌主要是在滴头处进行了改进。在滴灌管滴头下方铺设一定尺寸的不透水膜（下膜）、滴头上方铺设一定尺寸的透水介质（如透水夹层）、透水介质上面再铺设与其同尺寸的不透水膜（上膜），上层膜的尺寸小于下层膜的尺寸。通过这一改进，滴头出流由点状变为了线状，即灌溉水从滴头流出后先通过透水夹层，然后从透水夹层的四周边界进入土壤中，滴头四周边界单位长度上的出流速率明显低于滴头出流速率，灌溉水以浸润的方式为土壤补充水分；上层不透水膜可以防止根系和泥土进入透水夹层堵塞滴头；透水夹层一方面使灌溉水均匀从四周边界浸润土壤，另一方面也防止根系和泥土从四周进入内部堵塞滴头；下层不透水膜尺寸大于上层不透水膜，可以在一定程度上对进入土壤的灌溉水进行顶托，使灌溉水主要在土壤毛管力的作用下向上和向水平方向运动，减少向下的运动。

地下膜调控润灌改变了传统灌溉中灌溉水主要靠重力作用向下运动的特点，这种灌溉方式主要依靠土壤毛管吸力的作用对作物主要根系层（地下5～60cm土层）土壤进行浸润灌溉。

室内土箱试验条件下灌溉水的出流过程以及湿润锋的动态分布如图4-2所示。试验土壤为过筛均质沙壤土，调控膜下层膜尺寸为40cm×40cm，上层膜和透水介质尺寸为30cm×30cm，灌水持续时间759min。

根据图4-2，可将灌溉水的出流过程划分为四个阶段。第一阶段：膜间运动阶段，即灌溉水流出滴头至透水介质边缘，这一阶段用时一般较短。第二阶段：向上运动阶段，即土壤开始湿润至湿润锋运移到下层膜的边缘，用时约69min，该阶段灌溉水在下层膜的顶托下主要向上和水平方向运动。第三阶段：膜外运移阶段，即湿润锋运移到下层膜的边缘至上层膜顶部两侧湿润锋交汇，用时约270min，该阶段灌溉水在土壤毛管吸力的作用下仍是以向上和水平方向运动为主，绕过下层膜边缘向下的运移量较少。第四阶段：交汇运移阶段，即上层膜顶部两侧湿润锋交汇至灌水结束，该阶段灌溉水在调控膜的影响下，仍然是以向上和水平方向运动为主,受下层不透水膜的影响,向下的运动量占比仍然较小。

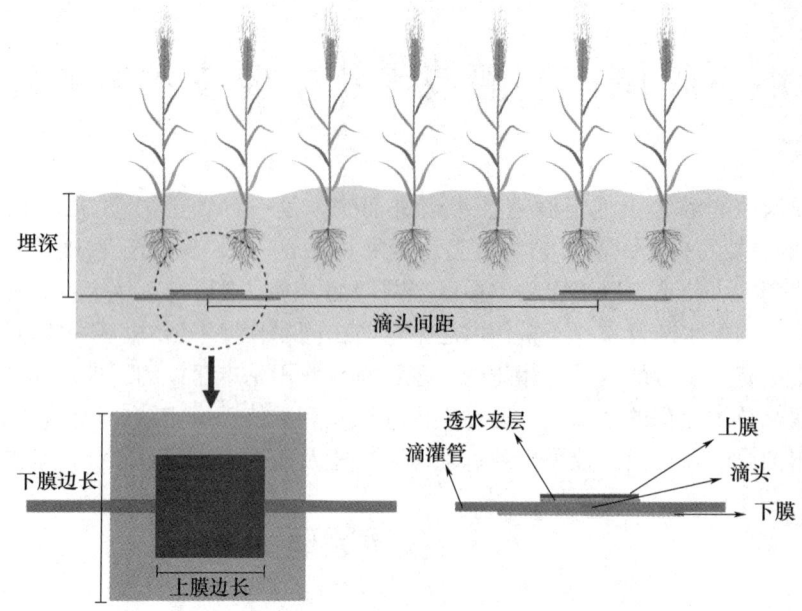

图 4-1 地下膜调控润灌的结构组成

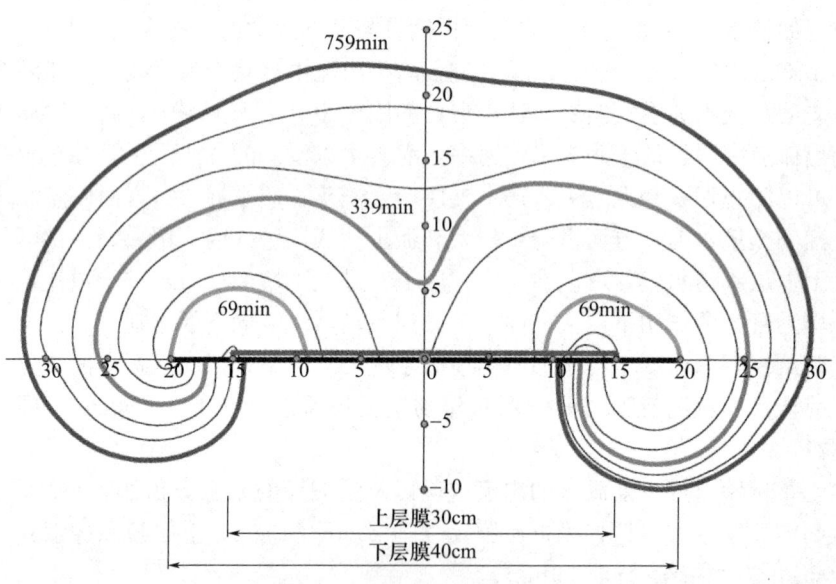

图 4-2 灌溉水的出流过程以及湿润锋的动态分布

由此可见,受调控膜的影响以及灌溉配水方式的改变,地下膜调控润灌可使灌溉水大部分保持在作物主要根系层的土壤中,而且选择合适的毛管和滴头间距可使主要根系层土壤达到全面湿润,相比滴灌增加了土壤湿润比和进一步提升了灌水均匀度。该灌溉方式可增加毛管的埋深至 30cm 以下土层,解决了灌溉系统与田间耕作和机械化作业互不影响的技术难题。此外,该灌溉方式也解决了根系和泥土堵塞滴头的问题,灌溉系统使用年限可达到 20 年以上。湿润峰灌溉方式相比喷灌,减少了输配水环节;相比地表滴灌，除了与田间耕作无相互影响外，由于从地下进行灌溉，大大减少了地表的无效蒸发损失量。而且该灌溉方式有利于实现智能水肥一体化灌溉施肥，肥液以灌溉水为载体可直接输送到作物根系层供其吸收利用。因此，该灌溉方式符合当今我国农田基本建设的需求。

4.2 室内试验

4.2.1 试验材料与方法

（1）供试土壤

将供试土壤自然风干、碾压、均匀混合，过2mm孔径的筛网制成试验土样，采用BT-9300ST型激光粒度分布仪测定土壤颗粒级配，供试土壤物理特性参数见表4-1。按每层厚5cm分层装入亚克力板试验土箱内，层间打毛，便于土壤充分接触，以获得均匀土壤剖面，为使土壤接触紧实，装好后让土壤自然下沉24h后再开始试验。试验用土的初始含水率为1.8%（占干土质量分数）。

表 4-1 供试土壤物理特性参数

土壤质地	土壤颗粒组成				密度
	<0.002mm	0.002~0.05mm	>0.05~0.1mm	>0.1mm	(g/cm³)
砂壤土	3.17	54.59	37.57	4.67	1.4

（2）试验装置

试验装置如图4-3所示，由自循环恒位水箱、供水箱、水泵、电子秤、输水软管、滴灌管、调控膜及试验土箱组成。通过调节水箱高度以达到设计流量；输水装置为橡胶软管和1m长滴灌管（ϕ16，中心有两个滴头）；试验土箱采用亚克力板矩形土箱，规格（长×宽×高）：70cm×15cm×70cm，在土箱的两侧宽边中心（距箱底35cm处）分别设置一直径20mm的小孔，用于布置滴灌管，滴头位于土箱长边中心，以滴头为中心布置调控膜和透水介质，下膜平整铺设在滴灌管的下方，滴头上方依次平整铺设透水介质和上膜，上、下不透水膜选用聚乙烯薄膜、透水介质选用过滤棉。

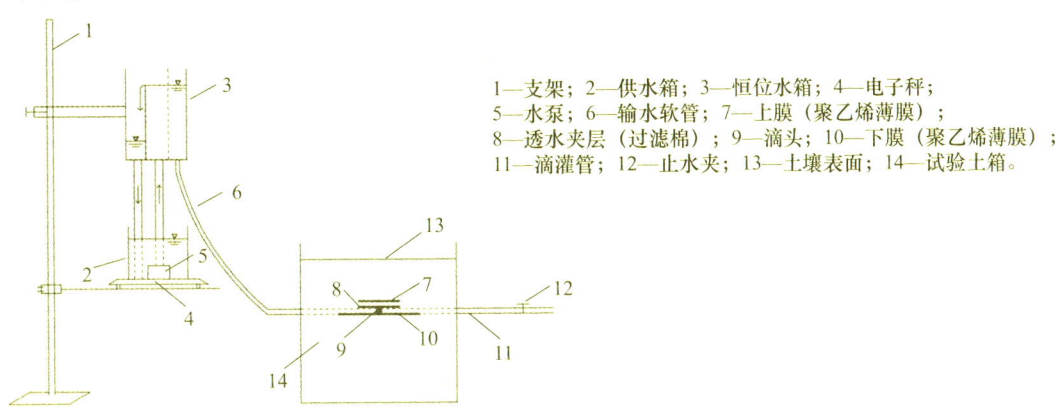

1—支架；2—供水箱；3—恒位水箱；4—电子秤；
5—水泵；6—输水软管；7—上膜（聚乙烯薄膜）；
8—透水夹层（过滤棉）；9—滴头；10—下膜（聚乙烯薄膜）；
11—滴灌管；12—止水夹；13—土壤表面；14—试验土箱。

图 4-3 试验装置示意图

(3) 试验方案

试验考虑滴头流量和调控膜规格两因素，各设置3个水平，其中滴头流量分别为1.0L/h、1.3L/h、1.6L/h，调控膜规格（下膜长边长×上膜长边长，上、下膜宽度与土箱同宽）分别为40cm×30cm、40cm×25cm、40cm×20cm，采用正交试验设计，并设置地下滴灌作为对照，共12个处理，具体见表4-2。本试验滴头埋深为30cm。试验开始前先打开滴灌管末端夹子排除管内空气，然后关闭夹子开始灌水试验。

表4-2 试验设计

试验处理	试验因素	
	流量/（L/h）	膜规格/cm
T1	1.0 (L1)	无膜 (M0)
T2	1.0 (L1)	40×30 (M1)
T3	1.0 (L1)	40×25 (M2)
T4	1.0 (L1)	40×20 (M3)
T5	1.3 (L2)	无膜 (M0)
T6	1.3 (L2)	40×30 (M1)
T7	1.3 (L2)	40×25 (M2)
T8	1.3 (L2)	40×20 (M3)
T9	1.6 (L3)	无膜 (M0)
T10	1.6 (L3)	40×30 (M1)
T11	1.6 (L3)	40×25 (M2)
T12	1.6 (L3)	40×20 (M3)

4.2.2 膜调控润灌对湿润体形状大小的影响

(1) 地下滴灌湿润体形状变化

如图4-4所示，对于传统地下滴灌，不同处理（T1、T5、T9）下的湿润锋在垂直向上、垂直向下及水平方向运移距离均随着灌水时间的延长而增加。灌水初期湿润锋在各方向运移距离无显著差异，湿润体形状在剖面上近似呈圆形。随灌水时间持续增加，不同方向运移距离之间差异性逐渐增大。灌水时间从79 min开始，T1向下运移距离显著大于向上和水平方向，向上和水平方向之间无显著差异；T5则是向下和水平运移距离显著大于向上方向，向下和水平方向之间无显著差异；而T9从59 min开始，不同方向之间运移距离差异显著，且向下＞水平＞向上。灌水结束后，不同处理湿润体形状均近似呈圆心靠上的不规则球体。

综上，随着灌水时间和流量增大，传统地下滴灌湿润锋向下和水平运移距离逐渐大于向上，且差异性增大。可见，地下滴灌选用流量小的滴头可使灌溉水向上运移的高度更高，但选用流量大的滴头可使水平运移距离增大。地下滴灌埋深受限，同时如果毛管间距超过 50cm，一般很难实现耕层土壤的全面湿润。

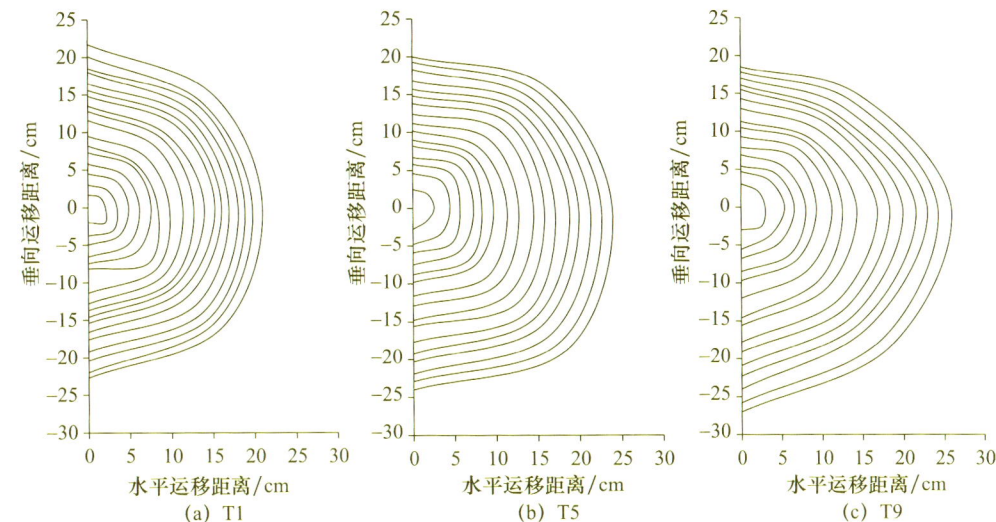

图 4-4　湿润锋运移位置随时间变化

注：T1 湿润锋运移线由里到外表示 15、21、27、33、39、59、79、99、129、159、189、219、249、279、339、399、459min 的运移位置；T5 湿润锋运移线由里到外表示 15、21、27、33、39、59、79、99、129、159、189、219、249、279、339、399min 的运移位置；T9 湿润锋运移线由里到外表示 15、21、27、33、39、59、79、99、129、159、189、219、249、279、339min 的运移位置。

(2) 膜调控润灌湿润体形状变化

膜调控润灌下，水流运动过程分为 4 个阶段：膜间运动阶段、向上运动阶段、膜外运移阶段和交汇运移阶段。如图 4-5 所示，不同的膜尺寸和不同流量均会对湿润锋运移产生影响，同一流量下，随着上膜尺寸的减小，膜外运移阶段开始时间与交汇运移阶段开始时间越接近，当上膜边长为下膜 1/2 时，膜外运移阶段与交汇运移阶段几乎同时开始 [图 4-5 (c)、图 4-5 (f)、图 4-5 (i)]。同一上、下膜尺寸下，膜外运移阶段和交汇运移阶段的开始与结束时间均随着流量的增大而提前。如 M1 条件下，图 4-5 (a)、图 4-5 (d)、图 4-5 (g) 的膜外运移开始时间分别为 48、36、27min，交汇运移开始时间分别为 145、125、109min。可见，采用较小的上膜尺寸和较大的流量可加快湿润锋的运移速率。

此外，受上膜尺寸和流量影响，不同处理在灌水结束后的湿润体形状也存在一定的差异。同一流量下，减小上膜尺寸，湿润锋向上运移距离增加，增加上膜尺寸，湿润锋水平向右和向下运移距离较大；同一上、下膜尺寸下，增加流量，湿润锋向上运移的距离减小，水平向右运移距离没有明显变化，但向下运移的距离增大。可见，采用较小的上膜尺寸和较小的滴头流量可增加灌溉水在膜上的分布量。

(3) 上膜尺寸和滴头流量对湿润体大小的影响

由图 4-6 (a) 可知，受上膜尺寸影响，湿润体水平方向的大小在 3 个不同流量处理 (L1、L2、L3) 下的变化范围分别为 26.9~31.6cm (T2、T3、T4)、28.8~34.0cm (T6、T7、T8) 和 30.6~35.5cm (T10、T11、T12)，比对照处理 M0 (T1、T5、T9) 分别增加 24.0%~45.6%、23.1%~45.3% 和 18.1%~37.1%。由此可见，地下膜调

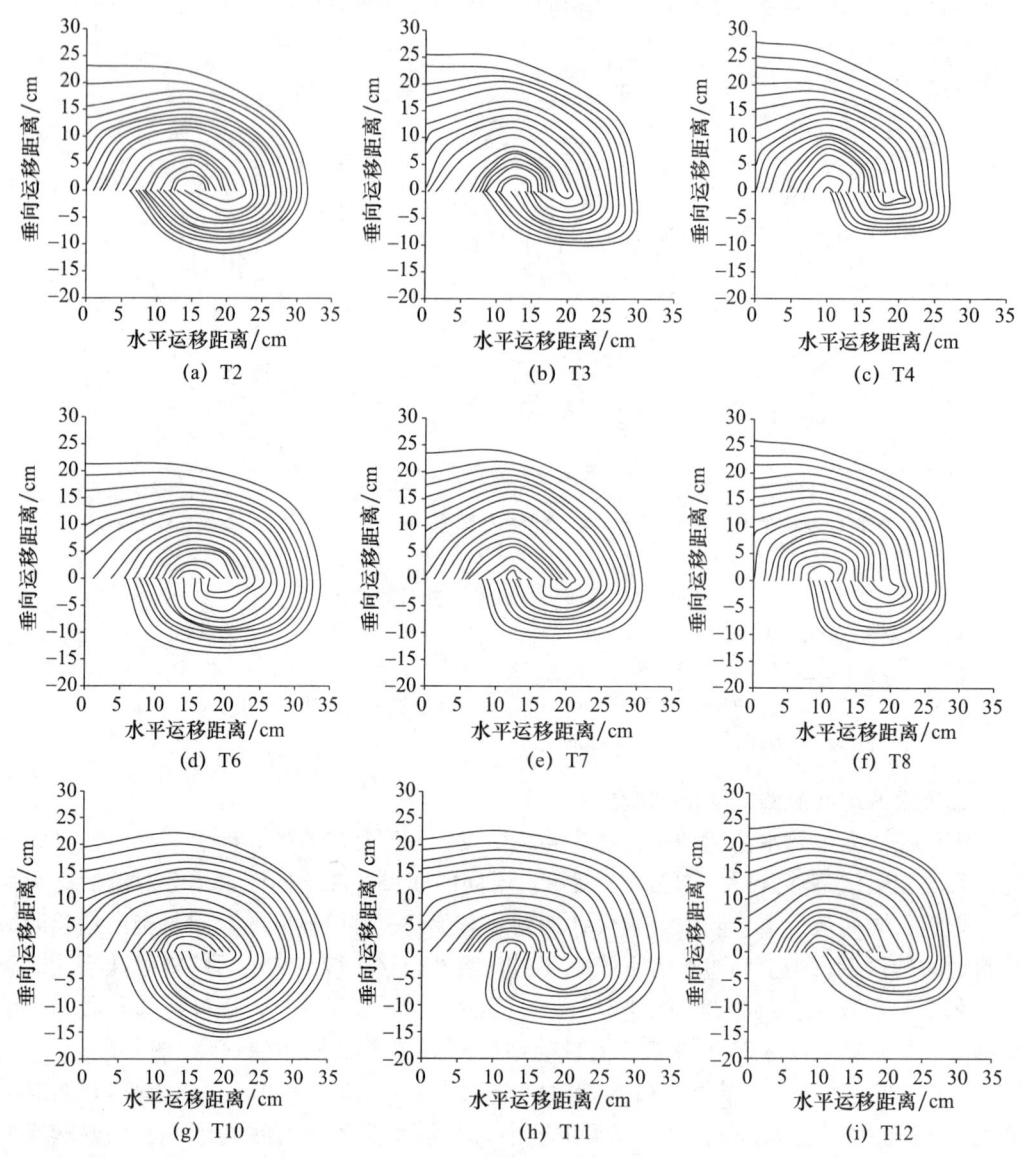

图 4-5 不同处理湿润锋运移位置随时间变化

注：T2、T3、T4湿润锋运移线由里到外表示3、9、15、21、27、33、39、59、79、99、129、159、189、219、249、279、339、399、459min的运移位置；T6、T7、T8湿润锋运移线由里到外表示3、9、15、21、27、33、39、59、79、99、129、159、189、219、249、279、339、399min的运移位置；T10、T11、T12湿润锋运移线由里到外表示3、9、15、21、27、33、39、59、79、99、129、159、189、219、249、279、339min的运移位置。

控润灌比地下滴灌湿润锋水平向右的运移距离显著增大，且上膜尺寸越大，湿润锋水平向右运移距离越大。在相同膜尺寸条件下，L2、L3比L1湿润锋向右运移距离分别增加7.06%～8.87%、12.34%～13.99%，即在水平方向随流量增加湿润锋运移距离呈增大趋势，且L1和L3之间差异显著。

由图4-6（b）可知，膜调控润灌条件下，L1、L2、L3的湿润锋向上上升的高度分别为 23.2~28.1cm、21.3~26.0cm、19.5~23.0cm，比对照处理 M0 分别增加 6.9%~29.5%、7.0%~30.7%、5.4%~24.3%。可见，地下膜调控润灌比地下滴灌湿润锋向上上升的高度有明显增加，且 M2、M3 与 M0 差异显著，湿润锋向上运移高度随上膜尺寸减小而增大，不同上膜尺寸（M1、M2、M3）之间也达到显著差异水平。在相同膜尺寸条件下，L2、L3 比 L1 分别减小 7.47%~9.62% 和 15.95%~19.23%，即向上上升高度随流量减小呈现增大趋势，且不同处理之间差异显著。

由图 4-6（c）可知，膜调控润灌条件下，L1、L2、L3 的湿润锋向下运移的深度分别为 6.8~11.7cm、9.2~13.8cm、10.8~15.9cm，比对照处理 M0 分别减少 47.3%~69.4%、42.5%~61.7%、41.1%~60.0%。可见，地下膜调控润灌比地下滴灌湿润锋向下运移的深度有明显减小，且 M1、M2、M3 与 M0 均达到显著差异水平，结果表明，调控膜可显著减少灌溉水向下的运移量。另外，不同上膜尺寸对湿润锋向下的运移距离也产生一定影响，其趋势为随上膜尺寸的减小而减小。除 L1、L2 条件下的 M2 和 M3 外，其他上膜尺寸处理间均达到了显著差异水平。在相同上膜尺寸条件下，L2、L3 比 L1 分别增加 17.95%~35.29%、35.90%~60.61%，即湿润体垂直向下运移的深度随流量增加呈增大趋势，且不同流量之间差异显著。

综上，膜调控润灌条件下湿润体水平方向、垂直向上和垂直向下的大小在不同流量和上膜尺寸之间均存在较大的差异，且大部分处理之间达到显著差异水平。

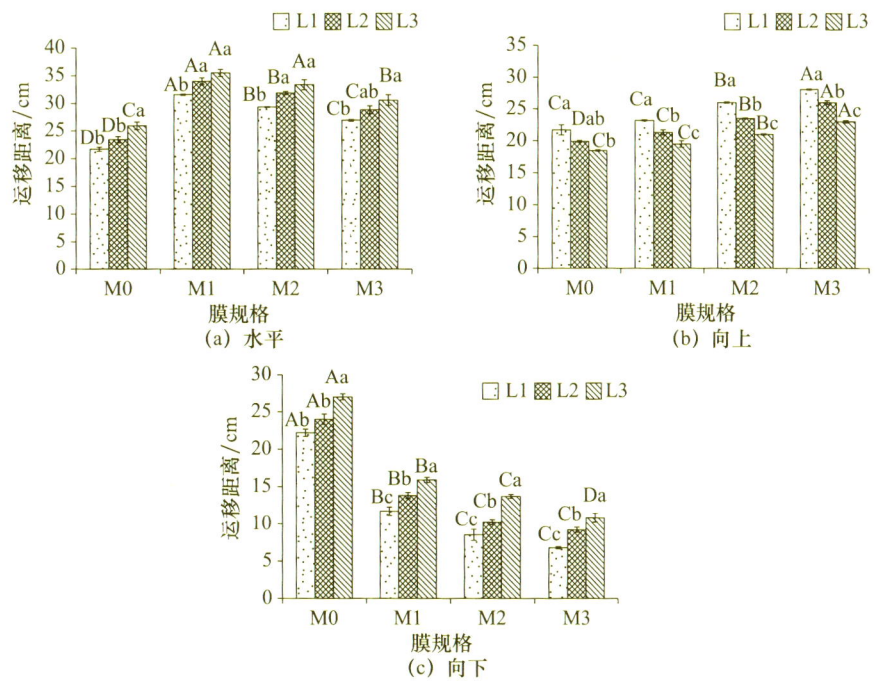

图 4-6 上膜尺寸和流量对湿润体大小的影响

注：大写字母表示相同流量条件下，不同膜尺寸的湿润体大小之间的显著差异水平（$P=0.05$）；小写字母表示相同膜尺寸条件下，不同流量的湿润体大小之间的显著差异水平（$P=0.05$）。

4.2.3 膜调控润灌对垂向土壤水分分布影响

以滴头所在水平面为零界面，向上为正，向下为负，分析灌水结束后，不同土层（每5cm为一层）内的分布水量占灌水总量比例对上膜尺寸和流量的响应关系。由图4-7可知，膜调控润灌的灌水量垂向分布范围为−15～30cm。其中，峰值在0～10cm范围内；与地下滴灌相比，膜调控润灌向下湿润深度减小10～15cm，膜上湿润高度增加0～5cm，水量分布峰值位置上移5～10cm，且峰值处水量占灌水总量比例比地下滴灌高40.0%～50.5%。

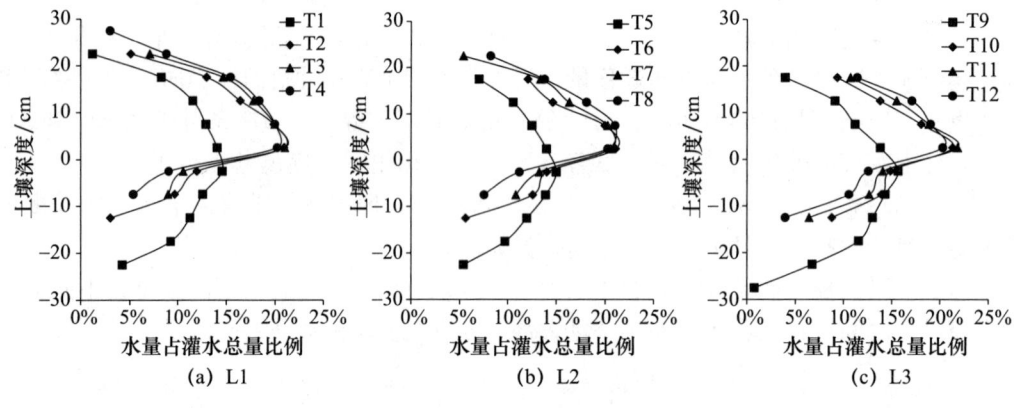

图4-7 不同处理垂向土壤水量分布

各处理均是在滴头埋深处的土层分布水量占总灌水量比例最大，向上和向下逐渐递减，近似呈抛物线分布，但不同流量下膜调控润灌滴头上方各土层分布水量占总灌水量比例均显著高于地下滴灌，而滴头下方各土层分布水量占总灌水量比例均显著低于地下滴灌。

由图4-8（a）、图4-8（b）可知，在膜上0～5cm和5～10cm土层，膜调控润灌不同处理与地下滴灌（M0）均达到差异显著水平，膜调控润灌各处理之间分布水量占总灌水量比例随上膜尺寸和流量减小而逐渐增大，但未达到显著差异水平。由图4-8（c）、图4-8（d）可知，膜上10～15cm和15～20cm土层水量分布变化趋势与0～10cm土层基本一致，但M1和M3之间达到了显著差异水平；在相同上膜尺寸条件下，分布水量占总灌水量比例随流量减小而逐渐增大，且L1、L2与L3之间差异显著。由图4-9（a）可知，膜上分布水量占灌水总量比例在L1、L2、L3条件下分别为75.3%～85.7%、67.8%～81.3%、62.5%～73.0%，较M0分别增大56.7%～78.3%、53.9%～84.6%、64.3%～91.9%，且均达到显著差异水平，膜调控润灌不同流量条件下，M1和M3之间均差异显著；在相同上膜尺寸条件下，分布水量随流量减小而逐渐增大，且L1和L3之间均达到显著差异水平，而L1和L2之间差异不显著。

由图4-8（e）、图4-8（f）可知，膜下−5～0cm和−10～−5cm土层分布水量占总灌水量比例均随上膜尺寸减小而逐渐减小，且M1、M2与M3之间差异显著；相同上膜尺寸下，分布水量随流量减小而逐渐减少，且L1和L3之间差异显著。由图4-9b可知，膜下总水量占灌水总量比例在L1、L2、L3条件下分别为14.4%～24.7%、

18.7%～32.2%、27.0%～37.5%，较 M0 分别减少 52.4%～72.4%、42.4%～66.6%、39.4%～56.4%，且均达到显著差异水平，膜调控润灌不同流量条件下，M1 和 M3 之间均差异显著；在相同上膜尺寸条件下，分布水量随流量减小而逐渐减少，且 L1 和 L3 之间均达到显著差异水平，而 L1 和 L2 之间差异不显著。

综上，膜调控润灌相比地下滴灌能明显调控水量在垂向的分布，调控膜可使膜上水量显著增加，且膜上各土层水量随上膜尺寸和流量减小均逐渐增大；同时，下层调控膜之下水量显著减少，且膜下各土层水量随上膜尺寸和流量减小均逐渐减少。

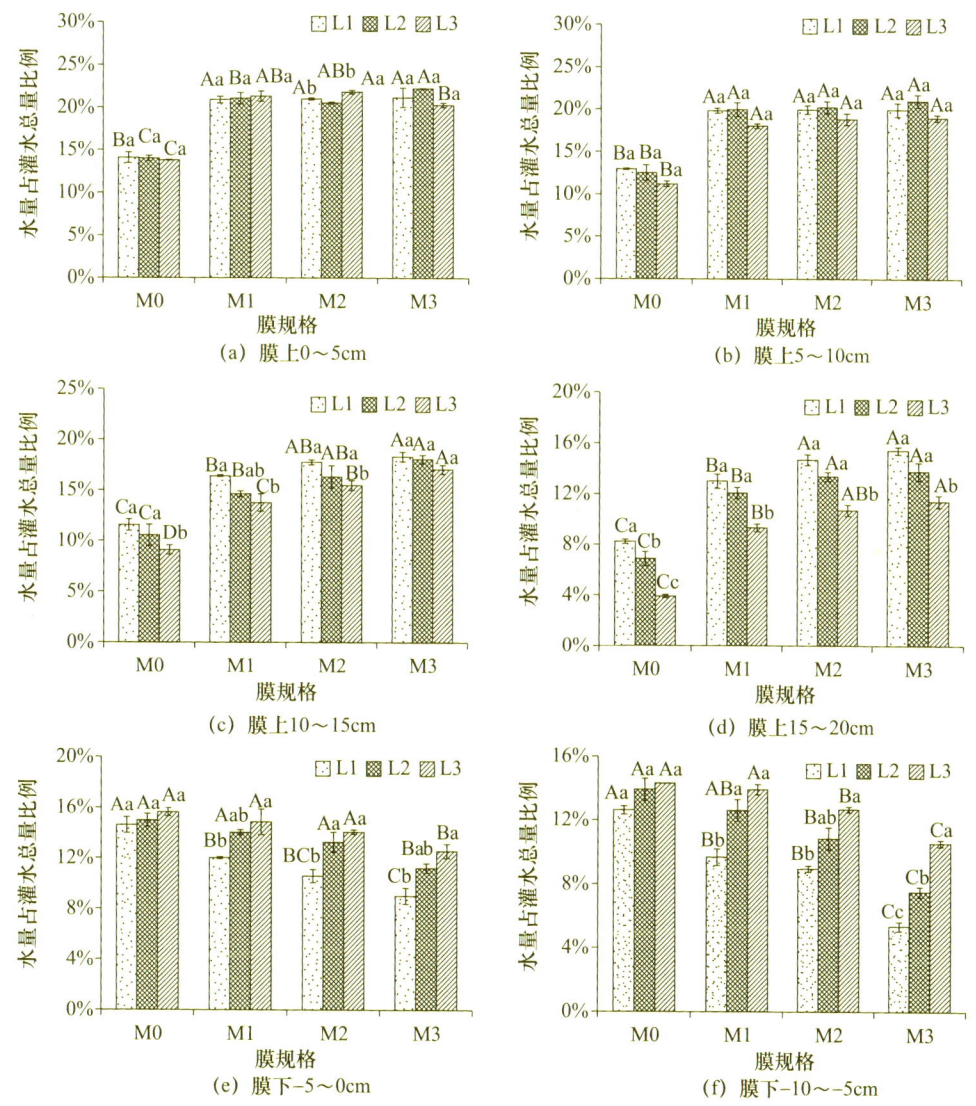

图 4-8　上膜尺寸和流量对不同土层分布水量占灌水总量比例的影响

注：大写字母表示相同流量条件下，不同膜尺寸的湿润体在不同埋深处分布水量占灌水总量比例之间的显著差异水平（$P=0.05$）；小写字母表示相同膜尺寸条件下，不同流量的湿润体在不同埋深处分布水量占灌水总量比例之间的显著差异水平（$P=0.05$）。

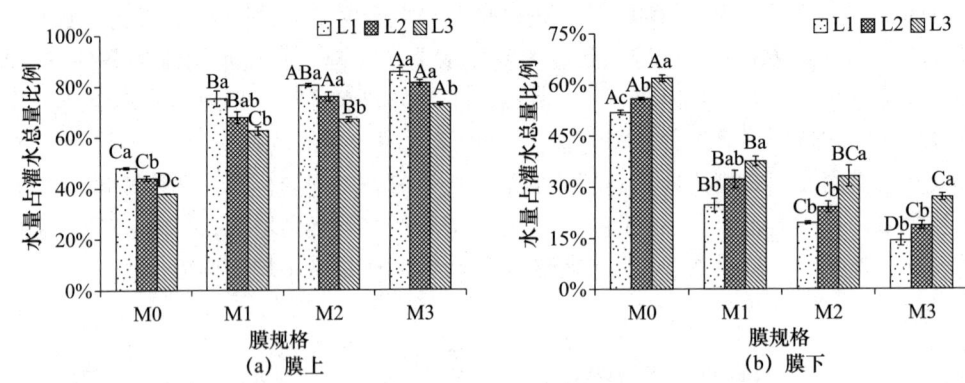

图 4-9 上膜尺寸和流量对膜上和膜下分布水量占灌水总量比例的影响

注：大写字母表示相同流量条件下，不同膜尺寸的湿润体在调控膜上下分布水量占灌水总量比例之间的显著差异水平（$P=0.05$）；小写字母表示相同膜尺寸条件下，不同流量的湿润体在调控膜上下分布水量占灌水总量比例之间的显著差异水平（$P=0.05$）。

4.2.4 膜调控润灌对横向土壤水分分布影响

在横向上，由于湿润体关于滴头对称，仅以滴头位置和滴头右侧的水量横向分布进行分析。以滴头为起点，水平向右每间隔 5cm 为中心位置，选取各中心位置两侧 2.5cm 宽的柱状湿润体内存储的水量进行研究，分析灌水结束后，湿润体在距滴头不同水平位置分布水量占灌水总量比例对上膜尺寸和流量的响应差异。

由图 4-10 可知，水平向右距滴头 0～10cm 范围内的位置，膜调控润灌下各位置分布水量占灌水总量比例在相同流量条件下均表现为随着与滴头水平距离的增加而增大，但均低于 M0，且比 M0 减少的比例随上膜尺寸和流量减小而减小。

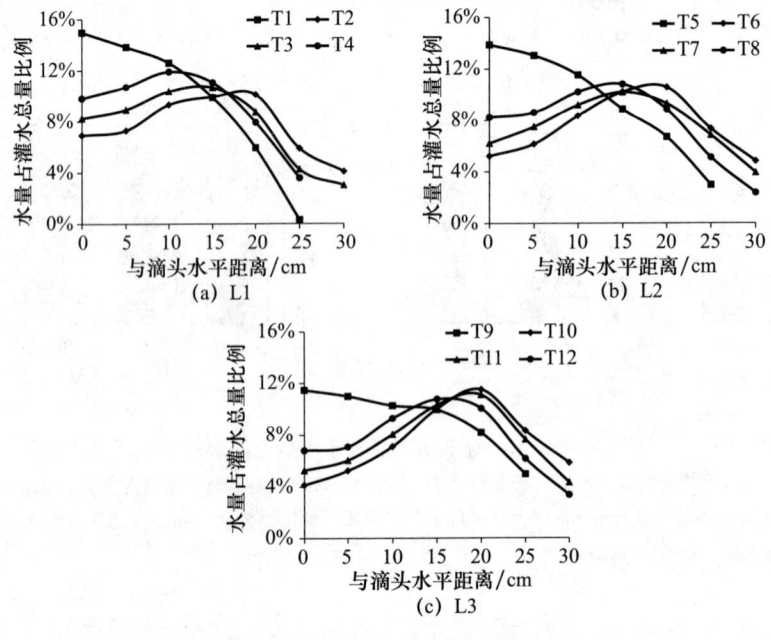

图 4-10 不同处理横向土壤水分分布

由图 4-11（a）可知，受调控膜上膜的影响，膜调控润灌在滴头位置分布水量占灌水总量比例分别比地下滴灌（M0）减小 34.57%~53.78%、40.74%~62.40% 和 40.67%~63.93%，且均达到显著差异水平；膜调控润灌条件下，滴头位置分布水量占灌水总量比例随上膜尺寸的减小而增大，相同流量下，M3 显著高于 M1；在相同膜尺寸条件下，分布水量占灌水总量比例随流量减小而增大，除 M1 下的 L2 和 L3 外，其他处理不同流量之间均达到显著差异水平。由图 4-11b 可知，距滴头 5cm 处分布水量占灌水总量比例在 L1、L2 和 L3 条件下相比地下滴灌（M0）分别减小 22.66%~47.296%、34.05%~52.77% 和 35.58%~52.32%，且均达到显著差异水平；膜调控润灌条件下，分布水量占灌水总量比例随上膜尺寸的减小而增大，相同流量下，不同处理之间均达到显著差异水平；在相同膜尺寸条件下，分布水量占灌水总量比例随流量减小而增大，不同处理之间也均达到显著差异水平。由图 4-11（c）可知，距滴头 10cm 处分布水量占灌水总量比例在 L1、L2 和 L3 条件下相比地下滴灌（M0）分别减小 5.50%~26.13%、11.39%~27.56% 和 9.67%~30.89%，且大部分处理之间差异显著。距滴头水平距离 10~15cm 是地下滴灌分布水量占灌水总量比例从大于地下膜调控润灌变为小于的区域，到距滴头水平 15cm 位置处［图 4-11（d）］，水量在 L1、L2 和 L3 条件下分别高出 M0 处理 0.50%~11.88%、15.11%~21.81% 和 0.76%~8.26%，且 M1、M2 下的 L1、L2 与 M0 下的 L1、L2 之间达到显著差异水平；同一流量下不同膜尺寸之间大都未达到显著差异水平，相同膜尺寸不同流量之间均为达到显著差异水平。距滴头水平 20cm 位置处［图 4-11（e）］，水量在 L1、L2 和 L3 条件下分别高于 M0 处理 33.51%~70.15%、32.27%~57.82% 和 23.01%~40.91%，且差异显著；地下膜调控润灌下，分布水量随上膜尺寸增加而逐渐增大，L1 条件下的不同膜尺寸之间差异显著，L2 和 L3 条件下的 M1 和 M3 之间差异显著；在相同膜尺寸条件下，分布水量随流量增大逐渐增加，不同流量之间差异显著。距滴头水平 25cm 位置处［图 4-11（f）］，L1 条件下地下滴灌在此处分布水量很少，L2 和 L3 条件下比地下滴灌（M0）分别增大 71.72%~146.96% 和 24.12%~67.63%，且达到显著差异水平；对于地下膜调控润灌，分布水量随上膜尺寸和流量增加而逐渐增大，不同处理之间差异显著。

由此可见，地下膜调控润灌相比地下滴灌，明显改变了土壤水分的空间分布，通过膜调控，可明显增加灌溉水在水平方向的分布范围，减少向下层土壤的运移量。减小上膜尺寸有利于土壤水分向上运动。

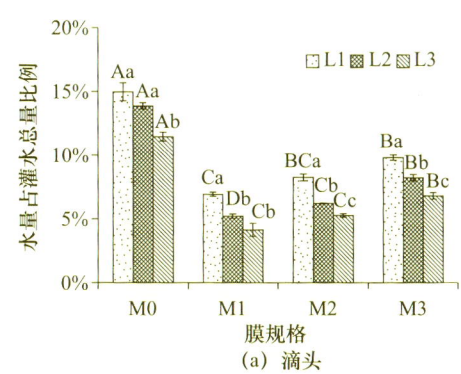

(a) 滴头

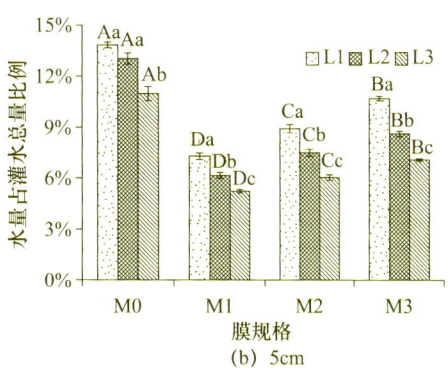

(b) 5cm

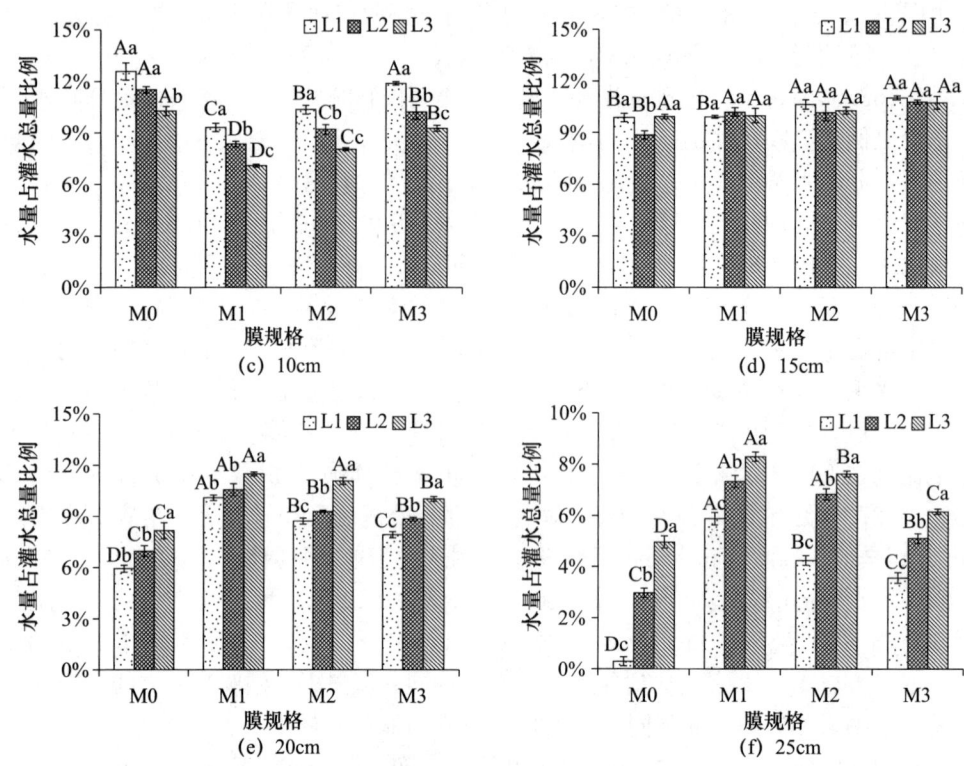

图 4-11 上膜尺寸和流量对不同水平位置分布水量占灌水总量比例的影响

注：大写字母表示相同流量条件下，不同膜尺寸的湿润体在调控膜上下分布水量占灌水总量比例之间的显著差异水平（$P=0.05$）；小写字母表示相同膜尺寸条件下，不同流量的湿润体在调控膜上下分布水量占灌水总量比例之间的显著差异水平（$P=0.05$）。

综合分析调控膜对湿润体的影响及土壤水分在垂向和水平方向分布特征，得出：为了减小灌溉水向下的运移量，使更多的灌溉水保持在调控膜之上，建议上膜尺寸选用边长为20cm或25cm；滴头选用适中流量即可。

4.3 室外试验

4.3.1 试验区概况

本试验于2018—2020年在河北省衡水市景县龙华镇（北纬37°37′，东经115°58′）的试验田完成，试验区属于温带半干旱地区，大陆性季风气候，日照充足，自然降雨少，降雨年内分布不均，多集中在夏季，与农作物需水关键期不对应。

试验供试小麦品种为"观35"，第一季冬小麦于2018年10月20日播种，2019年6月9日收获，第二季于2019年10月20日播种，2020年6月13日收获，均采用15cm等行距播种，播种深度10cm，播种量225kg/hm²。试验地土壤为壤土，平均容重为1.45g/cm³。

4.3.2 试验设计

在大田试验条件下,试验以滴头间距、膜尺寸和灌水总量为因素,各设置两个水平:滴头间距为80cm和100cm,膜尺寸为40cm×20cm和40cm×30cm(下膜边长×上膜边长),灌水总量为1350m³/hm²和1800m³/hm²(分别于拔节期、孕穗期和灌浆期各灌水一次)。以相同灌水量和滴头间距处理下的地下滴灌为对照,共12个处理,详见表4-3,毛管及调控膜埋深均为35cm;各处理在田间随机排列,对照处理小区面积为450m²,其余处理小区面积由于地块原因为600~7000m²。每个处理小区进水口安装水表控制灌水量。

表4-3 试验设计

试验处理	试验因素		
	滴头间距/cm	灌水量/(m³/hm²)	膜尺寸/cm
T1	80(S1)	1350(W1)	40×30(M2)
T2	80(S1)	1350(W1)	40×20(M1)
T3	80(S1)	1350(W1)	无膜(M0)
T4	80(S1)	1800(W2)	40×30(M2)
T5	80(S1)	1800(W2)	40×20(M1)
T6	80(S1)	1800(W2)	无膜(M0)
T7	100(S2)	1350(W1)	40×30(M2)
T8	100(S2)	1350(W1)	40×20(M1)
T9	100(S2)	1350(W1)	无膜(M0)
T10	100(S2)	1800(W2)	40×30(M2)
T11	100(S2)	1800(W2)	40×20(M1)
T12	100(S2)	1800(W2)	无膜(M0)

4.3.3 膜调控润灌对冬小麦不同生育期垂向土壤水分分布影响

冬小麦生育期共灌水3次(2018年10月—2019年6月),每次灌水结束后,以不同深度土层的灌水量占灌水总量比例来分析不同处理下的水量垂向分布差异(图4-12~图4-14)。膜调控润灌和地下滴灌两种灌水方式下,灌水量分布范围为0~60cm和0~80cm,且各深度土层灌水量占灌水总量比例随土层深度增大呈先增大后减小趋势,受调控膜影响,膜调控润灌下各土层灌水量占灌水总量比例在地表下20~40cm范围内达到峰值,占比分别为拔节期30.33%、孕穗期26.93%和灌浆期25.64%;而地下滴灌各土层灌水量占灌水总量比例的峰值主要分布在地表下30~50cm,占比分别为拔节期26.31%、孕穗期22.16%和灌浆期22.81%。与地下滴灌相比,膜调控润灌在0~40cm各土层灌水量占比在拔节、孕穗和灌浆期分别增加9.47%~270.37%、11.04%~

83.28%和11.98%～171.67%,灌水量占比的增量随土层深度和灌水量减小呈逐渐增大趋势;而40～70cm各土层的灌水量占比分别减小18.54%～56.98%、4.55%～68.53%和11.15%～74.42%,灌水量占比的降低值随着土层深度增大和灌水量减小呈增大趋势。

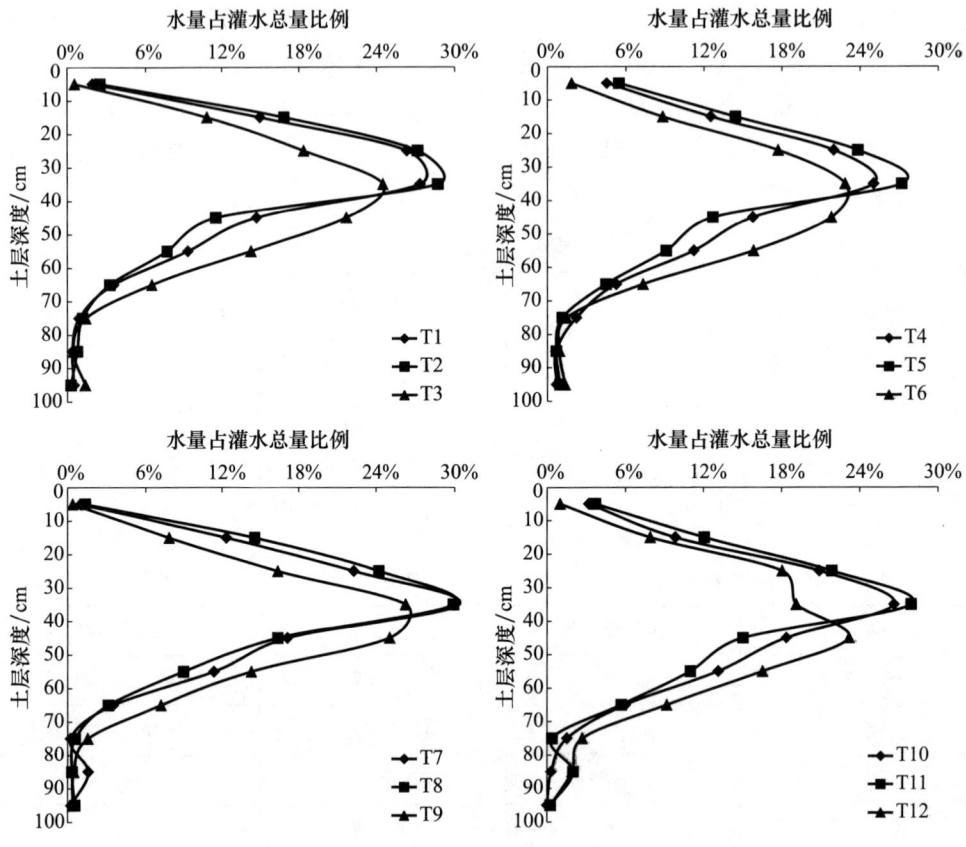

图4-12 拔节期灌水后不同处理下的水量垂向分布

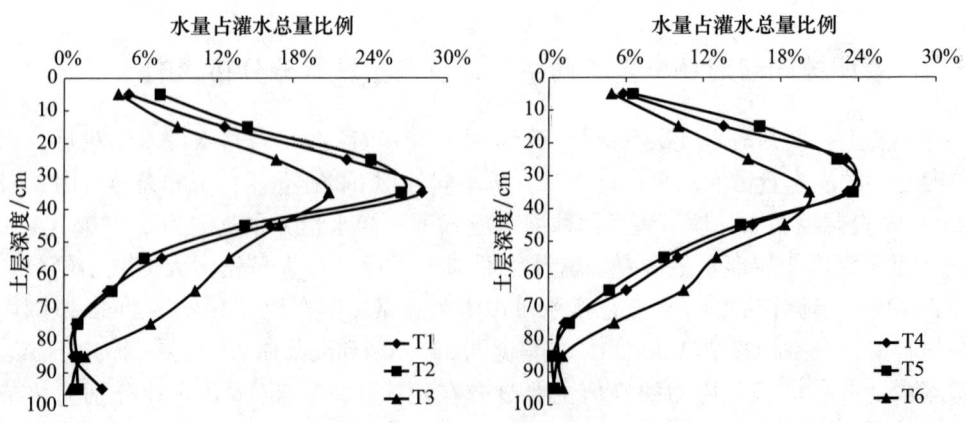

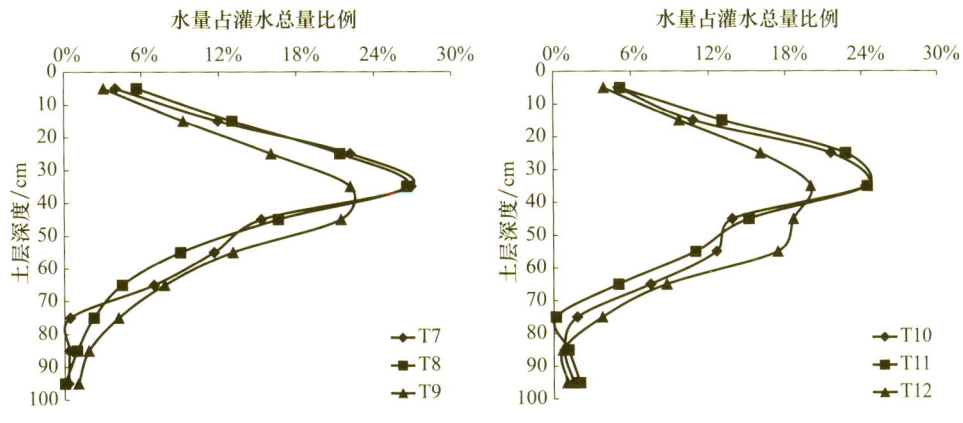

图 4-13 孕穗期灌水后不同处理下的水量垂向分布

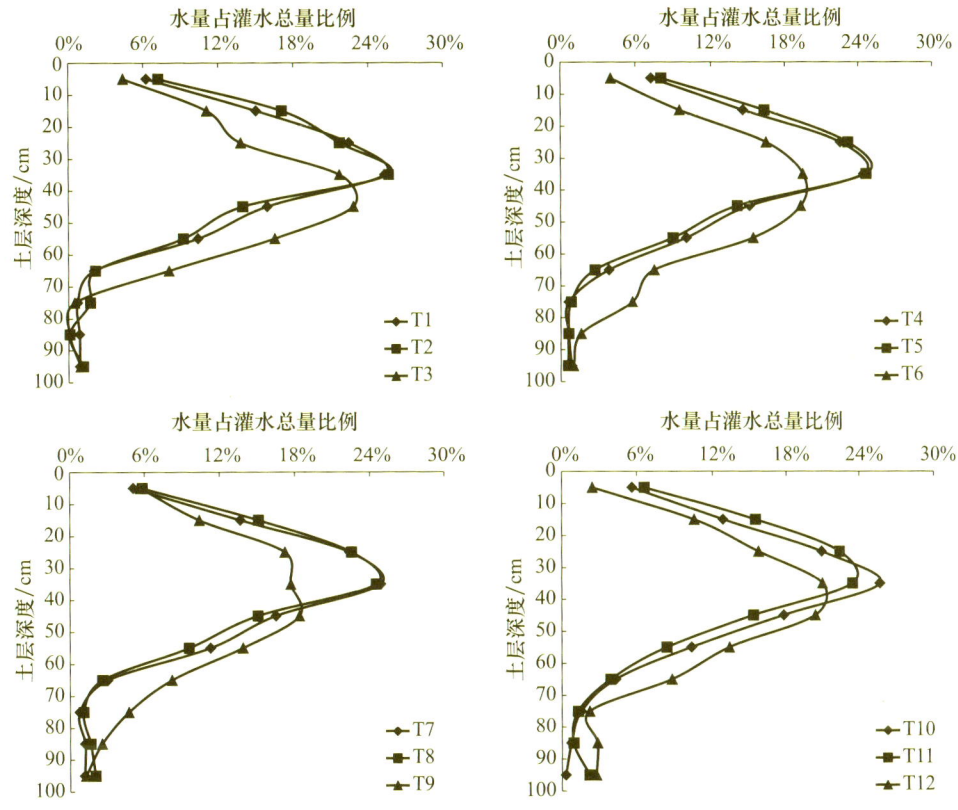

图 4-14 灌浆期灌水后不同处理下的水量垂向分布

在膜调控润灌条件下，0～60cm 各土层的灌水量占灌水总量的比例在不同膜尺寸、灌水量和滴头间距条件下存在差异。在滴头间距和灌水量相同的条件下，比较 0～40cm 各土层的灌水量占比：M1 比 M2 在拔节、孕穗和灌浆期分别增加 −3.30%～34.48%、−5.70%～50.53% 和 −7.79%～18.38%，灌水量占比增量随土层深度减小而逐渐增大，40～70cm 各土层灌水量占比则分别减小 6.30%～22.21%、−9.24%～41.99% 和 −4.76%～29.66%。可见，减小上膜尺寸更有利于土壤水分在上层土壤的分布。

在膜尺寸和滴头间距相同的条件下，在0～10cm土层，灌水量占比W1比W2在拔节、孕穗和灌浆期分别减小54.08%～68.45%、-15.75%～19.72%和10.18%～13.84%，随着灌水总量的增大，W1比W2的灌水量占比降低值有减小的趋势；在10～40cm各土层，灌水量占比W1比W2分别增加5.78%～28.03%、-12.80%～21.25%和-9.25%～4.13%，灌水量占比增量随着灌水量增大有减小趋势；40～70cm各土层的灌水量占比W1比W2分别减小-8.65%～45.13%、-10.10%～43.85%和-14.11%～46.37%，灌水量占比降低值随着土层深度增加有增大的趋势。

在膜尺寸和灌水量相同的条件下，0～30cm各土层的灌水量占比，S1比S2在拔节、孕穗和灌浆期分别增加5.08%～92.47%、-1.84%～33.44%和-3.74%～28.93%，灌水量占比增量随土层深度的减小而增大，40～70cm各土层灌水量占比则分别减小2.79%～29.46%、-6.11%～51.18%和-4.64%～31.94%。

综上，与地下滴灌相比，膜调控润灌可以明显提高0～40cm各土层的灌水量占比，且越接近地表，增长效果越明显。此外，降低了40～70cm土层的灌水量占比，土层深度越大，差值越大。对于膜调控润灌，减少滴头间距和上膜尺寸可以有效提高0～40cm土层的灌水量占比，减少40～70cm土层的灌水量占比，而增大灌水量10～40cm土层的灌水量占比会有所降低，但0～10cm土层的水量占比会有明显的增加。

4.3.4 膜调控润灌对冬小麦不同生育期横向土壤水分分布影响

拔节、孕穗和灌浆期灌水结束后（2018年10月至2019年6月），在滴头至相邻毛管中心范围内，以距滴头不同水平位置处的灌水量占灌水总量的比例差异来分析不同处理下灌水量横向分布的差异（图4-15～图4-17）。膜调控润灌条件下，各水平位置的灌水量占灌水总量的比例随着与滴头水平距离的增大呈先增大后减小的趋势，在距滴头水平10～20cm位置达到最大值，而地下滴灌灌水量占灌水总量比例则随着与滴头水平距离的增大逐渐降低。与地下滴灌相比，膜调控润灌分布在距滴头水平0～10cm位置的水量占灌水总量比例在拔节、孕穗、灌浆期分别减小15.84%～32.20%、8.17%～30.16%和3.02%～25.60%，距水平10～50cm位置的灌水量比例则分别增加-0.37%～74.67%、-5.84%～46.09%和-7.74%～51.69%，增长比例随着距滴头水平距离的增大而逐渐增大，但增大趋势随灌水总量增大而减小。

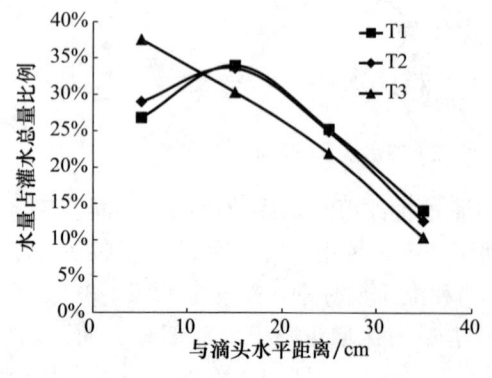
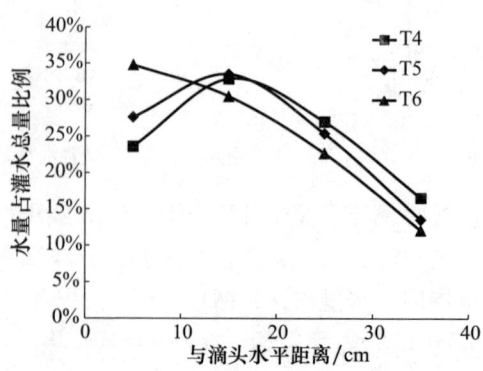

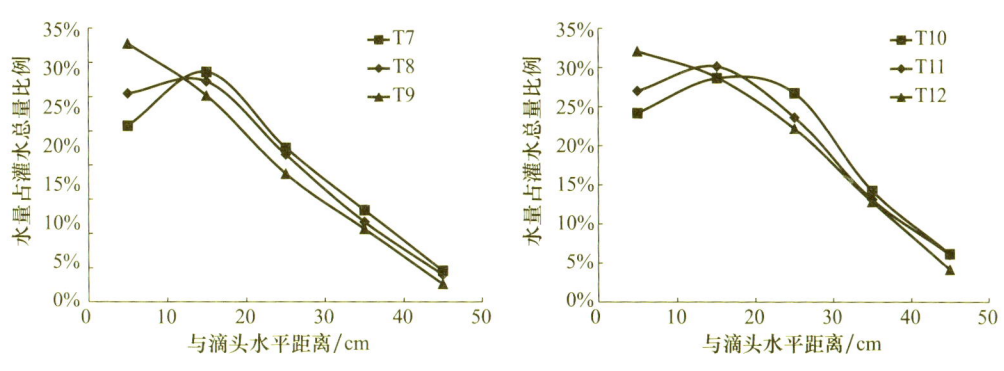

图 4-15　拔节期灌水后不同处理下的水量横向分布

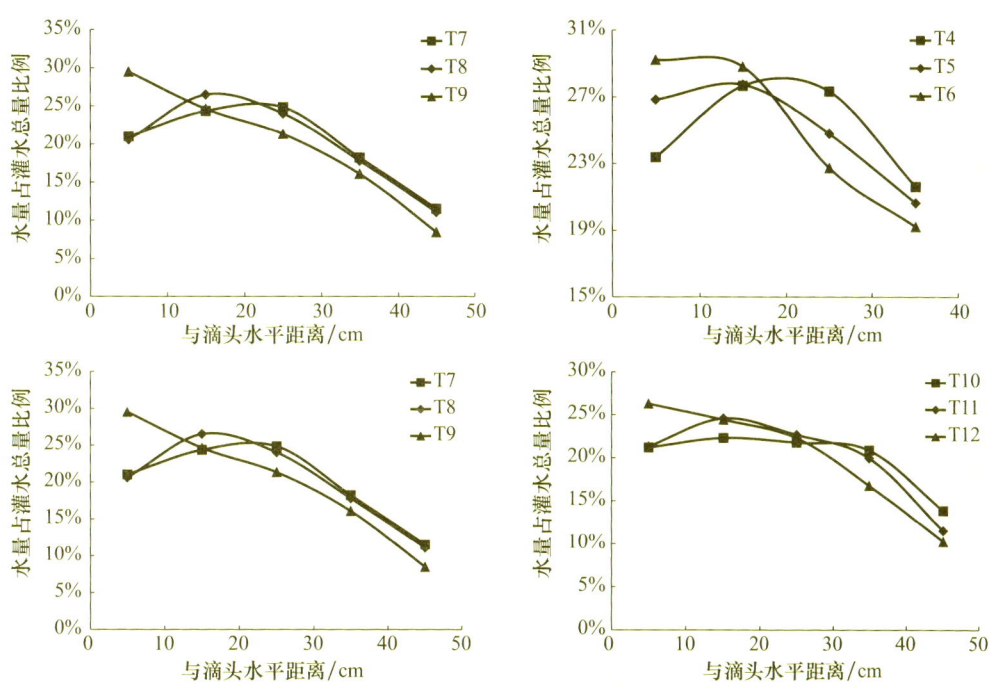

图 4-16　孕穗期灌水后不同处理下的水量横向分布

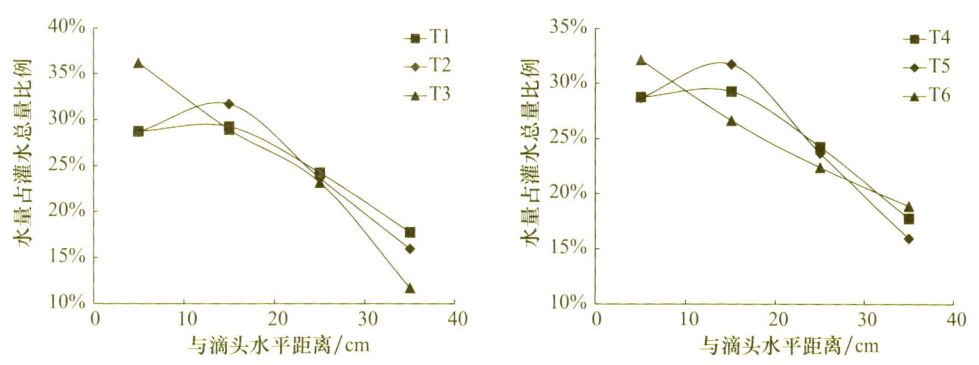

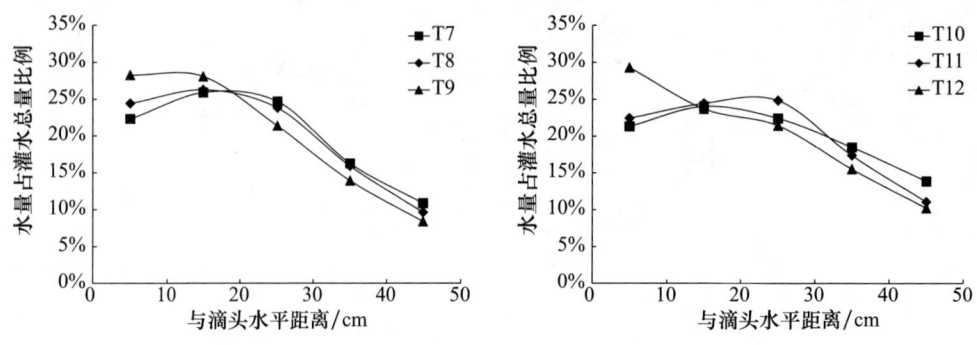

图 4-17　灌浆期灌水后不同处理下的水量横向分布

在膜调控润灌条件下，距滴头不同水平距离的水量横向分布在不同膜尺寸、滴头间距和灌水量条件下也存在差异。在滴头间距和灌水量相同的条件下，M2 比 M1 分布在距滴头水平 0～20cm 范围内水量在拔节、孕穗和灌浆分别减小－4.31％～14.57％、－2.07％～12.89 和－3.14％～8.59％，在距滴头水平 20～40（或 20～50）cm 范围内分别增加 1.09％～22.37％、－3.99％～20.65％和－9.73％～25.39％，增加比例随着与滴头水平距离的增大呈降低趋势。在膜尺寸和灌水量相同的条件下，S1 比 S2 在距滴头不同水平距离范围内的灌水量占比呈增长趋势，在三次灌水条件下分别增加－5.00％～16.14％、0.98％～31.85％和－1.78％～28.84％，拔节和孕穗期灌水后的结果表现出增长比例随着与滴头水平距离的增大呈减小趋势。在膜尺寸和滴头间距相同的条件下，距滴头水平 0～20cm 范围内的灌水量占比，W2 比 W1 在拔节、孕穗和灌浆期分别降低 0.22％～14.89％、－3.44％～11.84％和 4.47％～12.515，距滴头水平 20～40（或 20～50）cm 范围内分别增加 1.93％～53.29％、－12.38％～20.16％和－9.30％～27.30％，灌水量占比增量随着与滴头水平距离的增大呈增大趋势。

综上，膜调控润灌条件下，调控膜的布置降低了距滴头水平 0～20cm 范围内的水量，同时增大了距滴头水平 20～40（或 20～50）cm 范围内的水量，降低了不同水平位置之间的水量分布差异。相比地下滴灌，膜调控润灌下不同水平位置之间的水量变化幅度在拔节、孕穗和灌浆期分别减小 12.03％～28.15％、18.41％～50.71％和 16.27％～53.61％，且上膜尺寸较小时，可增加 0～20cm 范围内水量占比，有利于提高水分向上运移量。增大上膜尺寸有利于增大距滴头较远位置的水量比例，但 M2 与 M1 相差不大，而减小间距可提高不同水平位置的水量分布比例。

4.3.5　膜调控润灌对冬小麦生长指标的影响

4.3.5.1　对冬小麦株高的影响

各生育期内不同处理下的冬小麦株高对比如图 4-18 所示（2018 年 10 月至 2019 年 6 月）。在膜调控润灌和地下滴灌条件下，株高均表现出了在前期株高长势快，灌浆期后由于水分和养分向籽粒转化，株高长势变慢并在成熟期达到最大值，平均株高最高分别可达 75.1cm 和 69.0cm。与地下滴灌相比，膜调控润灌条件下的株高在拔节期提高－1.76％～9.55％，其中 T4、T5 与对照处理相比差异显著，在孕穗、开花、灌浆和成熟期分别提高 8.65%～24.19%、2.93%～12.70%、1.04%～11.43% 和 4.97%～13.87%，除开花和灌浆期的 T7、T10 处理外，其他处理与对照处理均达到显著差异水平。

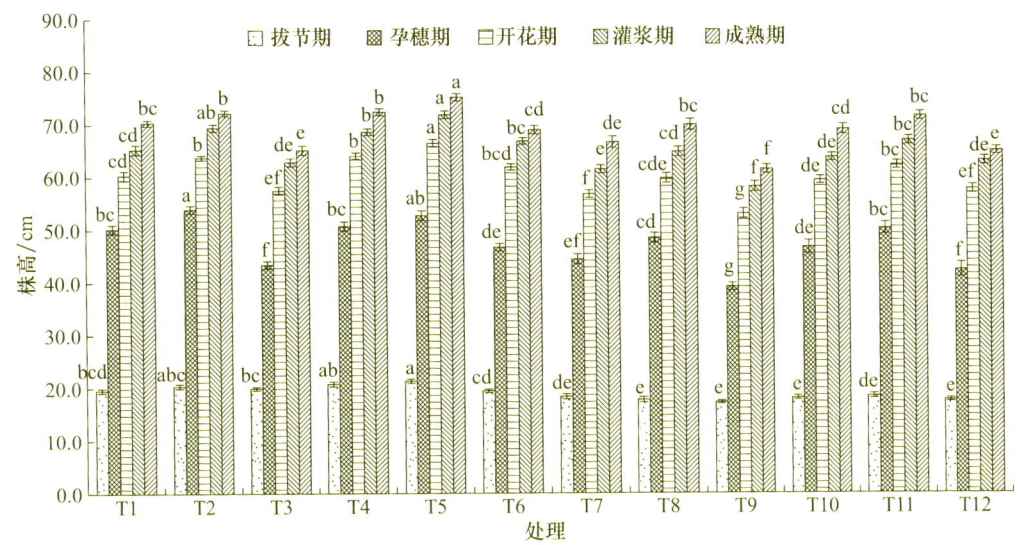

图 4-18 不同处理下植株高度在各生育期的变化
注：小写字母表示株高在不同处理下的差异（$a=0.05$）。

膜调控润灌条件下，膜尺寸、灌水量和滴头间距对株高的影响显著。在灌水量和滴头间距相同的条件下，M1 相比 M2 在拔节、孕穗、开花、灌浆和成熟期分别提高 −3.47%～3.99%、3.92%～9.06%、3.80%～5.70%、4.68%～6.32% 和 2.60%～4.97%，自孕穗期开始，不同膜尺寸之间差异逐渐明显；在膜尺寸和灌水量相同条件下，在拔节、孕穗、开花、灌浆和成熟期株高 S1 相比 S2 分别增加 6.59%～15.64%、4.94%～13.06%、6.33%～7.94%、6.35%～7.80% 和 3.24%～5.62%，多数处理不同滴头间距之间在整个生育期均差异显著；在膜尺寸和滴头间距相同条件下，在拔节、孕穗、开花、灌浆和成熟期 W2 相比 W1 株高分别增加 −1.60%～6.06%、−2.26%～5.09%、4.12%～6.18%、3.28%～5.07% 和 2.34%～4.06%，自开花期开始不同灌水量之间差异显著（滴头间距为 S1 条件下），滴头间距较大时，增加灌水量会一定程度上增大株高，但影响不显著。地下滴灌条件下，灌水量相同时，在拔节、孕穗、开花、灌浆和成熟期株高 S2 相比 S1 分别提高 10.01%～15.43%、10.29%～11.05%、7.28%～8.39%、6.08%～8.17% 和 4.26%～6.26%，在整个生育期内的不同滴头间距之间均差异显著（除灌浆期 T6 和 T12 外）；滴头间距相同时，在拔节、孕穗、开花、灌浆和成熟期株高 W2 相比 W1 分别提高 −2.49%～2.39%、6.98%～8.24%、7.10%～8.75%、5.98%～8.45% 和 4.48%～5.67%，自孕穗期开始不同灌水量之间达到显著差异水平。

综上，相比地下滴灌，膜调控润灌下的株高显著增大，膜尺寸、灌水量和滴头间距对株高影响显著，即在整个生育期内减小滴头间距可显著增大株高，并且孕穗期之后减少上膜尺寸和增大灌水量可有效增大株高（滴头间距为 S1 条件下）。地下滴灌条件下灌水量和滴头间距对株高的影响与膜调控润灌一致。

4.3.5.2 对冬小麦叶面积指数的影响

各生育期内不同处理下的冬小麦叶面积指数（LAI）对比如图 4-19 所示（2018 年 10 月至 2019 年 6 月），叶面积指数在整个生育期均表现为迅速增长后又极速下降的趋势，在开花期前后达到最大值；不同灌水方式，以及在相同灌水方式下不同处理的叶面积指数，在拔节期之后差异逐渐显著。在整个生育期内，T5 处理下叶面积指数最高，可达 7.68，T9 处理一直处于最低状态，最大值仅到 5.08；与地下滴灌相比，膜调控润灌条件下 LAI 在拔节、孕穗、开花、灌浆和成熟期分别提高 8.62%～33.41%、15.21%～41.65%、5.38%～23.17%、3.40%～40.99% 和 15.27%～36.04%，自孕穗期开始差异显著（上膜尺寸为 M1 条件下）。

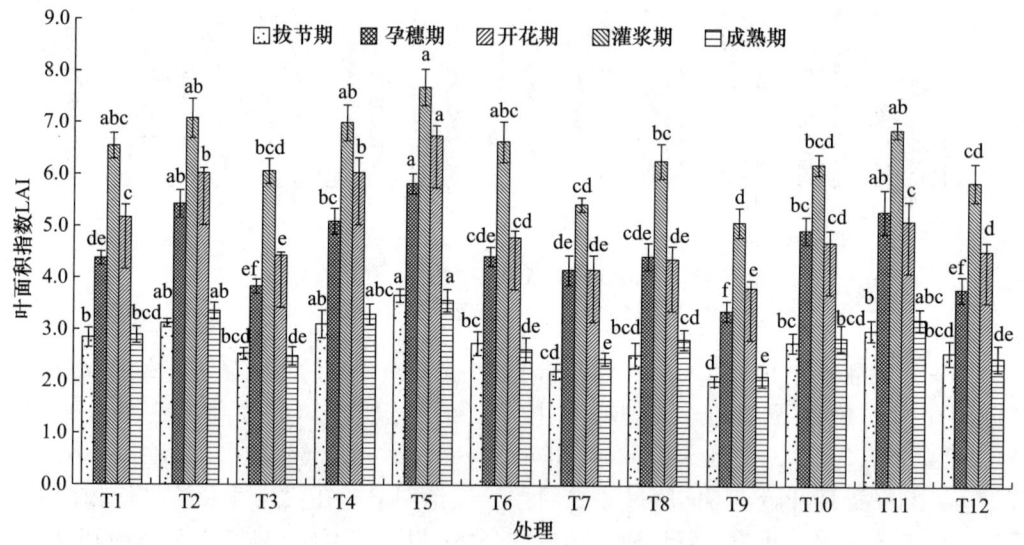

图 4-19 不同处理下 LAI 在各生育期的变化

注：小写字母表示叶面积指数在不同处理下的差异（$\alpha=0.05$）。

在膜调控润灌条件下，灌水量和滴头间距相同时，在拔节至成熟期 LAI M1 相比 M2 分别提高 8.66%～17.89%、6.45%～24.10%、8.16%～15.50%、5.17%～16.59% 和 8.24%～15.87%，在孕穗期至灌浆期的不同膜尺寸之间差异显著（滴头间距为 S1 条件下）；膜尺寸和灌水量相同时，在拔节至成熟期 LAI S1 相比 S2 分别提高 12.06%～29.07%、3.00%～22.52%、11.62%～20.56%、24.14%～37.63% 和 10.70%～18.96%，随着生育期延长不同滴头间距之间差异逐渐显著；膜尺寸和滴头间距相同时，在拔节、孕穗、开花、灌浆和成熟期 LAI W2 相比 W1 分别提高 9.14%～25.71%、7.27%～19.84%、6.84%～14.41%、12.02%～17.00% 和 6.26%～16.93%，在孕穗至灌浆期内的不同灌水量之间差异显著。地下滴灌条件下，灌水量和滴头间距对 LAI 的影响趋势与膜调控润灌一致，但增长幅度较小，不同灌水量和滴头间距之间均未产生显著差异。

综上，与地下滴灌相比，膜调控润灌下 LAI 显著提高，且上膜尺寸较小时，提高比例有增大趋势；在两种灌水方式下，减小滴头间距和增大灌水量均可提高 LAI，在膜调控润灌下滴头间距的和灌水量对 LAI 影响显著。

4.3.5.3 对冬小麦干物质积累量的影响

各生育期内不同处理下的冬小麦单株茎干重的对比见表 4-4（2018 年 10 月至 2019 年 6 月），冬小麦单株茎干量随生育期延长表现为先增后减的趋势，各处理均在开花期达到最大值。与地下滴灌相比，膜调控润灌条件下的单株茎干重在拔节、孕穗、开花、灌浆和成熟期分别增大 1.79%～22.62%、9.57%～24.86%、5.93%～20.54%、0.78%～16.08% 和 9.79%～24.77%，孕穗至开花期内存在显著差异（滴头间距为 S1 条件下）。

表 4-4 各处理在不同时期的单株茎干重

处理	拔节期/g	孕穗期/g	开花期/g	灌浆期/g	成熟期/g
T1	0.71±0.050ab	1.21±0.050abc	1.66±0.031ab	1.22±0.021ab	0.81±0.020ab
T2	0.75±0.077ab	1.28±0.050abc	1.75±0.074a	1.23±0.044ab	0.86±0.019ab
T3	0.65±0.042abc	1.05±0.042cd	1.45±0.035c	1.10±0.077abc	0.70±0.043bc
T4	0.73±0.031ab	1.26±0.032abc	1.66±0.017ab	1.23±0.033ab	0.89±0.036a
T5	0.78±0.019a	1.34±0.043a	1.81±0.054a	1.33±0.069a	0.91±0.033a
T6	0.72±0.041ab	1.12±0.041bcd	1.57±0.032bc	1.22±0.078ab	0.73±0.020bc
T7	0.57±0.039bc	1.07±0.039cd	1.47±0.039c	1.07±0.039bc	0.63±0.021cd
T8	0.60±0.078bc	1.10±0.078bcd	1.50±0.078bc	1.10±0.040bc	0.68±0.028bc
T9	0.50±0.059c	0.88±0.086d	1.28±0.052d	0.95±0.052c	0.57±0.040d
T10	0.61±0.059abc	1.11±0.059bcd	1.51±0.059bc	1.09±0.016abc	0.73±0.020bc
T11	0.69±0.080abc	1.19±0.080abc	1.56±0.025bc	1.12±0.054abc	0.72±0.040bc
T12	0.56±0.059bc	1.02±0.090cd	1.42±0.057cd	1.03±0.084bc	0.65±0.036cd

注：小写字母表示单株茎干重量在不同处理下的差异（$\alpha=0.05$）。

分析膜调控润灌下膜尺寸、滴头间距和灌水量对单株茎干重的影响。结果表明，滴头间距和灌水量相同条件下，M1 相比 M2 在整个生育期内增大 1.64%～12.19%，增长量随生育期延长逐渐减小，不同膜尺寸之间差异不显著；灌水量和膜尺寸相同条件下，S1 相比 S2 在拔节、孕穗、开花、灌浆和成熟期分别增大 13.00%～24.15%、12.70%～16.21%、9.59%～16.55%、11.97%～19.16% 和 21.90%～29.75%，不同滴头间距之间随着植株生长差异逐渐显著；膜尺寸和滴头间距相同条件下，W2 相比 W1 增大 0.14%～16.52%，增长量在拔节至灌浆期呈现逐渐减小的趋势，不同灌水量处理之间无显著差异。地下滴灌条件下，灌水量和滴头间距对茎干重的影响均不显著，滴头间距相同时，W2 相比 W1 拔节至成熟期增大 4.55%～15.36%，灌水量相同时，S1 相比 S2 增大 9.80%～30.68%，增长量随生育期延长而逐渐减小。

各生育期内的冬小麦单株叶干重在不同处理下的对比见表 4-5，冬小麦单株叶干重随植株生长逐渐增大，至成熟期迅速减少。膜调控润灌相比地下滴灌叶干重增大 1.18%～34.70%，增长量随生育期延长呈增大趋势，在孕穗期之后开始达到显著差异水平。

表 4-5　各处理在不同时期的单株叶干重

处理	拔节期/g	孕穗期/g	开花期/g	灌浆期/g	成熟期/g
T1	0.46±0.040bc	0.61±0.016cd	0.84±0.022bcd	0.95±0.041cde	0.58±0.029abc
T2	0.50±0.080abc	0.70±0.08bcd	0.99±0.036ab	1.05±0.055abc	0.56±0.024bcd
T3	0.45±0.042bc	0.58±0.042cd	0.72±0.055cde	0.85±0.035e	0.49±0.010ef
T4	0.64±0.026abc	0.84±0.026ab	1.11±0.046a	1.11±0.046ab	0.60±0.038ab
T5	0.69±0.106abc	0.89±0.106a	1.15±0.081a	1.15±0.081a	0.64±0.020a
T6	0.62±0.055abc	0.77±0.058ab	0.97±0.058ab	1.00±0.038bcd	0.54±0.012cde
T7	0.39±0.043c	0.59±0.043cd	0.68±0.061de	0.81±0.038e	0.52±0.015de
T8	0.43±0.073bc	0.63±0.073bcd	0.73±0.067cde	0.82±0.022e	0.51±0.008de
T9	0.34±0.075c	0.47±0.075d	0.64±0.056e	0.64±0.036f	0.38±0.013g
T10	0.51±0.040abc	0.71±0.040abc	0.88±0.052bc	0.92±0.035cde	0.52±0.032de
T11	0.53±0.054abc	0.73±0.054ab	0.87±0.037bcd	0.90±0.024de	0.54±0.020cde
T12	0.48±0.063abc	0.61±0.063cd	0.81±0.043bcd	0.81±0.034e	0.45±0.016f

注：小写字母表示单株叶干物质重在不同处理下的差异（$\alpha=0.05$）。

孕穗期开始，膜调控润灌条件下的叶干重在不同膜尺寸、滴头间距和灌水量处理下差异逐渐显著。滴头间距和灌水量相同时，M1 相比 M2 在拔节、孕穗、开花、灌浆和成熟期分别提高 4.64%～9.52%、3.33%～13.25%、−1.58%～18.08%、−1.78%～9.58% 和 −4.28%～5.11%，不同膜尺寸之间无显著差异，且自开花期 M1 相比 M2 有减小趋势（滴头间距为 S2 条件下）；灌水量和膜尺寸相同时，S1 相比 S2 在拔节至成熟期增大 3.66%～35.51%，增长量随植株生长有减小趋势，不同滴头间距之间差异自开花期开始逐渐显著；膜尺寸和滴头间距相同时，W2 相比 W1 增大 0.58%～37.32%，增长量随生育期延长逐渐减小，自孕穗期开始不同灌水量之间差异显著（滴头间距为 S1 条件下）。地下滴灌条件下，减小滴头间距和增大灌水量可增大叶干重，自孕穗期开始灌水量和滴头间距的影响逐渐显著。

不同处理下的单株穗干重在各个生育期内的对比见表 4-6。与地下滴灌相比，膜调控润灌在拔节至成熟期增加 5.61%～39.11%，增长量随生育期延长有减小趋势，且差异逐渐显著。膜调控润灌条件下，灌水量和滴头间距相同时，M1 相比 M2 在开花至成熟期增大 −4.99%～19.53%，增长量逐渐减小，在成熟期出现 M1 低于 M2 的情况（滴头间距为 S2 条件下），但不同膜尺寸之间无显著差异；灌水量和膜尺寸相同时，S1 相比 S2 增大 6.32%～40.92%，增长量逐渐降低，差异逐渐显著；膜尺寸和滴头间距相同时，W2 相比 W1 增大 2.27%～23.59%，不同灌水量处理之间无显著差异。地下滴灌条件下，减小滴头间距和增大灌水量，穗干重明显增大，且增长量有随植株生长而逐渐减小的趋势，滴头间距对穗干重的影响逐渐显著。

表 4-6　各处理在不同时期的单株穗干重

处理	开花期/g	灌浆期/g	成熟期/g
T1	0.60±0.032bc	1.66±0.044bc	2.56±0.033bc
T2	0.71±0.011ab	1.79±0.027ab	2.76±0.071a

续表

处理	开花期/g	灌浆期/g	成熟期/g
T3	0.51±0.042cde	1.33±0.055de	2.42±0.038cd
T4	0.74±0.042a	1.78±0.023ab	2.71±0.045ab
T5	0.83±0.041a	1.90±0.021ab	2.82±0.047a
T6	0.60±0.027bc	1.48±0.080cd	2.53±0.038bc
T7	0.45±0.036e	1.35±0.059de	2.34±0.032d
T8	0.52±0.021cde	1.44±0.075de	2.30±0.055de
T9	0.43±0.043e	1.10±0.076f	2.15±0.066e
T10	0.49±0.041cde	1.37±0.026de	2.55±0.041bc
T11	0.59±0.014bcd	1.53±0.067cd	2.42±0.088cd
T12	0.46±0.031de	1.25±0.042ef	2.26±0.051de

注：小写字母表示单株穗干重在不同处理下的差异（$\alpha=0.05$）。

各生育期内不同处理下的冬小麦单株干物质重的对比见表4-7，干物质积累量变化趋势均表现为开花期之前增速缓慢，之后增加迅速，至灌浆期后趋于平缓。与地下滴灌相比，膜调控润灌条件下单株干重在拔节至成熟期分别增大2.29%～17.26%、11.52%～27.80%、7.41%～28.82%、9.27%～24.71%和9.66%～16.06%。自孕穗期开始，两种灌水方式之间的差异逐渐显著。

膜尺寸、滴头间距和灌水量对膜调控润灌下的干重影响显著。灌水量和滴头间距相同时，M1相比M2在各生育期分别增大6.59%～8.76%、4.03%～8.42%、4.20%～11.65%、3.51%～6.72%和－3.03%～5.36%。开花期开始不同膜尺寸之间达到显著差异（滴头间距为S1条件下）；膜尺寸和灌水量相同时，S1相比S2在各生育期分别增大19.95%～22.05%、9.48%～15.98%、18.65%～25.89%、18.60%～23.69%和13.60%～25.96%，不同滴头间距之间的差异随着植株生长而逐渐显著；膜尺寸和滴头间距相同时，W2相比W1在拔节至成熟期分别增大16.74%～18.71%、9.69%～15.46%、9.73%～13.31%、4.16%～7.93%和5.66%～11.20%，不同灌水量之间差异逐渐显著（滴头间距为S1条件下）。在地下滴灌条件下，减小滴头间距和增大灌水量可显著增大单茎干物质重，增大量随生育期延长逐渐减小，孕穗期之后单茎干物质重受灌水量和滴头间距影响显著。

表4-7 各处理在不同时期的单株干重

处理	拔节期/g	孕穗期/g	开花期/g	灌浆期/g	成熟期/g
T1	1.16±0.090bcd	1.82±0.065bc	3.09±0.059c	3.84±0.055bc	3.96±0.035c
T2	1.24±0.148abcd	1.97±0.128ab	3.45±0.117d	4.06±0.117ab	4.17±0.074b
T3	1.10±0.046cde	1.63±0.046cd	2.68±0.075e	3.28±0.106ef	3.61±0.057de
T4	1.37±0.036ab	2.10±0.012a	3.50±0.075ab	4.11±0.048ab	4.4±0.051ab
T5	1.47±0.124a	2.23±0.147a	3.79±0.113ab	4.39±0.127a	4.56±0.068a
T6	1.34±0.070abc	1.88±0.075abc	3.13±0.101c	3.70±0.097cd	3.79±0.051cd
T7	0.96±0.060de	1.66±0.060cd	2.61±0.098ef	3.24±0.090ef	3.49±0.055de

续表

处理	拔节期/g	孕穗期/g	开花期/g	灌浆期/g	成熟期/g
T8	1.03±0.146de	1.73±0.146bc	2.75±0.125de	3.35±0.122def	3.49±0.027de
T9	0.84±0.089e	1.35±0.150d	2.35±0.102f	2.69±0.059g	3.11±0.085f
T10	1.12±0.088cde	1.82±0.088bc	2.89±0.112cde	3.37±0.025def	3.80±0.04cd
T11	1.22±0.113abcd	1.92±0.113abc	3.01±0.073cd	3.55±0.129cde	3.68±0.055d
T12	1.04±0.066cde	1.63±0.099cd	2.69±0.067de	3.09±0.123f	3.36±0.052ef

注：小写字母表示单株干重在不同处理下的差异（$\alpha=0.05$）。

上述分析表明，相比传统地下滴灌，膜调控润灌条件下的单株茎、叶和穗干重均有一定程度的增大，且增大量随着生育期延长有逐渐减小的趋势，开花期开始差异逐渐显著。同样的，单茎总干物质重较地下滴灌增大 2.29%~28.39%，增长量随着生育期推移呈现先增大后减小的趋势，并且两种灌水方式之间的差异逐渐显著。不同膜尺寸、滴头间距和灌水量条件下的植株各器官干重及单茎干重有所差异。减小滴头间距可增大各器官干重，增长量随生育期的推移逐渐减少，且开花期之后不同滴头间距之间差异逐渐显著；减小上膜尺寸和增大灌水量有增大茎、叶、穗干重的趋势，在开花期之后灌水量对叶干重影响显著（滴头间距为 S1 条件下），而在滴头间距为 S2 时，出现 M1 的叶干重和穗干重低于 M2 的情况。同样，减小滴头间距可增大单茎干重，且随着生育期推移，差异逐渐显著；减小上膜尺寸和增大灌水量有助于增大植株干重，增加量随着植株生长逐渐降低，并且开花期开始，不同灌水量之间差异显著（滴头间距为 S1 条件下）；地下滴灌条件下，减小滴头间距和增大灌水量可不同程度增大单茎干重，影响不显著。

4.3.6 膜调控润灌对冬小麦产量构成因素及水分利用效率的影响

4.3.6.1 对冬小麦产量构成因素的影响

2018—2019 年、2019—2020 年不同处理条件下冬小麦产量构成要素分别见表 4-8、表 4-9。与地下滴灌相比，膜调控润灌的穗数、穗粒数和千粒重在 2018—2019 年分别增大了 7.20%~20.13%、2.16%~12.50%、-1.00%~5.82%，各处理的穗数与相应的对照处理差异显著（除 T1、T11 外），穗粒数也与相应的对照处理之间差异显著（上膜尺寸为 M1 条件下），而千粒重与对照的地下滴灌之间无显著差异（T2、T8 除外）。2019—2020 年分别增大了-0.37%~11.13%、4.30%~12.30% 和 0.29%~8.99%，各处理的穗数与对照处理相比无显著差异（T5 除外），各处理的穗粒数与地下滴灌（CK）均存在显著差异（T1、T8、T11 除外），T1、T5 和 T7 处理的千粒重与相应的对照处理之间存在显著差异。

表 4-8 2018—2019 年在不同处理下的冬小麦产量构成因素和产量

处理	穗数/（×10⁴/hm²）	穗粒数	千粒重/g	产量/（kg/hm²）
T1	728.1±15.05cde	40.3±0.70ab	41.8±0.62ab	8 199.3±161.31bc
T2	769.3±9.33bc	41.1±1.10ab	43.4±0.55ab	8 540.3±118.12bc
T3	679.2±13.98ef	37.8±0.68cd	41.2±0.49bc	7 796.5±446.65de

续表

处理	穗数/(×10⁴/hm²)	穗粒数	千粒重/g	产量/(kg/hm²)
T4	788.2±21.61b	39.5±0.89bc	42.3±0.51ab	8 656.5±113.38ab
T5	849.3±17.79a	43.5±1.13a	43.7±0.77a	8 839.9±88.15ab
T6	707.0±18.06de	38.7±0.82c	41.9±0.75ab	8 330.4±247.81bc
T7	671.4±17.45f	36.4±1.57cd	41.2±0.26bc	7 024.1±183.30f
T8	692.6±11.61ef	37.4±1.07cd	41.6±0.46ab	7 289.3±245.85f
T9	612.0±16.03g	33.8±0.97e	39.3±0.40c	6 473.4±301.32g
T10	714.8±11.08de	38.2±1.62cd	41.9±0.59ab	7 530.0±30.62e
T11	747.0±14.51bcd	39.4±1.29bc	40.9±0.30bc	8 105.6±112.98ab
T12	665.3±9.89f	35.3±1.29de	40.3±0.56bc	7 428.8±390.77ef

注：小写字母表示穗数、穗粒数、千粒重和产量在不同处理下的差异（α=0.05），下同。

表 4-9 2019—2020 年在不同处理下的冬小麦产量构成因素和产量

处理	穗数/(×10⁴/hm²)	穗粒数	千粒重/g	产量/(kg/hm²)
T1	755.9±16.12bcd	40.0±1.11bcd	47.3±0.40d	8 702.0±134.84bc
T2	787.1±23.74abc	41.5±1.21ab	46.1±0.65cd	9 184.0±163.95abc
T3	758.7±21.25bcd	38.4±0.81cd	43.7±0.81cd	8 572.5±142.79cd
T4	823.7±18.53ab	43.5±1.24a	47.3±0.24bcd	9 393.3±261.49ab
T5	866.0±19.44a	43.7±1.09a	48.2±1.06bcd	9 758.9±129.55a
T6	779.3±21.39bc	40.8±0.69bcd	45.1±0.99bcd	8 772.9±104.78bc
T7	719.2±28.94cde	38.9±1.12bcd	46.5±0.51abc	8 020.0±218.72def
T8	694.8±17.68de	38.0±0.78de	43.5±0.71bcd	8 264.1±233.34de
T9	662.0±33.08e	36.3±0.61e	45.1±1.00ab	7 416.5±192.65e
T10	737.0±38.42bcd	41.2±0.87abc	45.0±0.63bcd	8 530.2±137.73bc
T11	739.3±17.77bcd	38.1±1.31de	47.1±0.45ab	8 393.2±123.75de
T12	703.1±20.73cde	36.7±0.82e	45.1±1.00a	7 827.1±366.75ef

膜调控润灌条件下的穗数、穗粒数和千粒重在不同膜尺寸、滴头间距和灌水量下存在差异。滴头间距和灌水量相同的条件下，M1 相比 M2 的穗数、穗粒数和千粒重在 2018—2019 年分别增大 3.15%～7.76%、1.86%～10.13% 和 -2.27%～3.85%，且 T4 和 T5 之间的穗数和穗粒数存在显著差异；在 2019—2020 年分别增大 -3.40%～5.13%、-7.52%～3.67% 和 -6.35%～4.67%，当滴头间距为 S2 时减小上膜尺寸，穗数、穗粒数和千粒重均有减小趋势。膜尺寸和灌水量相同的条件下，S1 相比 S2 的穗数、穗粒数和千粒重在 2018—2019 年分别增大 8.44%～13.69%、3.31%～10.61% 和 1.13%～6.70%，不同滴头间距之间的穗数和穗粒数均存在显著差异，千粒重无显著差异；在 2019—2020 年则分别增大 5.10%～17.14%、2.74%～14.60% 和 1.84%～5.98%，不同滴头间距之间的穗数和穗粒数差异显著（灌水量为 W2 条件下），千粒重无显著差异。在膜尺寸和滴头间距一致时，W2 相比 W1 的穗数、穗粒数和千粒重在 2018—2019 年分别增大 6.46%～10.40%、-1.99%～5.97% 和 -1.68%～1.66%，不

同灌水量之间的穗数存在显著差异，而穗粒数和千粒重均差异不显著；在2019—2020年则分别增大2.47%~10.03%、0.26%~8.83%和-3.12%~8.27%，即增大灌水量可不同程度的增大穗数、穗粒数和千粒重，但上膜尺寸为M1时增大灌水量，千粒重有小幅度的降低。

在地下滴灌条件下，滴头间距相同时，W2相比W1穗数、穗粒数和千粒重在2018—2019年分别增大4.09%~8.72%、2.34%~4.24%和1.76%~2.455；在2019—2020年则分别增大2.71%~6.21%、1.10%~6.43%和3.20%~5.28%，不同灌水量之间的产量构成因素均无显著差异。灌水量相同时，S1相比S2穗数、穗粒数和千粒重在2018—2019年分别增大6.27%~10.99%、9.69%~11.68%和4.04%~4.76%，在2019—2020年分别增大10.83%~14.61%、5.60%~11.17%和0.39%~2.41%，不同滴头间距之间的穗数和穗粒数均存在显著差异，千粒重则无显著差异。

综上，与地下滴灌相比，膜调控润灌的穗数、穗粒数和千粒重有不同程度的增大，且调控膜的上膜尺寸较小时，增加比例有增大趋势；滴头间距和灌水量对地下滴灌和膜调控润灌两种灌水方式下的产量构成因素影响一致，减小滴头间距和增大灌水量均可不同程度提高产量，且在不同滴头间距之间差异显著。

4.3.6.2 对冬小麦产量的影响

由表4-8、表4-9分析可知，膜调控润灌条件下的穗数和穗粒数较地下滴灌明显提高，产量也有了不同程度的提高。在2018—2019年和2019—2020年，膜调控润灌产量相比地下滴灌分别提高了1.36%~12.60%和1.51%~11.43%。在2018—2019年除T4和T10外，其他均与对应的对照处理均达到显著差异水平；2019—2020年T5、T8、和T10均与各自的对照处理之间存在显著差异。

在2018—2019年和2019—2020年，膜调控润灌条件下的产量在不同处理之间存在差异，滴头间距和灌水量相同时，M1相比M2产量分别提高2.12%~7.64%、-1.61%~5.54%；膜尺寸和灌水量相同时，S1相比S2分别提高9.06%~17.16%和8.50%~16.27%，不同滴头间距之间均差异显著；膜尺寸和滴头间距相同时，W2相比W1分别提高3.51%~11.20%、1.56%~7.94%，在2018—2019年不同灌水量之间差异显著（滴头间距为S2条件下）。在2018—2019年和2019—2020年的地下滴灌条件下，滴头间距和灌水量对产量的影响与膜调控润灌一致，即减小滴头间距和增大灌水量可显著提高产量；滴头间距相同时，W2相比W1产量分别提高6.85%~14.76%和3.35%~5.54%，不同灌水量之间差异显著；灌水量相同时，S1相比S2产量提高12.14%~20.44%和12.08%~15.98%，不同滴头间距之间均差异显著。

综上，膜调控润灌相比地下滴灌条件下的穗数和穗粒数有一定的提高，进而提高产量，且滴头间距较小时，减小上膜尺寸，产量提高量有一定程度的增大；滴头间距和灌水量对两种灌水方式下的产量影响相同，且均在不同滴头间距之间存在显著差异。

4.3.6.3 对冬小麦水分利用效率的影响

2018—2019年、2019—2020年在不同处理下的冬小麦水分利用效率见表4-10。膜调控润灌条件下水分利用效率在2018—2019年和2019—2020年分别为2.23~2.84kg/m³和2.44~2.87kg/m³。T5处理下的水分利用效率均为最高，相比地下滴灌分别增大

7.83%~17.39%和5.09%~13.42%,2018—2019年各处理均与相应的对照处理之间存在显著差异,2019—2020年的上膜尺寸为M1时与对照处理之间存在显著差异。

膜调控润灌条件下,滴头间距和灌水总量相同时,M1相比M2在2018—2019年和2019—2020年分别增大2.52%~7.52%和0.24%~7.92%。当滴头间距为S1时不同膜尺寸之间存在显著差异;膜尺寸和灌水总量相同时,S1相比S2分别增大12.24%~23.32%和3.21%~15.93%,2018—2019年的不同滴头间距之间均差异显著,而2019—2020年的灌水量为W1时不同滴头间距之间存在显著差异;膜尺寸和滴头间距相同时,W2相比W1增大-1.84%~6.12%和-1.40%~7.05%,2018—2019年的滴头间距为S1时,灌水总量对水分利用效率的影响显著,2019—2020年,滴头间距为S1时较S2不同灌水量之间的水分利用效率差异增大,但差异不显著。地下滴灌条件下,当滴头间距相同时,W1相比W2在2018—2019年和2019—2020年分别增大-4.79%~6.67%和2.45%~5.64%,不同灌水总量之间均无显著差异;灌水总量相同时,S1相比S2分别增大10.50%~23.80%和7.06%~10.40%,不同滴头间距之间差异显著(2019—2020年的T6和T12之间除外)。

综上,与地下滴灌相比,膜调控润灌可不同程度提高水分利用效率,减小滴头间距也可提高水分利用效率,且差异显著,减小灌水总量和上膜尺寸可提高水分利用效率,在滴头间距为S1时,灌水总量和膜尺寸对水分利用效率影响显著。

表4-10 2018—2019年、2019—2020年在不同处理下的冬小麦水分利用效率

处理	2018—2019年水分利用效率/(kg/m³)	2019—2020年水分利用效率/(kg/m³)
T1	2.65±0.052b	2.66±0.041abc
T2	2.84±0.039a	2.87±0.051a
T3	2.44±0.062cd	2.53±0.042bcd
T4	2.50±0.033c	2.55±0.071abc
T5	2.68±0.027b	2.69±0.036ab
T6	2.28±0.029de	2.4±0.029def
T7	2.25±0.059e	2.44±0.066def
T8	2.31±0.080de	2.48±0.070cde
T9	1.97±0.041f	2.30±0.060ef
T10	2.23±0.009e	2.47±0.040cde
T11	2.35±0.033cde	2.48±0.037cde
T12	2.07±0.020f	2.24±0.105f

注:小写字母表示水分利用效率在不同处理下的差异($\alpha=0.05$)。

4.4 数值模拟

利用HYDRUS-2D构建地下膜调控润灌土壤水分运移模型,通过数值模拟分析调控膜尺寸、土壤初始含水率对土壤水分分布的影响(段启蒙等,2022;马建国等,

2024)。利用室内试验数据对模型进行率定和验证,确定土壤水力特性参数,见表4-11。

表4-11 土壤水力特性参数表

θ_r/ (cm³/cm³)	θ_s/ (cm³/cm³)	α	n	k_s/ (mm/mim)	l
0.02	0.41	0.00084	1.5672	0.31	0.5

4.4.1 膜尺寸对土壤水分分布影响

滴头选取流量为1.6L/h,模拟时间为339min,灌水总量9.04L,土壤初始含水率为0.022%。调控膜尺寸:下膜边长为40cm,上膜边长分别为35cm、30cm、25cm和20cm。通过数值模拟分析在流量一定时膜尺寸对土壤水分分布的影响。

4.4.1.1 膜尺寸对湿润锋运移的影响

流量一定时,灌水结束后湿润锋运移距离对比结果如图4-20所示。

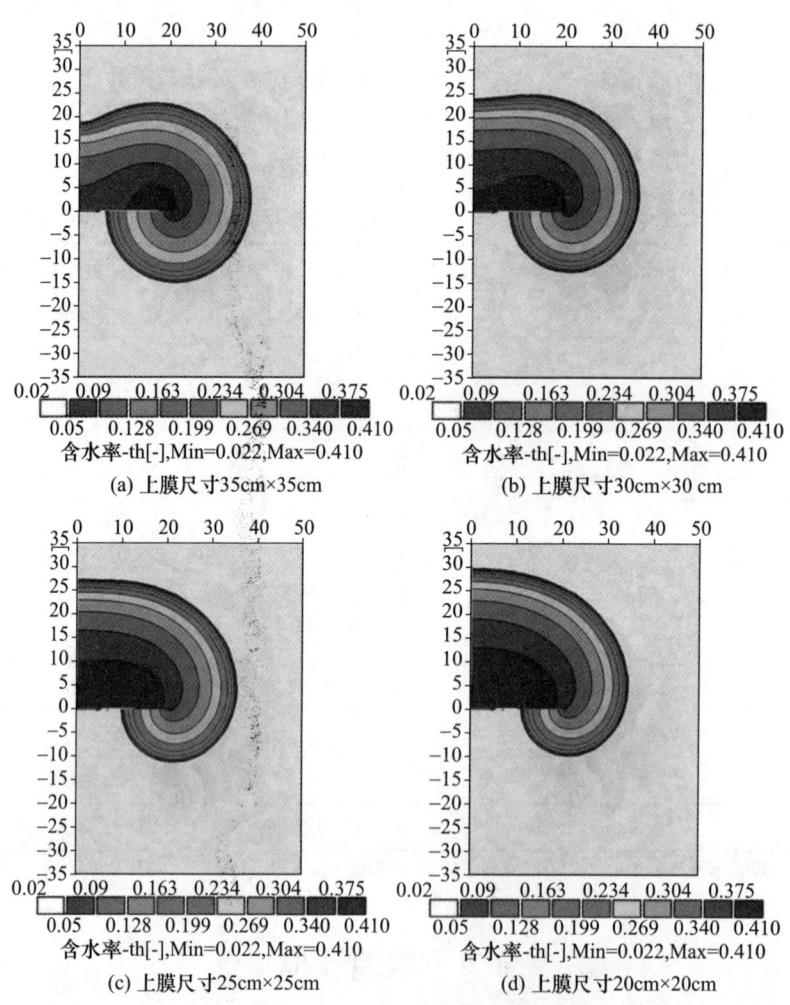

图4-20 湿润锋分布模拟结果

通过数值模拟发现，不同膜尺寸在入渗前期湿润锋向各方向的运移距离差别不明显，这是由于前期各处理大部分处在膜上运动阶段，运动状态基本相同，在入渗后期，各处湿润锋运移距离差距呈增大趋势，上膜尺寸越小垂直向上运移距离越大，T4最大为29.04cm，T1的垂直向上运移距离最小，为23.03cm；垂直向下运移距离则相反，T4最小为10.06cm，T1最大为15.13cm。但不管哪个处理湿润锋垂直向上的运移距离都要大于垂直向下的运移距离。

不同膜处理对湿润锋水平运移距离的影响是随着上膜尺寸的减小，湿润锋水平向右的运移距离也随之减小，处理四的水平向右运移距离最小，为34.28cm；膜处理一的水平向右运移距离最大，为38.18cm。而且，随着上膜尺寸的减小，土壤水分在膜上的分布量也随之增加。

4.4.1.2 膜尺寸对土壤含水率分布的影响

在研究膜尺寸对土壤含水率变化的影响时，首先要对模拟计算区域利用软件中Domain Properties模块中的Observation Nodes插入相应的观测点，以灌水器为零界面，原点处为滴头位置。所插入的观测点距离滴头位置分别为0cm、10cm、20cm和30cm，所插入的观测点如图4-21所示。

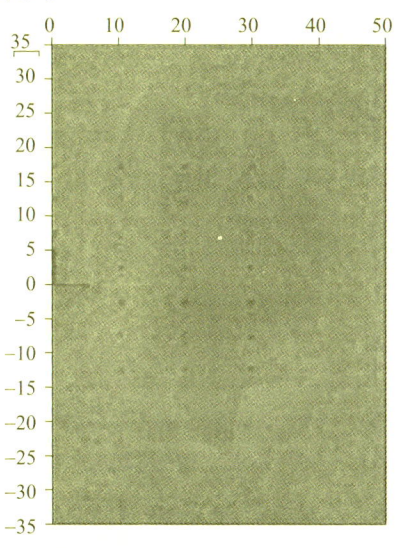

图4-21 观测点位置图

通过数值模拟得出，不同膜尺寸下各个位置的土壤含水率结果见表4-12，变化曲线如图4-22所示。

表4-12 各观测点土壤含水率

位置/cm	深度/cm	膜尺寸/（cm×cm）			
		40×20	40×25	40×30	40×35
0	17.5	0.3500	0.3335	0.3023	0.1822
	12.5	0.3761	0.3638	0.3427	0.2937
	7.5	0.3930	0.3826	0.3655	0.3299
	2.5	0.4022	0.3931	0.3779	0.3466

续表

位置/cm	深度/cm	膜尺寸/（cm×cm）			
		40×20	40×25	40×30	40×35
10	17.5	0.3418	0.3291	0.3042	0.2564
	12.5	0.3714	0.3629	0.3454	0.3143
	7.5	0.3922	0.3859	0.3747	0.3496
	2.5	0.4080	0.4033	0.3926	0.3686
	−2.5	0.0224	0.0512	0.1765	0.2251
	−7.5	0.0224	0.0224	0.0275	0.1743
	−12.5	0.0224	0.0224	0.0224	0.0224
20	17.5	0.3003	0.2924	0.2821	0.2579
	12.5	0.3359	0.3328	0.3281	0.3137
	7.5	0.3561	0.3581	0.3585	0.3531
	2.5	0.3633	0.3680	0.3754	0.3831
	−2.5	0.2899	0.3035	0.3148	0.3347
	−7.5	0.2030	0.2318	0.2557	0.2833
	−12.5	0.0224	0.0224	0.1092	0.2044
30	17.5	0.0312	0.0910	0.1217	0.1325
	12.5	0.2244	0.2333	0.2411	0.2460
	7.5	0.2513	0.2648	0.2742	0.2805
	2.5	0.2480	0.2673	0.2796	0.2928
	−2.5	0.2112	0.2343	0.2565	0.2774
	−7.5	0.0224	0.1046	0.1894	0.2349
	−12.5	0.0224	0.0224	0.0224	0.0810

由图 4-22（a）可知，此位置处于滴头正上方，随着上膜尺寸的增加，滴头上方各观测点的土壤含水率呈现递减的趋势。在滴头上方 17.5cm 处，膜尺寸为 40cm×20cm、40cm×25cm、40cm×30cm 和 40cm×35cm 土壤含水率分别为 0.3500、0.3335、0.3023 和 0.1822，四种膜尺寸中相邻膜尺寸之间土壤含水率分别相差 0.0165、0.0312 和 0.1201；在滴头上方 2.5cm 处，膜尺寸为 40cm×20cm、40cm×25cm、40cm×30cm 和 40cm×35cm 土壤含水率分别为 0.4022、0.3931、0.3779 和 0.3466，相邻膜尺寸之间土壤含水率分别相差 0.0091、0.0152 和 0.0313。可见，随着上膜尺寸的增加，在滴头正上方各个观测点土壤含水率递减幅度呈现递增趋势。

由图 4-22（b）可知，在距滴头水平距离 10cm 处的上方 17.5cm 处，膜尺寸为 40cm×20cm、40cm×25cm、40cm×30cm 和 40cm×35cm 土壤含水率分别为 0.3418、0.3291、0.3042 和 0.2564，四种膜尺寸中相邻膜尺寸之间土壤含水率分别相差 0.0127、0.0249 和 0.0478；在上方 2.5cm 处，膜尺寸为 40cm×20cm、40cm×25cm、40cm×30cm 和 40cm×35cm 土壤含水率分别为 0.4080、0.4033、0.3926 和 0.3686，相邻膜尺寸之间土壤含水率分别相差 0.0047、0.0107 和 0.024。可以看出，在距离滴

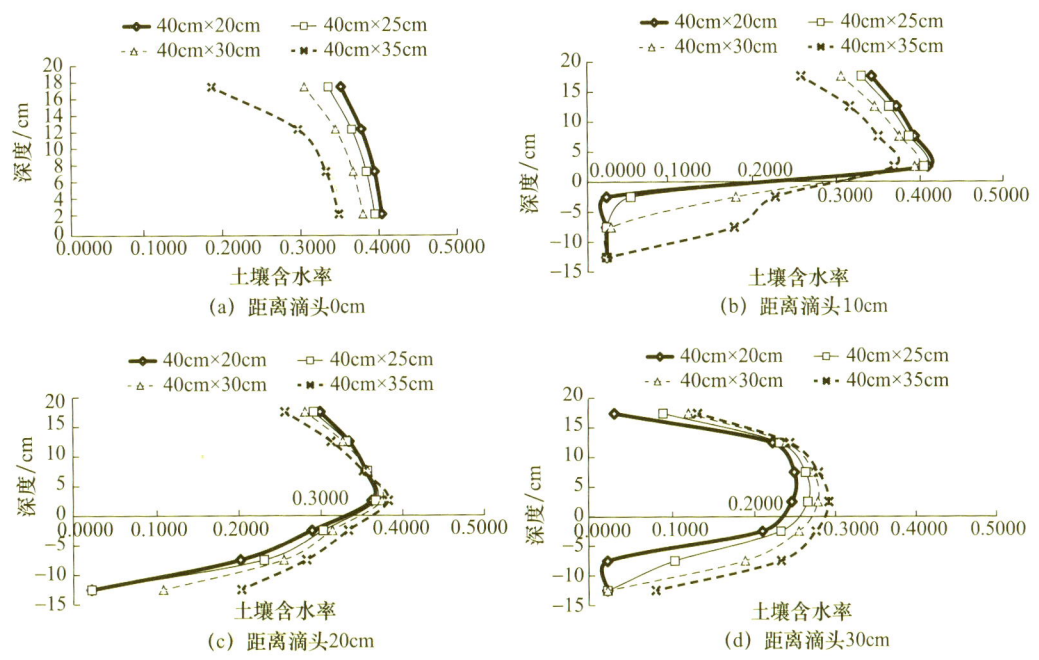

图 4-22 各个观测点土壤含水率不同深度变化曲线图

头 10cm 的垂向剖面，膜上位置土壤含水率变化规律与滴头正上方土壤含水率的变化规律基本相同。膜下土壤含水率随着上膜尺寸的增加膜下各观测点土壤含水率则呈现递增的趋势，与膜上位置的变化规律相反。

由图 4-22（c）可知，不同膜尺寸距滴头水平距离 20cm 处的土壤剖面，膜上不同深度处土壤含水率数值比较接近，且随着深度减小各观测点土壤含水率逐渐减小。在上方 17.5cm 处，膜尺寸为 40cm×20cm、40cm×25cm、40cm×30cm 和 40cm×35cm 土壤含水率分别为 0.3003、0.2924、0.2821 和 0.2579；在上方 2.5cm 处，膜尺寸为 40cm×20cm、40cm×25cm、40cm×30cm 和 40cm×35cm 土壤含水率分别为 0.3633、0.3680、0.3754 和 0.3831。可以看出，在距离滴头 20cm 的垂向剖面与 10cm 处的垂向剖面膜上和膜下土层土壤含水率变化趋势基本一致，膜上位置土壤含水率变化规律与滴头正上方土壤含水率的变化规律基本相同。但膜尺寸为 40cm×20cm 在上方 17.5cm 处土壤含水率相比其他膜尺寸最大，而在上方 2.5cm 处土壤含水率相比其他膜尺寸却最小。

由图 4-22（d）可知，在距滴头水平距离 30cm 处的上方 17.5cm 处，膜尺寸为 40cm×20cm、40cm×25cm、40cm×30cm 和 40cm×35cm 土壤含水率分别为 0.0312、0.0910、0.1217 和 0.1325。在上方 2.5cm 处，膜尺寸为 40cm×20cm、40cm×25cm、40cm×30cm 和 40cm×35cm 土壤含水率分别为 0.2480、0.2673、0.2796 和 0.2928。可以看出，在垂向剖面膜上和膜下土层土壤含水率变化趋势与其他剖面基本一致，但膜上各土层土壤含水率大小排序与距离滴头 0cm 和 10cm 相应位置处正相反，40cm×20cm 的膜尺寸最小，而 40cm×35cm 的膜尺寸最大。

综上，距滴头水平距离 20cm 处为一临界位置，在 20cm 以内四种膜尺寸膜上土壤含水率基本是 40cm×20cm>40cm×25cm>40cm×30cm>40cm×35cm，而 30cm 处则为 40cm×35cm>40cm×30cm>40cm×25cm>40cm×20cm。20cm 的位置恰好为下膜的边界所在剖面。可见，随着上膜尺寸逐渐增大，下膜对土壤水分的调控作用在发生变化，较小的上膜尺寸可使更多的灌溉水停留在膜上土壤中，当上膜尺寸接近下膜尺寸时，灌溉水向膜下的分布量明显增多，则膜上的分布量将会减少，不利于作物根系对土壤水分的吸收利用。

4.4.1.3 膜尺寸对上下膜水量分布的影响

以下膜所处的面为基准面，四个膜尺寸的膜上与膜下水量百分比对比如图 4-23 所示。可以看出膜尺寸对水量的分布有明显的调控作用。四种膜尺寸膜上的水量百分比大小关系为 40cm×20cm>40cm×25cm>40cm×30cm>40cm×35cm。可见，上膜尺寸最小时，膜上的水量占比最大，为总水量的 79.57%；膜下的水量占比最小，为 20.43%。当上膜尺寸最大时，膜上的水量占比最小，为 66.33%；膜下的水量占比最大，为 33.67%。膜尺寸为 40cm×20cm 比 40cm×35cm 膜上的水量分布多 13.24%。由此可知，当上膜尺寸递减时，膜的调控作用明显增强，膜上储存的水量增多，膜下分布的水量减少。

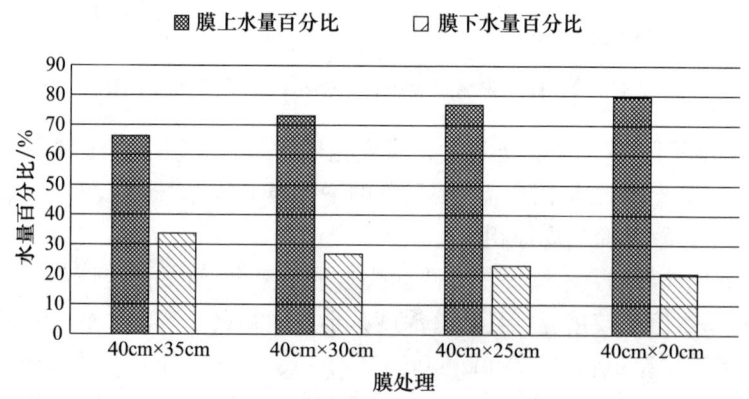

图 4-23 膜上与膜下水量百分比对比图

4.4.2 初始含水率对土壤水分运移规律影响

选取调控膜埋深为 35cm，膜尺寸为 40cm×30cm，模拟灌水时间为 339min，选取的流量分别为 0.7L/h 和 0.9L/h，土壤初始含水率选取 0.07、0.1 和 0.13 三种初始条件进行数值模拟。

由图 4-24 和图 4-25 可知，在同一调控膜尺寸下，土壤初始含水率和流量对湿润锋运移距离会产生明显影响，同一流量下，土壤初始含水率越高，湿润锋向上、向下和在水平方向运移距离越大；同一初始含水率下，流量越大湿润锋向上、向下和在水平方向运移距离也越大。

对于在不同初始含水率的情况下，在 0.7L/h 和 0.9L/h 两种流量下，利用 HYDRUS-2D 模拟湿润锋运移垂直向上、垂直向下、水平向右三个方向上湿润锋运移距离与入渗时间的关系如图 4-26 和图 4-27 所示。

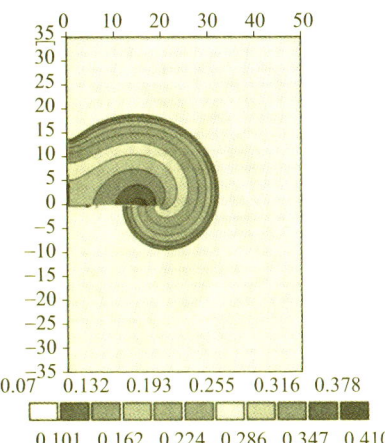
(a) 初始含水率0.07

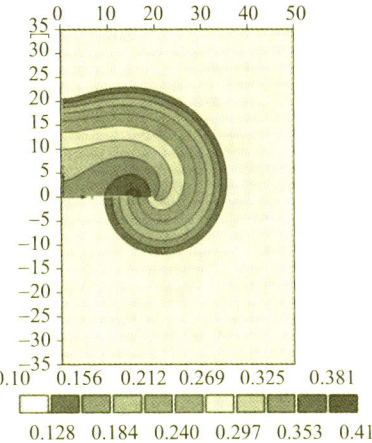
(b) 初始含水率0.1

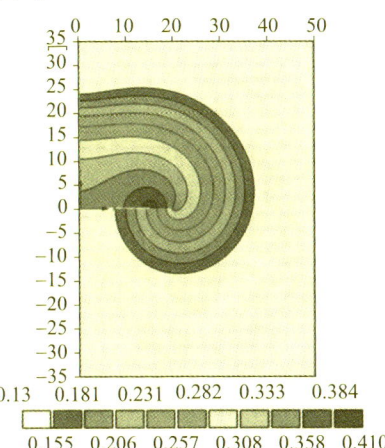
(c) 初始含水率0.13

图 4-24　流量 0.7L/h 时的模拟结果

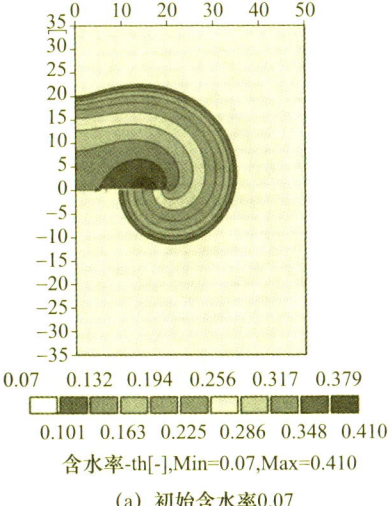
(a) 初始含水率0.07

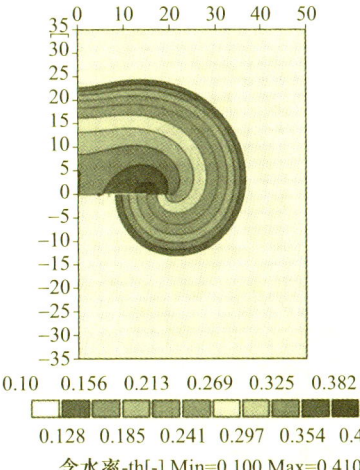
(b) 初始含水率0.1

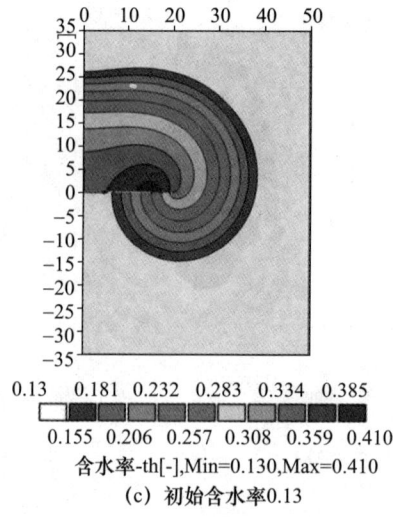

图 4-25　流量 0.9L/h 时的模拟结果

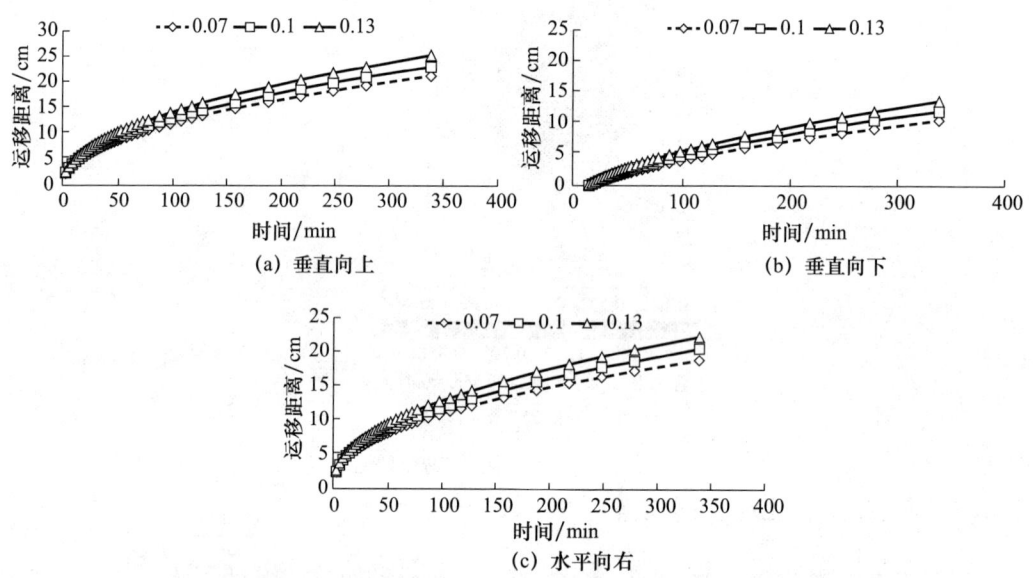

图 4-26　流量为 0.7L/h 时在不同含水率情况下各向湿润锋运移与时间图

当流量为 0.7L/h 时，在不同的初始含水率的情况下，湿润锋垂直向上的运移距离与时间的关系如图 4-26（a）图所示，初始含水率较高的湿润锋运移距离始终要比初始含水率较低的湿润锋运移距离要大，并且随着时间的延长，三种不同的初始含水率之间在垂直向上的运移距离差距在逐渐地扩大。当灌水结束时，三种初始含水率 0.07、0.1 和 0.13 的膜调控润灌数值模拟垂直向上的运移距离分别为 21.3cm、23.09cm 和 25.38cm。湿润锋垂直向下的运移距离与时间的关系如图 4-26（b）图所示，三种初始含水率 0.07、0.1、0.13 在灌水结束后垂直向下的运移距离分别为 10.52cm、11.95cm 和 13.6cm。湿润锋水平向右的运移距离与时间的关系如图 4-26（c）图所示，当灌水结束时，三种初始含水率 0.07、0.1 和 0.13 的膜调控润灌数值模拟水平向右的运移距离

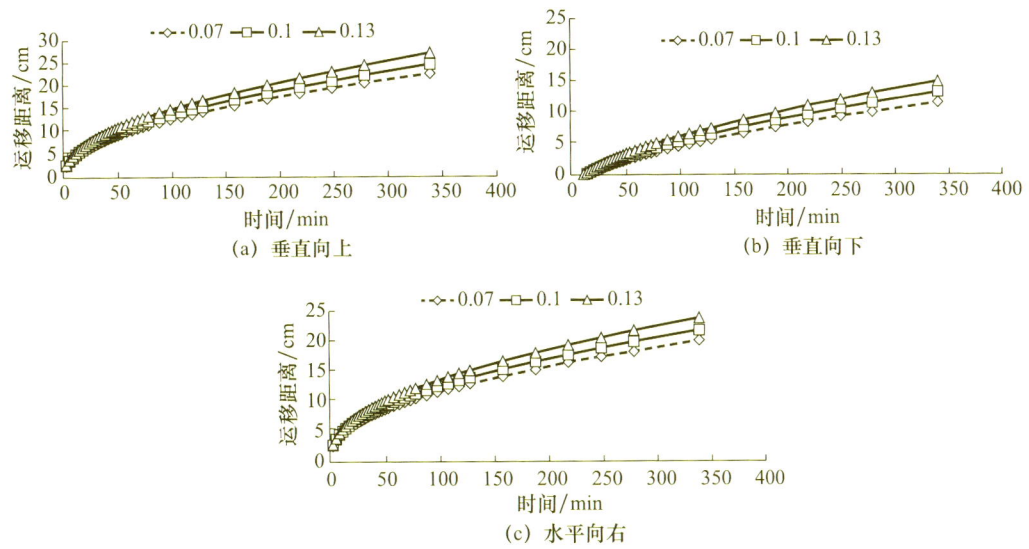

图 4-27 流量为 0.9L/h 时在不同含水率情况下各向湿润锋运移与时间图

分别为 18.82cm、20.56cm 和 22.29cm。

当流量为 0.9L/h 时，通过图 4-27 可以发现三种初始含水率在三个方向上的运移规律与流量为 0.7L/h 时基本一致，在垂直向上方向湿润锋运移距离分别为 22.64cm、24.72cm 和 27.22cm，在垂直向下湿润锋运移距离分别为 11.48cm、13.18cm 和 14.9cm，在水平向右湿润锋运移距离分别为 20.04cm、21.74cm 和 23.75cm。

由此可见，在不同的滴头出流量条件下，均是土壤初始含水率越高，湿润锋向各方向运移距离就越大，而且运移距离是垂直向上＞水平向右＞垂直向下。另外，同一滴头出流量、同一灌水时间，土壤初始含水率越高，湿润锋向各方向运移距离越大，表明较高的土壤初始含水率有利于土壤水分在土壤中的扩散，并增大湿润体范围，有利于作物主要根系层达到全面湿润和向作物根区及时补水。

4.4.3 初始含水率对不同位置土壤水分分布的影响

以灌水器为零界面，原点处为滴头位置，观测点的布置如图 4-21 所示。灌水结束时，两个流量在不同的初始含水率的条件下各个观测点的土壤含水率结果见表 4-13。

表 4-13 不同流量、不同土壤初始含水率下各观测点土壤水含水率

位置	0.7 L/h			0.9 L/h		
	0.07	0.1	0.13	0.07	0.1	0.13
(0, 17.5)	0.1028	0.2132	0.2529	0.2129	0.2543	0.2799
(0, 12.5)	0.2537	0.2771	0.2946	0.2868	0.3023	0.3150
(0, 7.5)	0.2975	0.3095	0.3205	0.3204	0.3294	0.3377
(0, 2.5)	0.3172	0.3262	0.3350	0.3371	0.3442	0.3508
(10, 17.5)	0.2064	0.2348	0.2590	0.2407	0.2627	0.2818

续表

位置	0.7 L/h			0.9 L/h		
	0.07	0.1	0.13	0.07	0.1	0.13
(10, 12.5)	0.2754	0.2883	0.3007	0.2979	0.3082	0.3186
(10, 7.5)	0.3208	0.3274	0.3321	0.3375	0.3430	0.3486
(10, 2.5)	0.3493	0.3533	0.3577	0.3627	0.3663	0.3698
(10, −2.5)	0.0879	0.1480	0.1832	0.1142	0.1693	0.1961
(10, −7.5)	0.0700	0.1076	0.1578	0.0700	0.1234	0.1712
(10, −12.5)	0.0700	0.1000	0.1340	0.0700	0.1000	0.1395
(20, 17.5)	0.1893	0.2172	0.2441	0.2247	0.2459	0.2631
(20, 12.5)	0.2621	0.2751	0.2843	0.2842	0.2908	0.3032
(20, 7.5)	0.3063	0.3120	0.3184	0.3225	0.3265	0.3325
(20, 2.5)	0.3295	0.3350	0.3380	0.3453	0.3480	0.3519
(20, −2.5)	0.2597	0.2674	0.2759	0.2744	0.2826	0.2915
(20, −7.5)	0.1894	0.2059	0.2269	0.2091	0.2271	0.2441
(20, −12.5)	0.0700	0.1137	0.1684	0.0700	0.1422	0.1840
(30, 17.5)	0.0700	0.1108	0.1718	0.0700	0.1501	0.1939
(30, 12.5)	0.1384	0.1839	0.2157	0.1798	0.2114	0.2356
(30, 7.5)	0.1997	0.2210	0.2412	0.2232	0.2419	0.2589
(30, 2.5)	0.2105	0.2281	0.2448	0.2321	0.2474	0.2612
(30, −2.5)	0.1780	0.2033	0.2283	0.2086	0.2281	0.2445
(30, −7.5)	0.0725	0.1499	0.1895	0.1267	0.1761	0.2090
(30, −12.5)	0.0700	0.1000	0.1417	0.0700	0.1026	0.1578

在两个不同流量、不同土壤初始含水率条件下，各观测位置土壤含水率分布曲线对比如图 4-28 至图 4-31 所示。

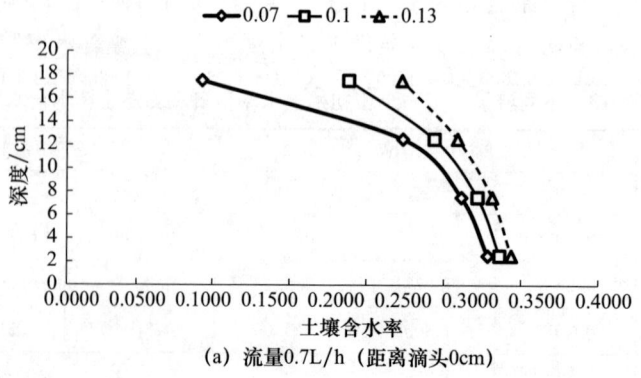

(a) 流量0.7L/h（距离滴头0cm）

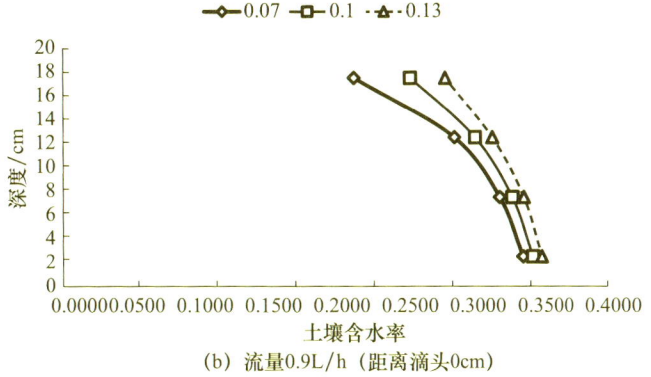

(b) 流量0.9L/h（距离滴头0cm）

图 4-28 距离滴头 0cm 处不同初始含水率下各观测点土壤含水率分布曲线

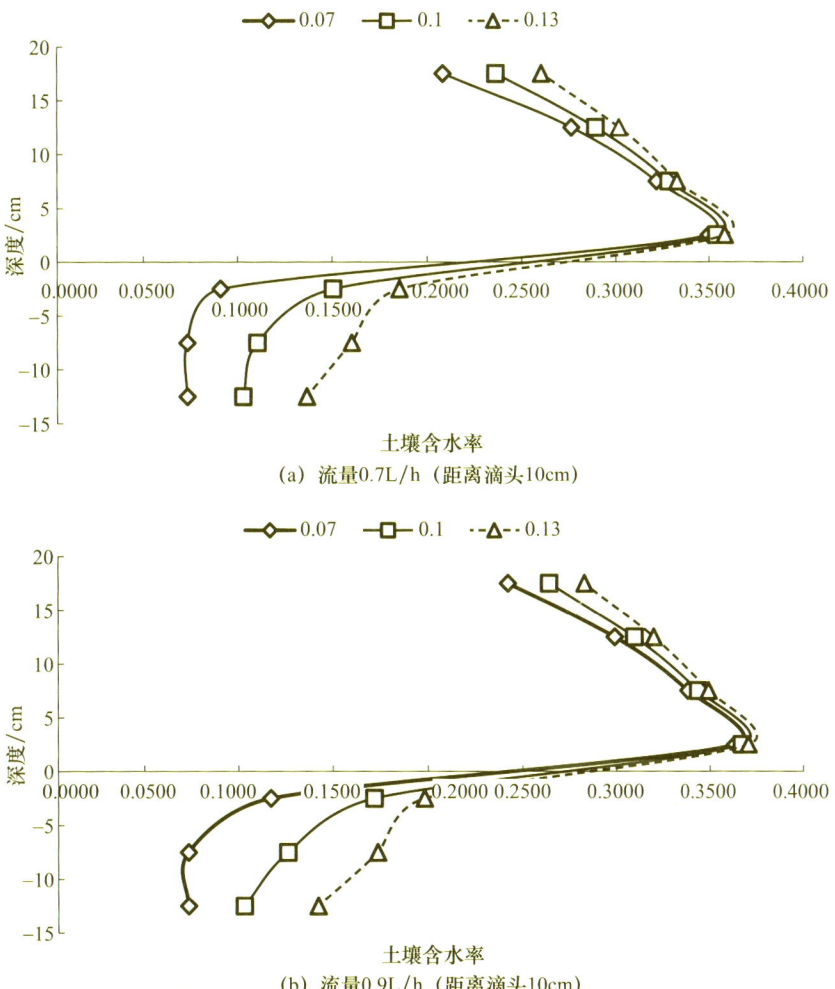

(a) 流量0.7L/h（距离滴头10cm）

(b) 流量0.9L/h（距离滴头10cm）

图 4-29 距离滴头 10cm 处不同初始含水率下各观测点土壤含水率分布曲线

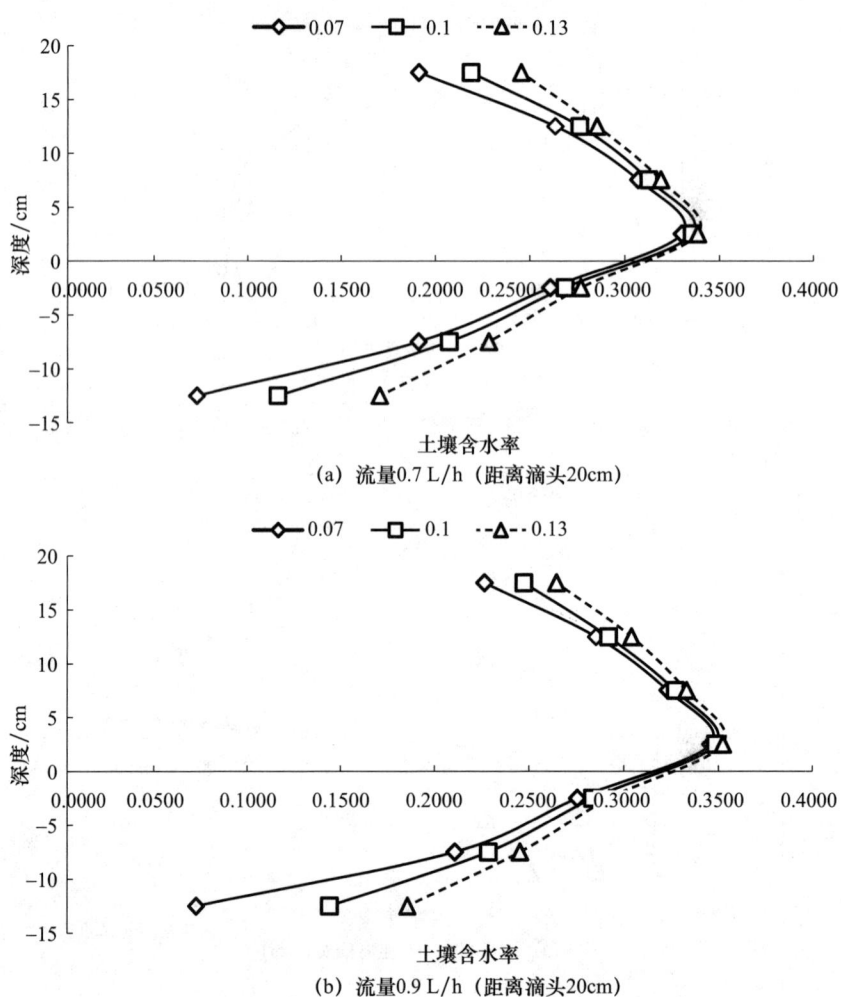

图 4-30 距离滴头 20cm 处不同初始含水率下各观测点土壤含水率分布曲线

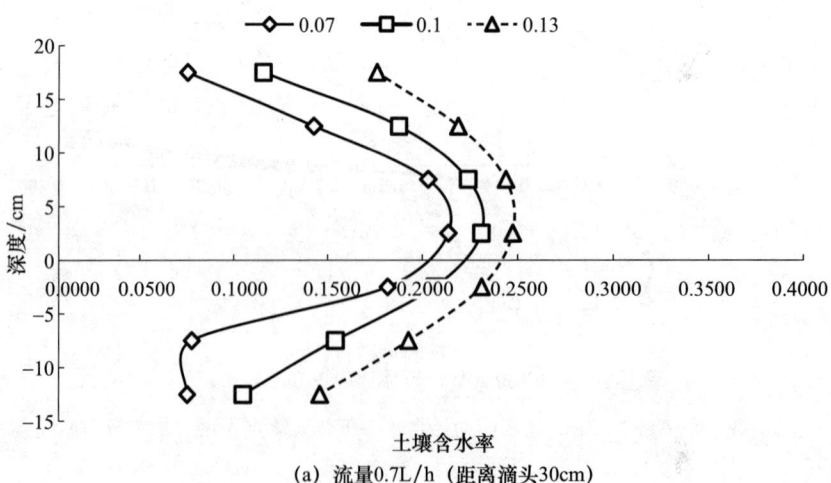

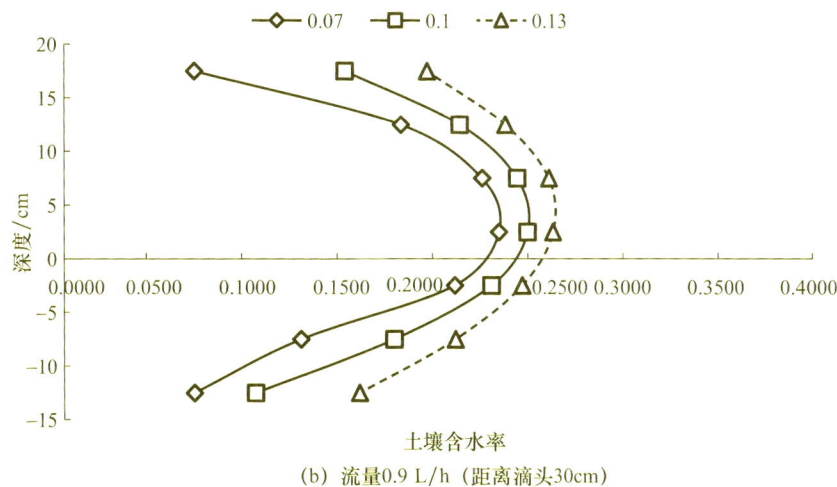

(b) 流量0.9 L/h（距离滴头30cm）

图 4-31　距离滴头 30cm 处不同初始含水率下各观测点土壤含水率分布曲线

由图 4-28（a）和图 4-27（b）对比可知，不同土壤初始含水率的情况下两个相同观测点位置土壤含水率差值大小顺序为初始含水率 0.07＞初始含水率 0.1＞初始含水率 0.13。这进一步证明了在距离滴头 0cm 的垂直剖面上从下往上各观测点土壤含水率的变化幅度均是初始含水率低的要大于初始含水率高的。由图 4-29 和图 4-30 可知，在距离滴头 10cm 和 20cm 的土壤剖面上，无论是膜上观测点还是膜下各个观测点，规律大致相同。在距滴头水平距离 30cm 的土壤剖面上，不同流量对同一土壤初始含水率下同一观测点上土壤含水率影响较小，这主要是因为观测点距滴头较远，次灌水量较小，所以对较远的观测点土壤含水率的影响也较小（图 4-31）。

4.4.4　初始含水率对上下膜水量分布的影响

分析在流量 0.7L/h 和 0.9L/h 的情况下，土壤初始含水率分别为 0.07、0.1 和 0.13 时膜上和膜下水量的分布情况，结果如图 4-32 所示。

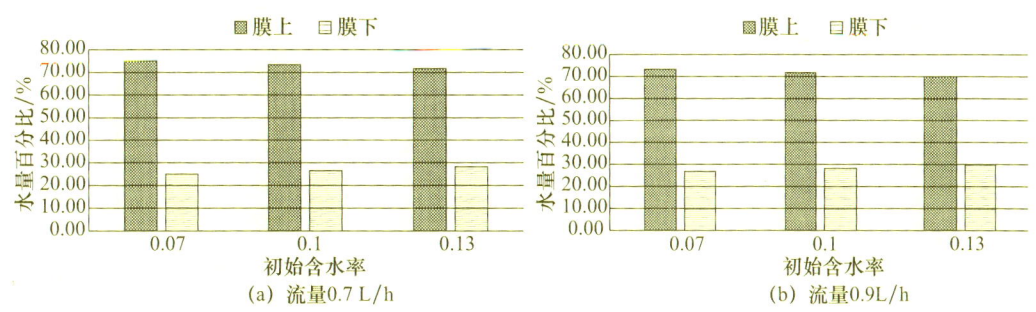

图 4-32　不同土壤初始含水率情况下膜上与膜下水量百分比

由图 4-32（a）可知，土壤初始含水率 0.07 时，膜上水量百分比为 74.98%，为 3 种初始含水率膜上水量百分比最高的；在土壤初始含水率 0.13 的情况下，膜上水量百分比为 71.71%，为三种初始含水率膜上水量最低的。土壤初始含水率 0.07 比初始含水率0.13的膜上水量百分比高3.27%,而膜下水量百分比与膜上水量百分比分布则相反。同样在流量0.9 L/h情况下,初始含水率0.07的膜上水量百分比同样是最高的,为73.26%;初始含水率为0.13的膜上水量百分比同样是最小的,占70.05%,土壤初始含水率0.07比初始含水率0.13的膜上水量百分比高3.21%,同样膜下水量百分比与膜上水量百分比分布是相反的。

由此可见,在两个流量的情况下通过对膜调控润灌三种不同的土壤初始含水率进行数值模拟可得,膜上与膜下水量分布规律是一致的。在相同流量以及相同灌水时间内,随着初始含水率的增加膜上水量百分比却呈现递减的趋势,膜下的水量百分比呈现递增的趋势。而且结合前述研究,初始含水率越高土壤水分在土壤中运移速率越快,即土壤水分运动初始含水率高的要比初始含水率低的先到达下膜的边界,使得初始含水率高的要比初始含水率低的向膜下运动的时间长,这是造成土壤初始含水率高的膜调控润灌膜上水量百分比相对于初始含水率低的要小的主要原因。

4.5 地下膜调控润灌主要技术参数确定

对于冬小麦和夏玉米等大田作物,考虑田间耕作深度一般在30cm以内,为了防止毛管和调控膜布置与田间耕作相互影响,建议毛管和调控膜埋深为35cm。根据地下膜调控润灌土壤水分布特点,建议滴头和毛管间距均为80cm,调控膜上膜边长建议为20~25cm,下膜边长为40cm,滴头出水量为2.0~2.4L/h,具体选取与土壤质地有关,砂性土壤可选用较大出水量的滴头,黏性土壤可选用较小出水量的滴头。

5 地下膜调控润灌下冬小麦、夏玉米耗水规律及灌溉制度

大量研究表明，保证主要湿润层和作物根系层位置一致是节水、高产的关键因素之一（王淑芬等，2006；Depante et al.，2019；Zhang et al.，2022）。而影响灌溉水在土壤中分布的主要因素除了土壤类型外，还有灌溉方式和灌水量等。地下膜调控润灌克服了滴灌带状湿润的缺点，可使较多的灌溉水保持在作物根系层（张雅冰等，2023；陶冶等，2024）。本章主要分析地下膜调控润灌下灌水时机和灌水定额对土壤水分分布的影响，探明膜调控润灌下不同灌水处理对土壤水分分布的影响，揭示地下膜调控润灌下冬小麦、夏玉米生育期耗水规律，提出冬小麦、夏玉米较适宜的灌溉制度。

5.1 试验材料与方法

5.1.1 项目区概况

5.1.1.1 供试土壤

本试验于 2021—2022 年在河北保定市望都县灌溉试验站（北纬 38°42′9″，东经 115°6′57″，海拔 51.0m）进行，该区多年平均气温 11.8℃，无霜期 189d，年平均日照时数 2677.8h，多年平均降水量约为 508.9mm，多年平均蒸发量 1709.56mm。冬小麦品种为"石新 828"，于 2021 年 10 月 22 日播种，2022 年 6 月 8 日收获，全生育期降水量为 111.1mm。玉米品种为"郑单 958"，于 2022 年 6 月 16 日播种，2022 年 10 月 7 日收获，全生育期降水量共计 403.1mm。该区域土壤为通体轻壤质潮褐土，1m 土层的平均田间持水率为 21%，密度为 1.58g/cm^3，土壤有机质 0.7%，全氮 0.05%，速效磷 13.67mg/kg，有效钾 77.6mg/kg，矿化度 0.21g/L。地下水埋藏较深，其向上补给量可忽略不计。本项目区冬小麦-夏玉米生长期间的最高最低气温和降水量情况如图 5-1 所示。

5.1.1.2 试验田工程设计

工程由首部枢纽和田间管网系统组成，灌溉试验站在大田的两侧、测坑的一侧已布置上首部工程，包括阀门、水表等设备。田间管网系统由支管和毛管组成，其中支管为 ϕ63 的 PE（聚乙烯）管，毛管选用 ϕ16 的滴灌管。测坑试验中的支管选用 PE 管道，管径为 50mm，置于地表与试验站原有支管相连。毛管选用 ϕ16 的滴灌管，毛管与支管采用热熔焊接方式连接，毛管埋深为 35cm。田间试验田东西宽 44.2m，南北长 64m，占地约 4 亩，为长方形，田间布置支管和毛管两级管道，试验田中的支管选用 ϕ63 的 PE 管，置于地表与试验站原有支管相连。毛管选用 ϕ16 的滴灌管，毛管与支管使用旁通连接，毛管埋深为 35cm。为了满足试验设计方便控制灌水量的要求，毛管间距均为 0.8m。

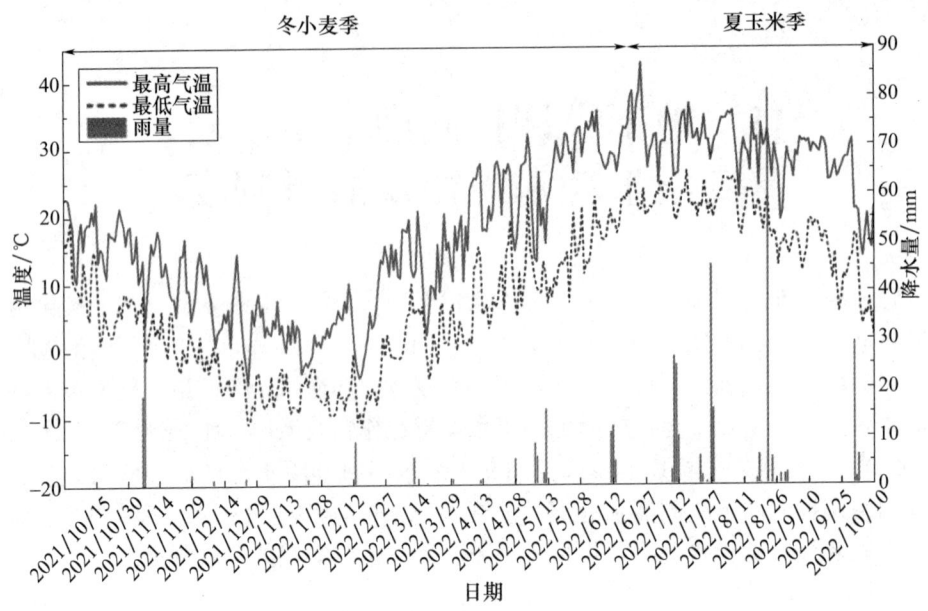

图 5-1 冬小麦-夏玉米生长期间的最高最低气温和降水量

5.1.2 试验方案设计

（1）试验材料

供试小麦品种为"石新 828"，于 2021 年 10 月 22 日播种，2022 年 6 月 12 日收获。冬小麦采用 15cm 等行距播种，播种深度 5cm，播种量为 300kg/hm²。底肥选用西洋控释复合肥（N-P_2O_5-K_2O 含量为 20%-15%-5%），施加量为 750kg/hm²，于拔节期追加尿素 1 次随灌水追施，追肥量为 300kg/hm²。

供试玉米品种为"郑单 958"，试验前进行耕地、平整，于 2022 年 6 月 16 日播种，2022 年 10 月 7 日收获。夏玉米采用点播方式播种，在长出 3 片叶子时按照 4400 株/亩的标准间苗，在长出 5 片叶子时定苗，底肥为雷优控释复合肥（N-P_2O_5-K_2O 含量为 26%-8%-10%），施加量为 50kg/hm²，生长期内不再追肥，拔节期喷除草剂。

试验田所有试验灌水施肥方式均为地下膜调控润灌，每个小区进水口处均安装水表控制灌水量，试验采用调控膜为上、下两层正方形，规格为 25cm 和 40cm，中间为透水基质层过滤棉与上膜尺寸（25cm）一致。滴头设计流量 2.0L/h，间距 80cm，滴灌管埋深为地下 35cm，且上、下膜的对称中心与滴头重合。

（2）试验设计

冬小麦试验分为测坑试验和田间试验，测坑试验因素为灌水总量，设置三个灌水总量水平处理：4500m³/hm²（T1）、4200m³/hm²（T2）、3900m³/hm²（T3）。同时设置地表管灌对照处理（CK），试验采用正交试验，共 4 个处理，每个处理三次重复，共 12 个小区，随机布置于 12 个测坑内，测坑面积 6.66m²（2.0m×3.33m）。通过分析试验站前期测坑试验数据可知，冬小麦需水量较大的生育期为拔节期和抽穗期，该试验在拔节期和抽穗期设置 3 个灌水定额水平处理：525m³/hm²、450m³/hm²、375m³/hm²。运用地下膜调控润灌技术对冬小麦进行适度灌溉,灌浆期为小麦高产的关键期,加大灌水量延缓根系和功能叶片的衰老,增强光合产物的积累和运转提高千粒重保证产量,具体测坑试验设计方案及各处理不同生育期灌水量见表5-1。

冬小麦田间试验田东西宽44.2m,南北长64m,占地规模约为4亩,试验处理以土壤含水率灌水下限为主,当土壤含水率达到设定的灌水下限时进行灌水,灌水下限设置2个水平,分别为田间持水率的55%及65%,灌水量设置3个水平,设置3个灌水定额水平处理:540m³/hm²(H)、450m³/hm²(M)、360m³/hm²(L)。田间试验采用正交试验设计,共6个处理,每个处理重复3次,共18个小区,每小区长30m,宽5m,小区面积150m³。试验田另设地表管灌对照处理CK,每个处理重复3次,共3个小区,每小区长11.5m,宽5m,小区面积57.5m³,具体田间试验设计方案见表5-2,各处理不同生育期灌水量见表5-3。各处理均追肥一次,在拔节期追加尿素300kg/hm²,锄草、化控、病虫害防治等田间管理措施均保持一致,按照当地生产实践进行。

表 5-1 冬小麦测坑试验设计及各处理不同生育期灌水量   单位:m³/hm²

处理	灌溉日期								总灌水量
	苗期 10月23日	返青期 4月7日	拔节期 4月19日	拔节期 4月28日	抽穗期 5月4日	抽穗期 5月10日	灌浆期 5月19日	灌浆期 5月28日	
T1	450	450	525	525	525	525	750	750	4500
T2	450	450	450	450	450	450	750	750	4200
T3	450	450	375	375	375	375	750	750	3900
CK	450	450	600	600	600	600	600	600	4500

表 5-2 冬小麦田间试验设计方案

处理	灌水下限/%	次灌水量/(m³/hm²)
N$_H$	65	540
N$_M$	65	450
N$_L$	65	360
S$_H$	55	540
S$_M$	55	450
S$_L$	55	360

注:①灌水下限以试验地田间持水率的百分比计,%。②N、S分别表示灌水下限是田间持水率的65%和55%;H、M和L表示次灌水量540m³/hm²、450m³/hm²、360m³/hm²。下同。

表 5-3 冬小麦田间试验各处理不同生育期灌水量   单位:m³/hm²

处理	灌溉日期						总灌水量
	返青期 3月14日	返青期 4月1日	拔节期 4月15日	抽穗期 5月1日	抽穗期 5月4日	灌浆期 5月27日	
N$_H$	540	540	540	540	0	540	2700
N$_M$	450	450	450	450	0	450	2250
N$_L$	360	360	360	360	0	360	1800
S$_H$	0	540	540	0	540	540	2160
S$_M$	0	450	450	0	450	450	1800

续表

处理	灌溉日期						总灌水量
	返青期 3月14日	返青期 4月1日	拔节期 4月15日	抽穗期 5月1日	抽穗期 5月4日	灌浆期 5月27日	
S_L	0	360	360	0	360	360	1440
CK	600	0	600	0	600	600	2400

夏玉米试验分为测坑试验和田间试验，测坑试验因素为灌水总量，设置3个灌水总量水平处理：3900m³/hm²（T1）、3600m³/hm²（T2）、3300m³/hm²（T3），采用正交试验设计，设置3个地下膜调控润灌处理和1个地表管灌对照处理，共4个处理，每个处理重复3次，共12个小区，随机布置于12个测坑内，测坑面积6.66m²（2.0m×3.33m），具体测坑试验设计方案及各处理不同生育期灌水量见表5-4。

表5-4　夏玉米测坑试验设计及各处理不同生育期灌水量　　单位：m³/hm²

处理	灌溉日期								总灌水量
	苗期 6月17日	返青期 6月30日	拔节期 7月15日	拔节期 7月23日	抽雄期 8月5日	抽雄期 8月16日	灌浆期 8月29日	灌浆期 9月8日	
T1	487.5	487.5	487.5	487.5	487.5	487.5	487.5	487.5	3900
T2	450	450	450	450	450	450	450	450	3600
T3	412.5	412.5	412.5	412.5	412.5	412.5	412.5	412.5	3300
CK	525	525	525	525	525	525	525	525	4200

夏玉米田间试验田东西宽44.2m，南北长64m，占地规模约为4亩，试验处理以土壤含水率灌水下限为主，当土壤含水率达到设定的灌水下限时进行灌水，灌水下限设置2个水平，分别为田间持水率的55%及65%，均采用地下膜调控润灌，设置3个灌水定额水平处理：487.5m³/hm²（H）、450m³/hm²（M）、412.5m³/hm²（L）。田间试验采用正交试验设计，共6个处理，每个处理三次重复，共18个小区，每小区长30m，宽5m，小区面积150m³，按顺序布置于4亩大田内，试验田另设地表管灌对照处理CK，每个处理重复3次，共3个小区，每小区长11.5m，宽5m，小区面积为57.5m³，具体田间试验设计方案见表5-5。

表5-5　夏玉米田间试验设计方案

处理	灌水下限/%	次灌水量/（m³/hm²）
N_H	65	525
N_M	65	450
N_L	65	375
S_H	55	525
S_M	55	450
S_L	55	375

注：①灌水下限以试验地田间持水率的百分比计，%。②N、S分别表示灌水下限是田间持水率的65%和55%；H、M和L表示次灌水量525m³/hm²、450m³/hm²、375m³/hm²。下同。

本试验中试验田的降水量和降雨时间由气象站监测得到，有效降水量计算中所用土

壤含水率数值由土壤水分物联网监测系统测得，有效降水量计算公式为

$$P_0 = 10\sum_{i=1}^{n} \gamma_i H_i (\theta_{i1} - \theta_{i2}) \quad (5\text{-}1)$$

式中，i 为土层编号；n 为总土层数；γ_i 为第 i 层土壤容重，g/cm³；H_i 为第 i 层土壤厚度，cm；θ_{i1} 为降雨前第 i 层的土壤含水率；θ_{i2} 为降雨后第 i 层的土壤含水率。

作物耗水量的计算：依据水量平衡法计算作物耗水量，计算公式为

$$ET = P_0 + I + G + \Delta W \quad (5\text{-}2)$$

式中，ET 为作物生育期某时段的耗水量，mm；P_0 为时段内有效降水量，mm；I 为时段内灌水量，mm；G 为时段内地下水补给量，mm，由于地下水埋藏较深向上补给可忽略不计，$G=0$；ΔW 为时段内土壤储水量的变化量，mm。

5.1.3 试验测量指标

5.1.3.1 作物生长指标测定

(1) 株高和茎粗

株高的测量从作物进入返青期开始，到作物株高不再发生变化为止，用 1m 长的钢尺测量选取植株样本的株高，每个处理随机选取 5 个单株，重复 3 次。在作物生长发育的各个生育期，选择植株在地面以上的第一节部分，用游标卡尺测量植株的茎粗，每个处理随机选取 5 个单株，重复 3 次。

(2) 叶面积

叶面积的测量从作物进入拔节期开始，到植株叶子枯萎一半以上为止，通过测量选取植株所有绿色叶子的长和宽，计算叶片面积拟合公式＝长×宽×0.80，单株所有叶片面积求和得到单株叶面积，再通过群体密度计算叶面积指数（LAI）。

(3) 产量及其构成要素

在冬小麦收获时，随机在试验田各处理小区选取 3 处小麦样本，并在每处随机选取 10 株小麦进行室内考种，测量其穗数、穗长、穗粒数、千粒重等指标，同时每个小区随机取 5 处 1m² 的小麦取样脱粒后计算其理论产量。

在夏玉米收获时，测定每穗玉米的穗长、穗粗、秃尖长、行数、总粒数、百粒重及穗粒重，采用精度为 0.1cm 的钢直尺测量穗长和秃尖长；采用精度为 0.05mm 的游标卡尺测量穗粗；采用精度为 0.01g 的电子天平称量百粒重，并计算理论产量。

5.1.3.2 土壤指标测定

试验田灌水时间和灌水定额由北京力高泰科技有限公司生产的 METER ZL6 型土壤水分物联网监测系统所测得的土壤含水率确定，该传感器铺设探头后可在土壤深度为 15cm、35cm、45cm 处实时检测试验田土壤含水率情况。田间持水率、饱和含水率均采用环刀浸泡法测定，在小麦播种前用环刀水平开挖垂直取原状土，按照 2015 版《土壤田间持水量测定技术规程》测定其容重及田间持水率。

测坑试验：分别在测坑的膜中心剖面、下膜边缘剖面和相邻毛管出水点连线的垂直平分线上布置土壤水分监测探头，探头埋深为 15cm、35cm 和 45cm，连续监测土壤水分的变化情况，尤其是灌水前后土壤水分的实时变化情况。

田间试验：试验区灌水前后采用烘干法测定土壤含水率，各处理每 7～10d 测定 1 次，以确定灌水时间。使用土钻取样，测定深度每 10cm 为一层取至 100cm 处，共计 10 层，取样后，称量鲜土样的质量，并将其放入恒温 105℃ 的烘箱，烘干至恒重，测量烘干后的土壤质量，来测量试验区土壤含水率 θ_g，其公式为

$$\theta_g = \frac{m_1 - m_2}{m_2 - m_0} \times 100\% \tag{5-3}$$

式中，m_0 为铝盒质量，g；m_1 为烘干前土样和铝盒的质量，g；m_2 为烘干后土样和铝盒的质量，g。

5.1.4 数据处理

采用数据处理软件进行数据处理，并用图形软件生成图，再使用分析软件对各指标进行方差分析及显著性检验（$P < 0.05$）。

5.2 膜调控润灌下冬小麦生育期土壤水分分布规律研究

5.2.1 调控膜对土壤水分布的影响

根据测坑埋设探头土层内的土壤体积含水率，计算冬小麦各生育期灌水后土壤储水量占灌水总量的比例变化情况（图 5-2），以此分析不同灌水处理条件下调控膜对土壤水分布的影响。可以看出在冬小麦整个生育期，不同灌水处理地表下 10～50cm 土层内的储水量占灌水总量的比例均呈现先增大后减小的趋势，10～35cm 土层范围内各深度土层储水量占灌水总量比例呈现逐渐上升的趋势，35～50cm 土层范围内储水量占灌水总量比例则呈现下降趋势。地下膜调控润灌条件下各土层储水量占灌水总量的比例在地表下 20～40cm 范围内达到峰值，在返青期、拔节期、抽穗期、灌浆期四个生育期灌水后，各土层储水量占灌水总量的比例峰值分别 24.96%、24.77%、22.45%、27.31%、18.22% 和 23.91%。

在地下膜调控润灌条件下，地表下 15～45cm 各土层的储水量占灌水总量的比例在不同灌水量条件下存在差异，不同灌水量之间的差异表现在灌水后各土层储水量占灌水总量的比例关系为高水量 T1>中水量 T2>低水量 T3 处理。T1、T2 和 T3 处理地表下 15～45cm 土层内储水量占总灌水量比例在返青期为 7.54%～22.13%、9.21%～20.89%、10.11%～21.58%；在拔节期第一次灌水（简称"1 灌水"）后为 12.24%～12.31%、10.25%～12.22%、11.32%～14.96%；在拔节期第二次灌水（简称"2 灌水"）后为 10.30%～22.78%、11.45%～18.86%、12.26%～12.31%；在抽穗期灌水后为 14.97%～20.12%、13.80%～18.48%、12.57%～18.20%；在灌浆期第一次灌水后为 9.23%～11.56%、9.87%～14.68%、9.02%～9.76%；在灌浆期第二次灌水后为 12.32%～18.33%、12.08%～17.42%、7.35%～14.97%。由此可见，在一定灌水总量范围内，储水量占灌水总量比例随灌水量增大而逐渐增大。

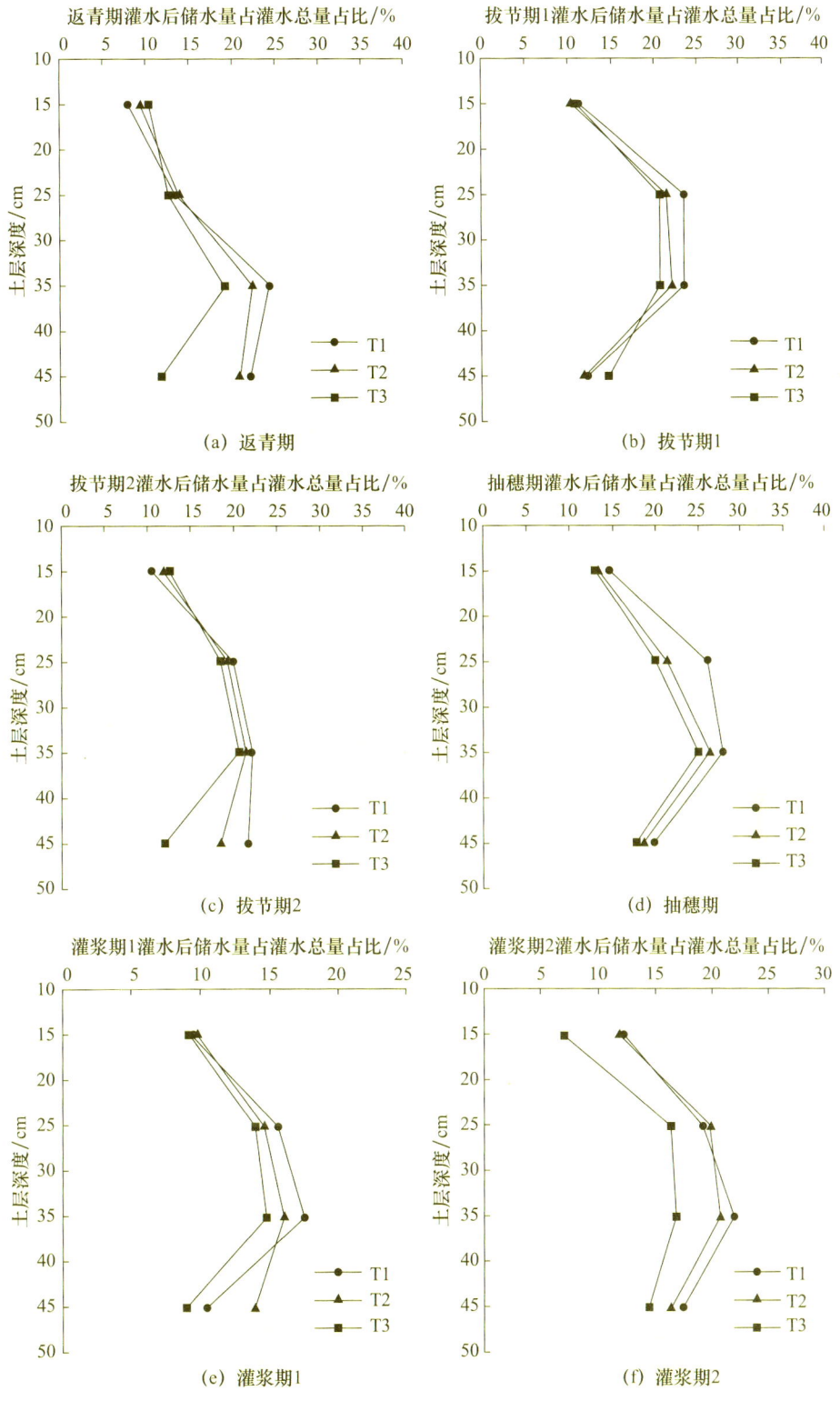

图 5-2 冬小麦不同生育期储水量占灌水总量比例

5.2.2 不同初始含水率、灌水量和土壤水分布间的协同响应规律

在灌水量相同条件下，灌水时土壤不同的初始含水率状况会影响灌水后土壤水分在田间的分布。冬小麦测坑试验，以拔节期为例，对比分析各处理两次灌水前土壤的初始含水率，以及两次灌水后的土壤水分布情况。图5-3至图5-5的左图分别为T1、T2及T3处理两次灌水前土壤的初始含水率情况，右图分别为两次灌水后各处理储水量占灌水总量的比例情况。T1处理拔节期第二次灌水前10～50cm土壤含水率较第一次灌水前高出25.40％，T2处理拔节期第二次灌水前10～50cm土壤含水率较第一次灌水前高出21.46％，T3处理拔节期第二次灌水前10～50cm土壤含水率较第一次灌水前高出29.19％，由此可知，不同灌水量处理第一次灌水前土壤初始含水率均低于第二次灌水。由右图可以看出不同灌水量处理拔节期第一次灌水后储水量占灌水总量的比例普遍高于第二次灌水。分析可得，土壤较低的初始含水率在灌水后可以更快地提高土壤水分含量。

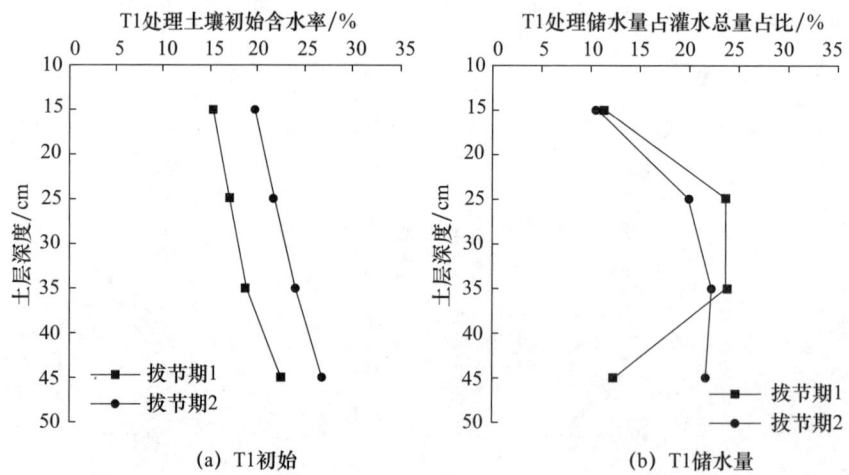

图5-3　T1处理拔节期土壤初始含水率对土壤水分布的影响

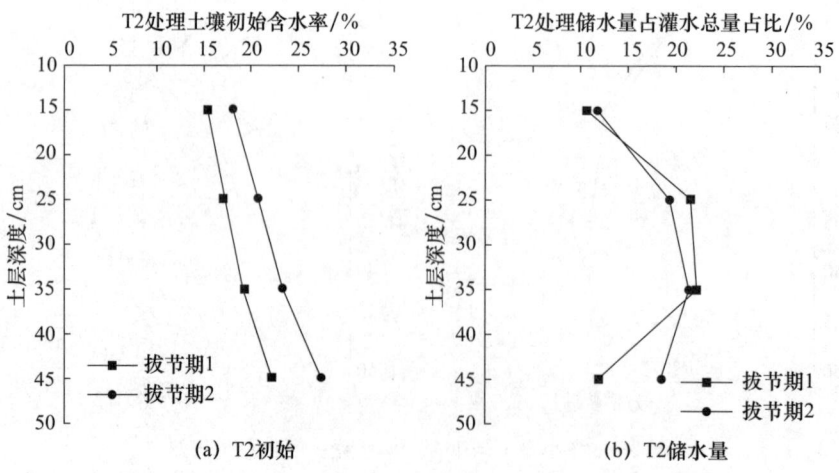

图5-4　T2处理拔节期土壤初始含水率对土壤水分布的影响

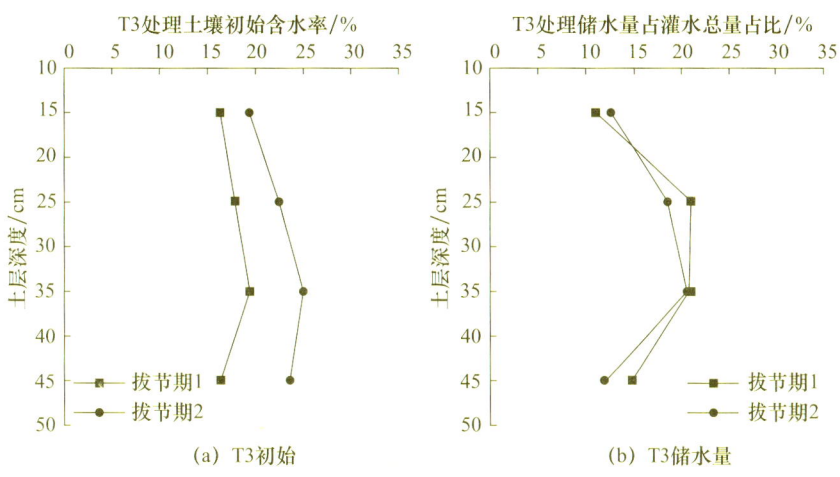

图 5-5 T3 处理拔节期土壤初始含水率对土壤水分布的影响

5.2.3 冬小麦全生育期土壤含水率的变化

5.2.3.1 田间试验冬小麦全生育期土壤含水率的变化

地下滴灌与覆膜技术相结合对土壤水分布情况有直接影响，如土壤表层含水率降低，可以有效地控制地表蒸发。此外，调控膜可以储蓄更多的水分，有效提高作物主要根系层的土壤含水率，减少水分的深层渗漏。

图 5-7 为田间试验冬小麦全生育期内各灌水处理 0~100cm 土层内土壤含水率的变化情况。由图可以看出，灌溉对土壤水分布影响深度基本在 0~80cm 土层内，而作物主要根系层在地表下 0~60cm，故在研究地下膜调控润灌系统的田间土壤水分布时，主要选择 0~60cm 土壤含水率进行分析。地下膜调控润灌冬小麦在全生育期内各灌水处理各土层含水率的变化规律基本一致，0~10cm 始终呈近似"W"的变化趋势，越冬期过后随着气温的逐渐升高，株间蒸发增大，0~10cm 土壤含水率呈逐渐下降的趋势，进入抽穗期降雨逐渐增多，0~10cm 土壤含水率呈增—减—增的变化趋势。10~60cm 各灌水处理的含水率大小基本上与灌水量的大小一致，即 N_H 处理 > N_M 处理 > N_L 处理 > S_H 处理 > S_M 处理 > S_L 处理，但在冬小麦降雨量较多的生育阶段，田间试验受降雨影响增大，各灌水处理水分差异不能得到严格的控制，不同灌水量处理对冬小麦土壤含水率的影响并不明显。

在 0~60cm 土层深度中，30~60cm 土壤含水率始终处于较高水平，土壤含水率大小为 30~40cm > 40~50cm > 50~60cm > 20~30cm > 10~20cm，各土层土壤含水率随着土层深度的增加呈现出先增大后减小的趋势。分析可得，地下膜调控润灌系统能够显著提高作物主要根系层土壤含水率，减少地表蒸发及灌溉水的深层渗漏，保证作物主要根系层充足的水分供给。

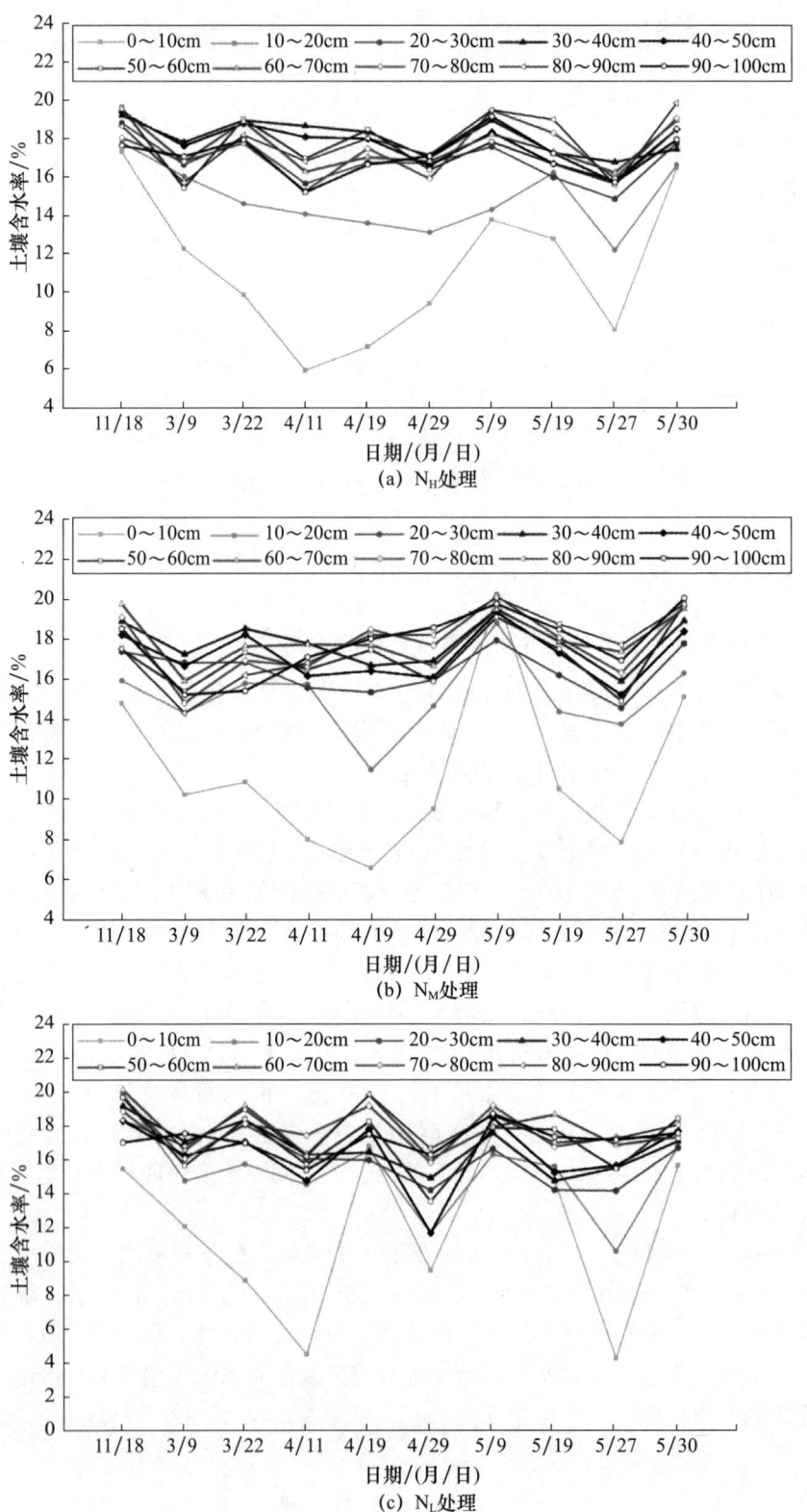

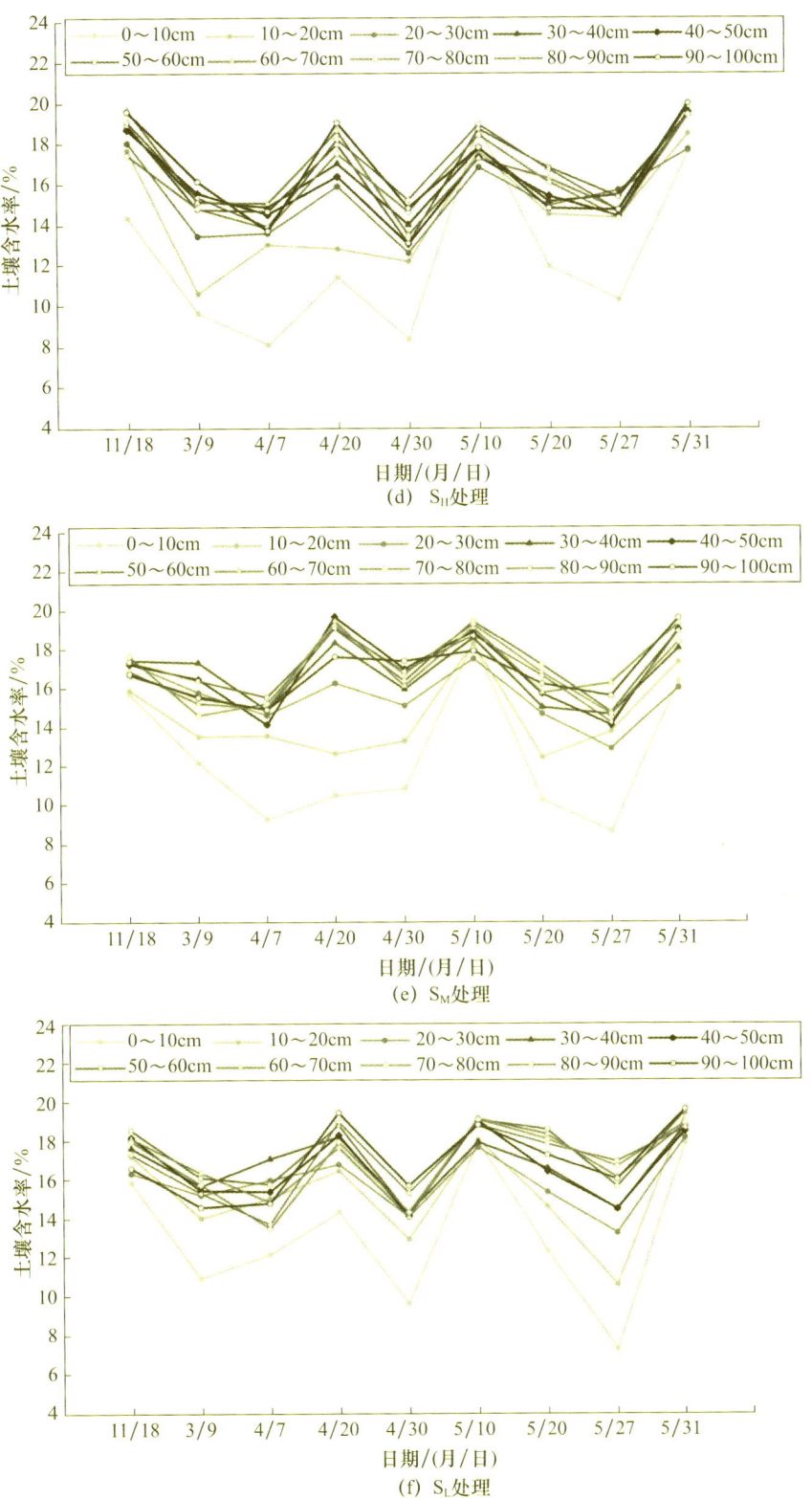

图 5-6 田间试验冬小麦全生育期土壤含水率变化

5.2.3.2 测坑试验冬小麦全生育期土壤含水率的变化

如图 5-7 所示为测坑试验冬小麦全生育期内各灌水处理地下 15cm、35cm 和 45cm 土壤含水率的变化情况。可以看出，在冬小麦整个生育时期，由于地下膜调控的作用，地下 10~20cm 土壤含水率始终低于滴头附近 35~45cm 层深土壤含水率，表明地下膜调控能够显著提高 35~45cm 层深土壤含水率，减少地表蒸发及灌溉水的深层渗漏。T1 相比 T3 处理在 35~45cm 层深土壤含水率在返青、拔节、抽穗和灌浆期分别增大 9.96%、24.93%、26.06%和 16.30%，T2 相比 T3 在 35~45cm 土壤含水率在返青、拔节、抽穗和灌浆期分别增大 11.23%、22.93%、24.06%和 7.60%，分析可得，在地下膜调控润灌条件下，各土层土壤含水率随灌水量的增大呈逐渐上升的趋势。

测坑和田间试验得出的结论均表明地下膜调控润灌能显著提高作物主要根系层的土壤含水率，保证作物主要根系层充足的水分供给。此外，防雨棚下的测坑试验与田间试验相比，不同灌水量处理对冬小麦土壤含水率的影响效应更加明显，测坑试验中，各土层土壤含水率随灌水量的增大呈逐渐上升的趋势，但田间试验由于受降雨影响较大，各灌水处理水分差异不能得到严格的控制，不同灌水量处理对冬小麦土壤含水率的影响并不明显。

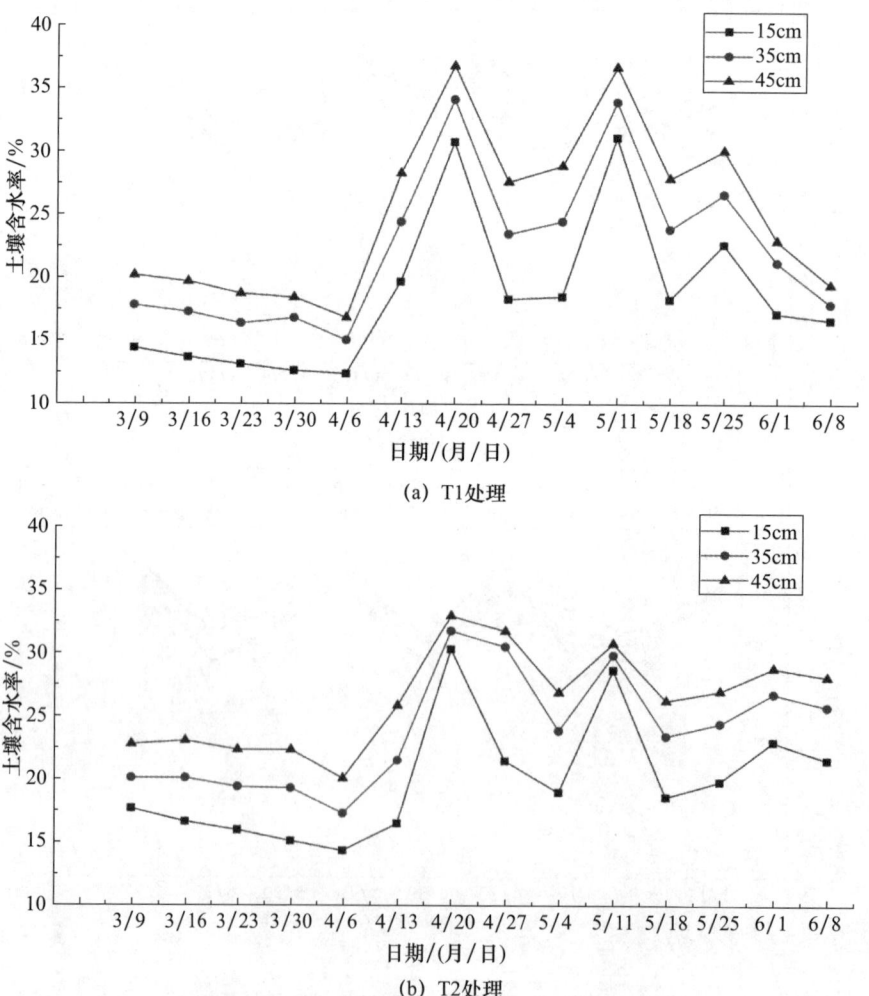

(a) T1处理

(b) T2处理

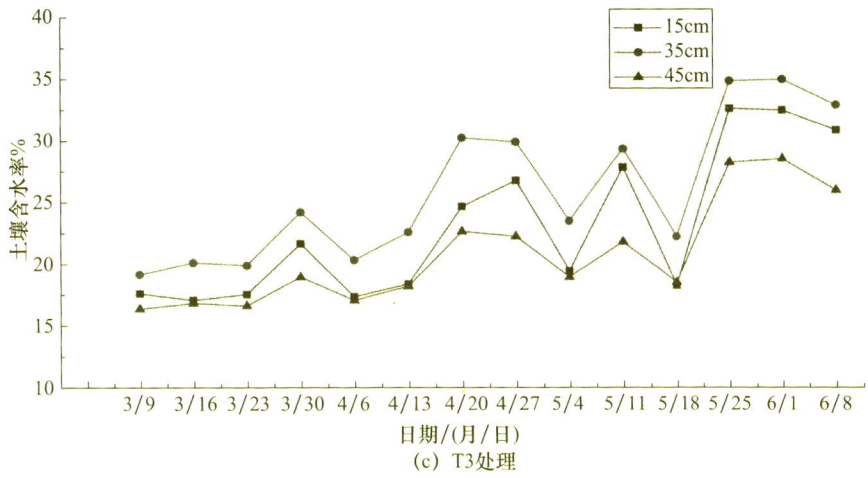

(c) T3处理

图5-7 测坑试验冬小麦全生育期土壤含水率变化

5.2.4 冬小麦各生育阶段土壤含水率的变化

越冬期气温较低冬小麦停止生长，农田蒸发、蒸腾较弱，作物需水量相较于其他生育阶段低，不同灌水量处理间各土层土壤含水率差异并不明显。随着气温逐渐上升，冬小麦返青期不同灌水量处理间各土层土壤含水率差异性开始显现，灌水下限为65%田间持水率的N处理各土层土壤含水率较灌水下限为55%田间持水率的S处理高出15.78%；高水量H和中水量M处理土壤含水率较低水量L处理分别增加6.11%和5.02%。在拔节期冬小麦进入旺盛生长阶段，作物间蒸腾作用加强，作物耗水强度增大，不同灌水量处理间各土层土壤含水率差异性更加显著，与前期生育阶段相比，土壤含水率变化幅度较大，N处理较S处理各土层土壤含水率高出28.5%，H和M处理平均土壤含水率为18.8%和16.3%，较L处理分别提高25.5%和13.8%。在抽穗—灌浆期如果出现干旱，则会引起冬小麦花粉不孕，影响籽粒形成，进而影响穗粒数和千粒重，导致冬小麦减产。由于灌水量增加，不同灌水量处理在该生育阶段土壤含水率均较高，S处理地下10~50cm土壤含水率较N处理波动频繁，不同灌水量处理间各土层土壤含水率差异性并不显著，如图5-8所示。

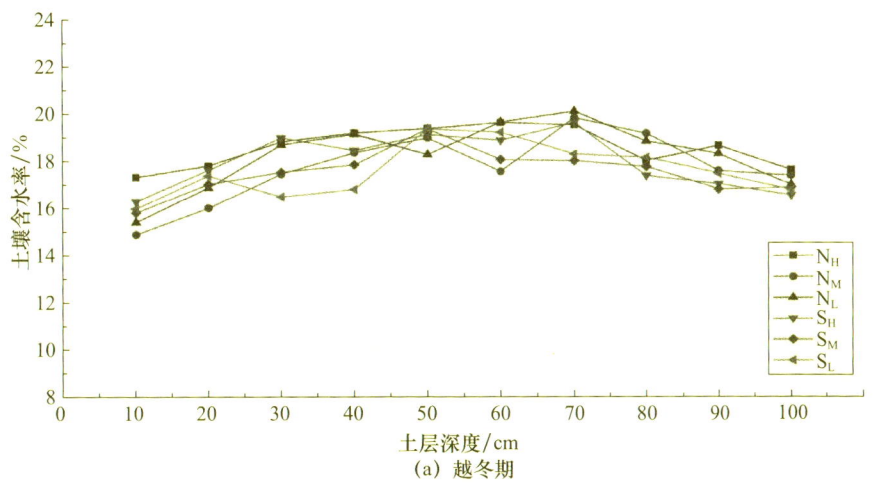

(a) 越冬期

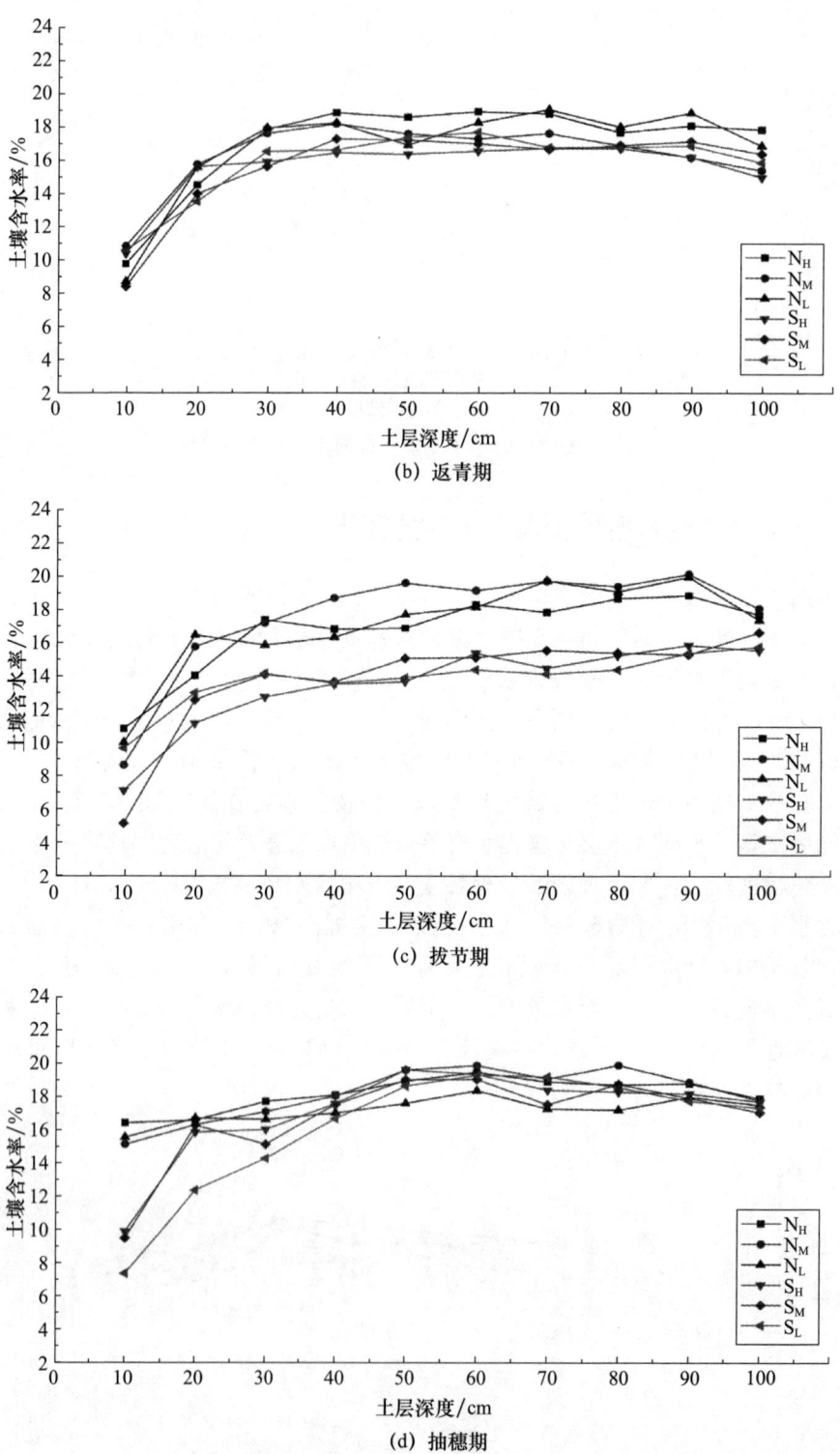

(b) 返青期

(c) 拔节期

(d) 抽穗期

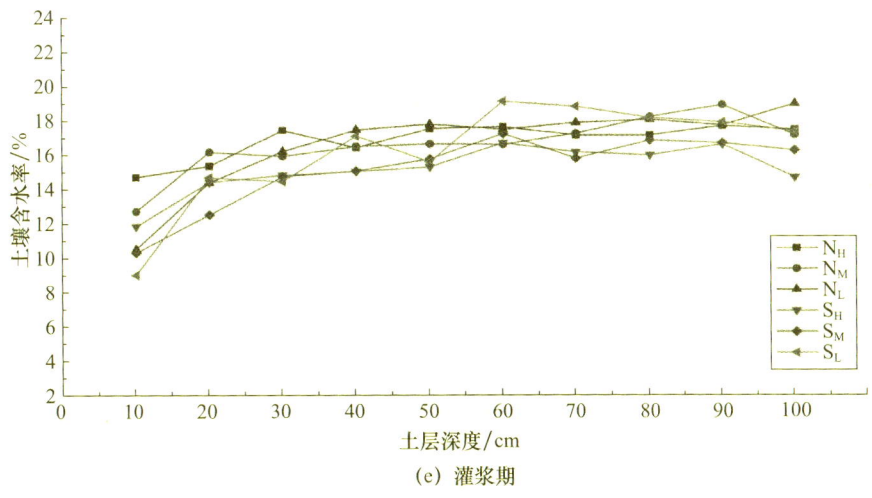

(e) 灌浆期

图 5-8　冬小麦不同生育期各土层土壤含水率分布

5.2.5　冬小麦各生育阶段灌水前后各土层土壤水分布分析

N 与 S 处理分别表示灌水下限为 65% 与 55% 田间持水率的灌水处理，如图 5-9 至图 5-16 所示为 N 与 S 处理在返青期、拔节期、抽穗期及灌浆期灌水前后 0～100cm 土壤含水率占田间持水率的比例变化情况，在 0～100cm 土层内，灌水前后各土层的土壤含水率占田间持水率的比例均呈现先增大后减小的趋势，在 30～40cm 土层处达到最大值，随着灌水量增大，各土层的土壤含水率占田间持水率的比例也逐渐增大。对于同一个灌水处理，在 0～40cm 土层内，灌水前后各深度土层土壤含水率占田间持水率比例呈现逐渐上升的趋势，40～60cm 土层内土壤含水率占田间持水率比例则呈下降趋势。

对比分析 N 与 S 处理灌水后各土层的土壤含水率占田间持水率的比例的变化情况，可以得出，作物生育期灌水后，S 处理地下 10～50cm 作物主要根系层储水量占灌水总量的比例较 N 处理高，且土壤含水率变化波动也较 N 处理频繁，分析可得，灌水时土壤含水率较低的 S 处理可以更快地将所需灌水量提供到作物根区土壤，迅速提高作物主要根系层土壤水分含量，这与测坑试验得出的结果一致。

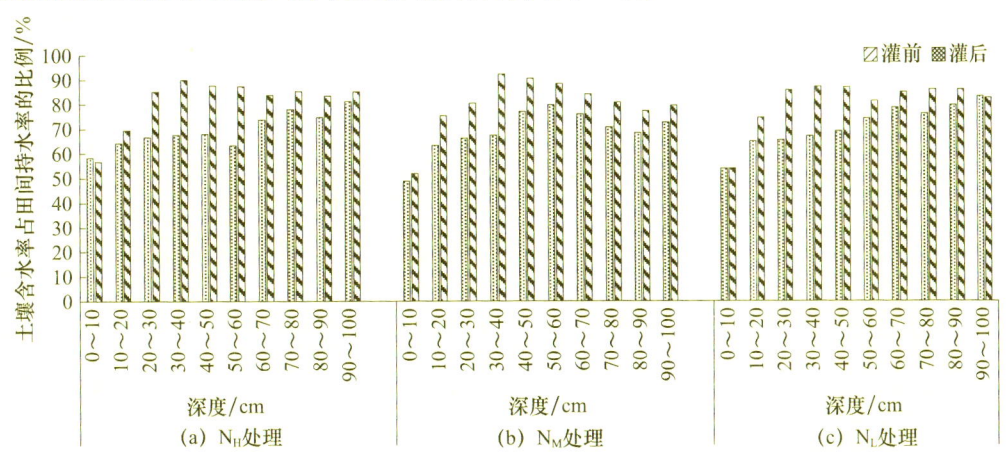

图 5-9　N 处理返青期灌水前后土壤含水率占田间持水率比例

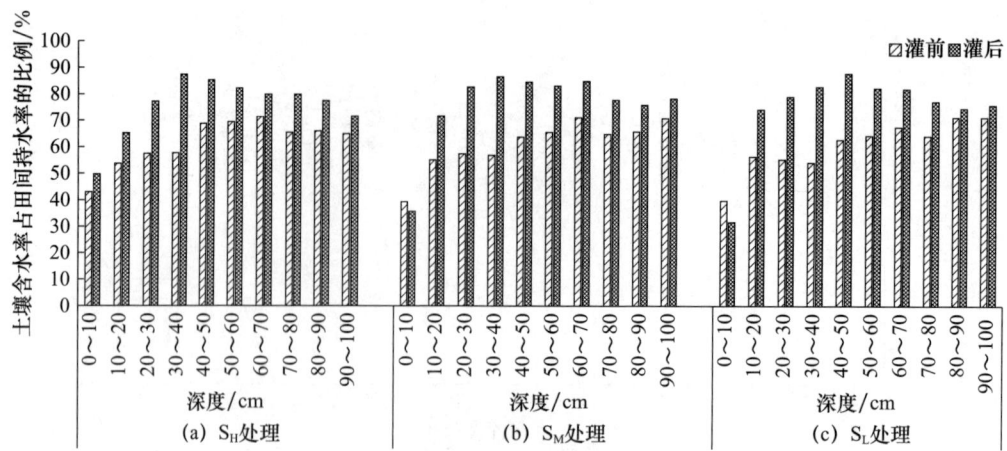

图 5-10　S 处理返青期灌水前后土壤含水率占田间持水率比例

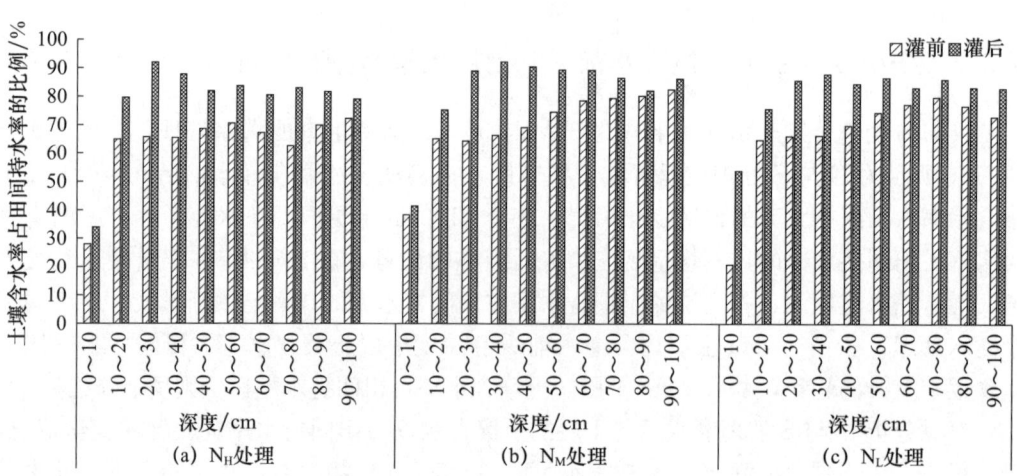

图 5-11　N 处理拔节期灌水前后土壤含水率占田间持水率比例

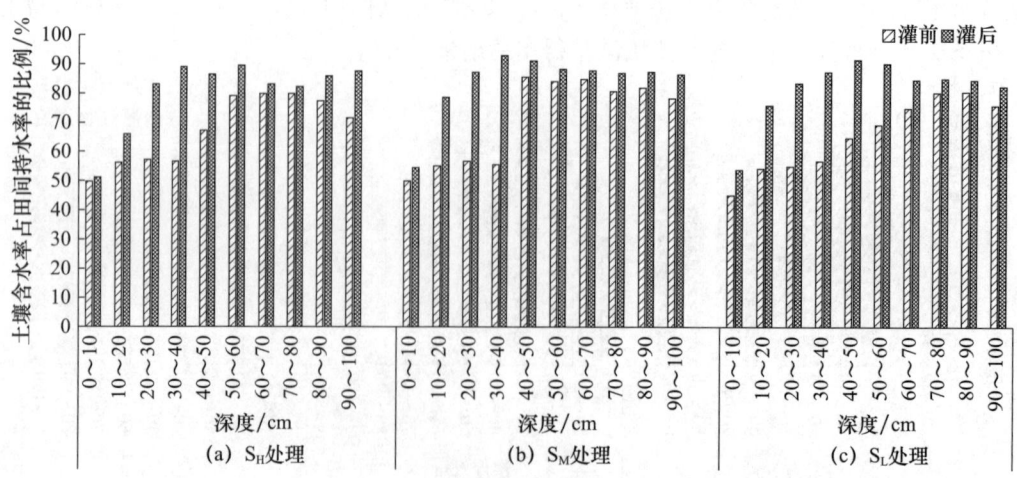

图 5-12　S 处理拔节期灌水前后土壤含水率占田间持水率比例

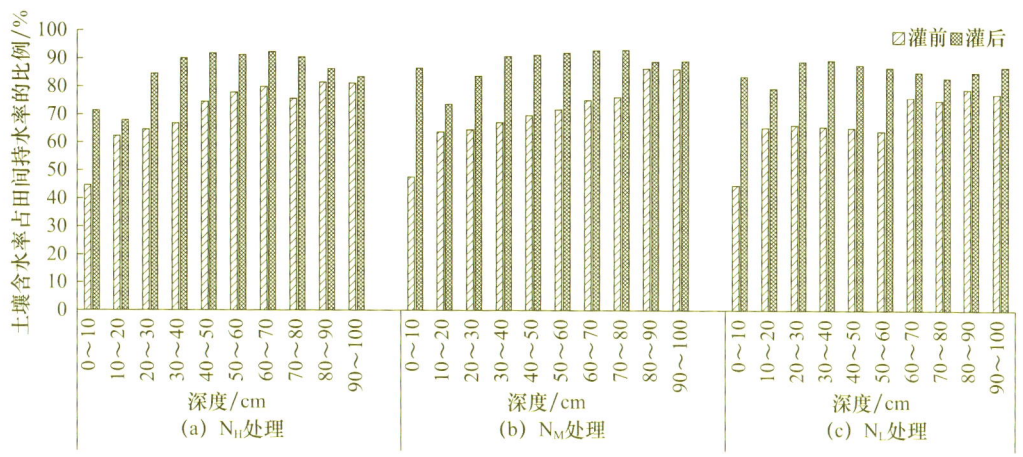

图 5-13 N 处理抽穗期灌水前后土壤含水率占田间持水率比例

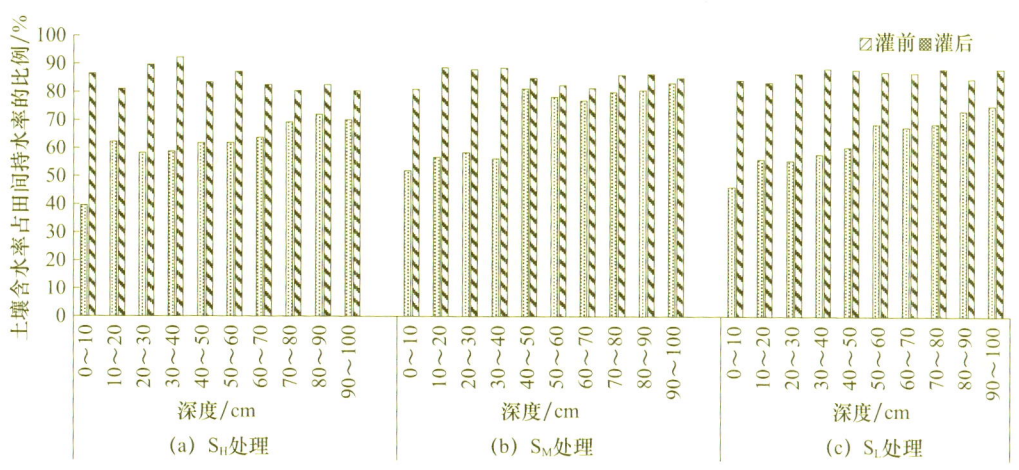

图 5-14 S 处理抽穗期灌水前后土壤含水率占田间持水率比例

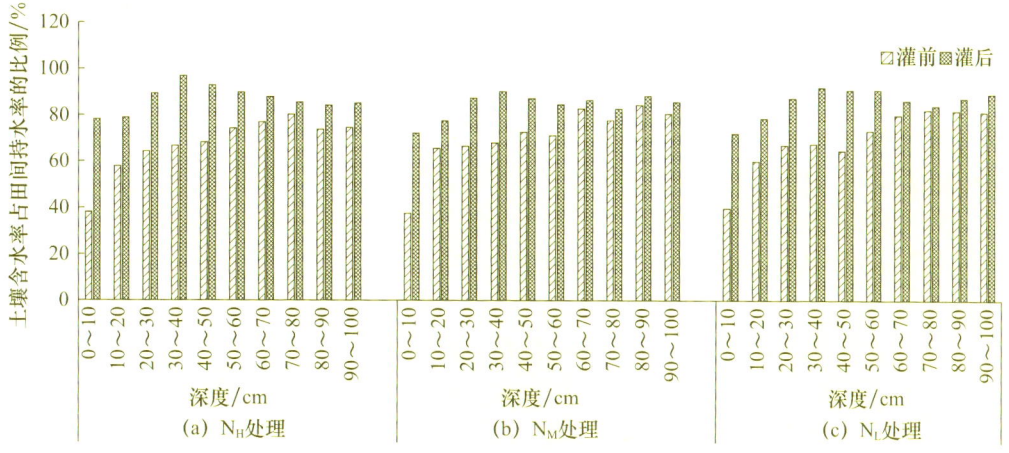

图 5-15 N 处理灌浆期灌水前后土壤含水率占田间持水率比例

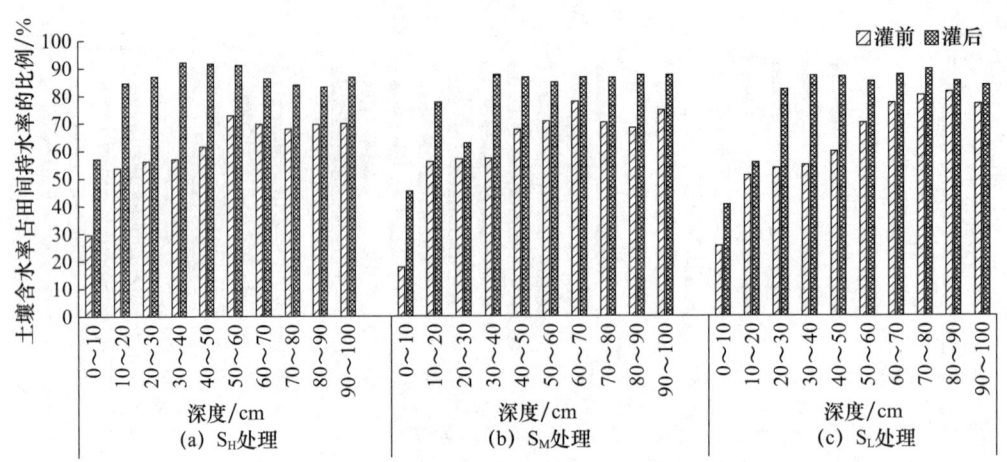

图 5-16　S 处理灌浆期灌水前后土壤含水率占田间持水率比例

5.2.6　小结

冬小麦整个生育期，不同灌水处理地表下 10～50cm 土层内的储水量占灌水总量的比例均呈现先增大后减小的趋势；10～35cm 土层范围内各深度土层储水量占灌水总量比例呈现逐渐上升的趋势；35～50cm 土层范围内储水量占灌水总量比例则呈下降趋势。0～60cm 土层深度中，土壤含水率大小为 30～40cm＞40～50cm＞50～60cm＞20～30cm＞10～20cm，各土层土壤含水率随着土层深度的增加呈现出先增大后减小的趋势。分析可知，地下膜调控润灌系统能够显著提高作物主要根系层土壤含水率，减少地表蒸发及灌溉水的深层渗漏，保证作物主要根系层充足的水分供给。

以拔节期为例，分析测坑试验两次灌水前后土壤水分分布情况可知：在灌水量相同条件下，较低的初始含水率灌水后可以更快提高土壤水分含量。田间试验发现：灌水下限为 65％田间持水率的 N 处理与灌水下限为 55％田间持水率的 S 处理，在作物生育期灌水后，S 处理作物主要根系层储水量占灌水总量的比例较 N 处理高，且土壤含水率变化波动较 N 处理频繁，分析可得，灌水时土壤含水率较低的 S 处理可以更快地将所需灌水量提供到作物根区土壤，迅速提高作物主要根系层土壤水分含量，这与测坑试验得出的结果相一致。

通过田间试验分析灌水前后各深度土层土壤含水率占田持比例情况，得出在 0～100cm 土层，灌水前后各土层的土壤含水率占田间持水率的比例呈现先增大后减小的趋势；在 0～40cm 土层，灌水前后各土层土壤含水率占田持比例呈现逐渐上升的趋势，在 35～45cm 土层处达到最大值，随着灌水量增大，各土层的土壤含水率占田持的比例也逐渐增大，40～60cm 土层内土壤含水率占田持比例则呈下降趋势。综合分析可得，土壤含水率增加幅度在小范围内随着灌水量的增加而增加。而继续增加灌水量，土壤含水率并没有随着灌水量的增加而出现大幅度增加情况，说明适当增加灌水量能够最大程度得加大土壤含水率，过量灌水会产生土壤水分的深层渗漏从而降低水分利用效率。

5.3 膜调控润灌对冬小麦生长、产量及水分利用效率的影响

5.3.1 不同灌水处理对田间试验冬小麦生长的影响

5.3.1.1 不同灌水处理对田间试验冬小麦株高的影响

在地下膜调控润灌和地表管灌条件下，小麦各生育期株高随着生育期的推进均表现出先增高后降低的趋势，增长速度表现为先大后小。返青—拔节期植株快速生长，返青期地下膜调控润灌小麦株高为38.61cm，地表管灌小麦株高为39.17cm；拔节期地下膜调控润灌小麦株高为62.83cm，较返青期增加62.73%，地表管灌小麦株高为61.33cm，比返青期增加56.57%，与地表管灌相比，地下膜调控润灌下小麦株高增幅更大。

拔节期为冬小麦株高增高的关键期，拔节期水分亏缺会对后期植株生长起到明显的抑制作用。拔节—抽穗期小麦株高增长速度开始变缓，直至灌浆期各处理小区的株高增长速度均有所降低，不同处理增速下降程度不同。灌浆期地下膜润灌小麦株高为69.09cm，较拔节期增加9.96%，地表管灌小麦株高为65.67cm，较拔节期增加7.08%，与地表管灌处理相比，地下膜调控润灌小麦增速下降程度较小。由此得出，地下膜调控润灌有助于作物主要根系层吸收利用灌溉水，促进植株生长。同时，在地下膜调控润灌条件下，不同灌水处理冬小麦全生育期株高均随灌水量增加而增大，高水量H处理小麦株高始终高于低水量L处理，即H处理＞M处理＞L处理。由此可见，在一定的灌水量范围内，增加灌水量有助于冬小麦株高的增长。

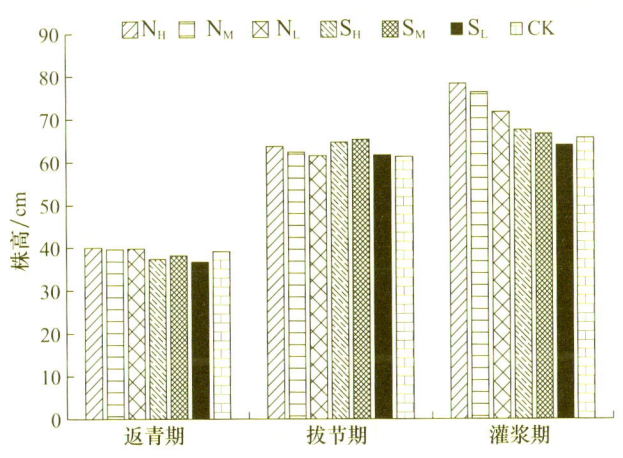

图 5-17 不同灌水处理对田间冬小麦株高的影响

5.3.1.2 不同灌水处理对田间试验冬小麦叶面积的影响

植株叶片是作物进行光合作用的主要器官，叶片的大小代表了作物接受光照面积的大小，体现了作物进行光合作用的能力。冬小麦不同灌水处理下各生育期叶面积指数如图5-18所示。可以看出叶面积指数随植株的生长发育呈现出先增加后降低的趋势。具体表现为返青期后叶面积迅速增长，并在拔节期达到峰值，灌浆期后随着作物植株的生

长发育，部分叶片开始萎缩变黄，叶面积指数开始减小。在生长发育初期，作物对水分要求较低，不同灌水处理对叶面积指数影响较小且基本一致。在返青期后，各处理由于灌水定额的不同而显现明显差异，N_H 处理叶面积指数较 N_M 处理、N_L 处理分别增加 5.24%和 20.48%，S_H 处理叶面积指数较 S_M 处理、S_L 处理分别增加 7.94%和 13.25%，S_M 处理在整个生育期均与其他处理产生显著性差异，分析原因发现 H 处理较 M、L 处理具有较高的灌水定额，而 S_M 处理灌水定额过小导致冬小麦生长受到严重的水分胁迫，进而影响植株叶片的正常生长。N_H、N_M 处理与 CK 处理相比，叶面积指数在返青期、拔节期、灌浆期分别高 13.40%~19.35%、21.94%~29.96%、8.45%~22.93%，地下膜调控润灌较地表管灌更有利于作物主要根系层水分的存储利用。

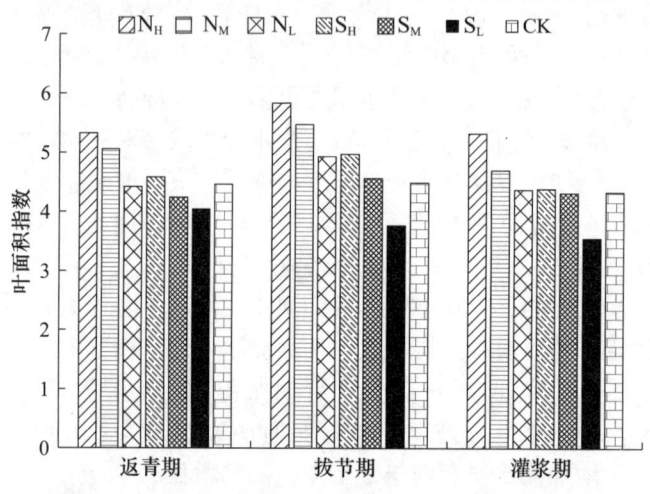

图 5-18　不同灌水处理对田间冬小麦叶面积指数的影响

5.3.2　不同灌水处理对测坑试验冬小麦生长的影响

5.3.2.1　不同灌水处理对测坑试验冬小麦株高的影响

在返青期不同灌水处理间株高差异性不显著，在拔节期 T1 处理较 T2、T3 处理小麦株高分别高出 3.56%、5.99%，在灌浆期 T1 处理较 T2、T3 处理小麦株高分别高出 1.10%、7.72%，地下膜调控润灌条件下冬小麦株高均随灌水量增加而增大，即 T1 处理＞T2 处理＞T3 处理。分析可得，地下膜调控润灌条件下，灌水总量对株高影响显著。地表管灌条件下，灌水总量相同时，T1 相比 CK 处理株高在拔节-灌浆期增加 2.80%~5.24%，增大比例呈上升趋势，由此得出，与地表管灌相比地下膜调控润灌更有利于作物主要根系层吸收灌溉水从而促进植株生长。

5.3.2.2　不同灌水处理对测坑试验冬小麦叶面积的影响

测坑试验各处理小麦叶面积指数均表现出先增大后减小的趋势，在生长发育初期，不同灌水处理对叶面积指数影响较小且基本一致，在抽穗期叶面积指数达到最大值，此后随着植株底部无效分蘖逐渐凋零，叶面积指数逐渐减小。与地表管灌相比，在灌水总量相同时，T1 处理比 CK 处理在返青期、拔节期、灌浆期分别增大 4.74%、20.69%与 17.85%，除灌浆期的 T3 处理外，其他处理叶面积指数均高于对照处理。在全生育期

5 地下膜调控润灌下冬小麦、夏玉米耗水规律及灌溉制度

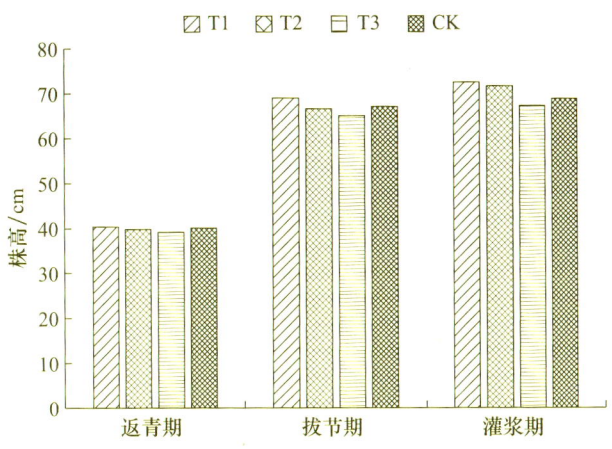

图 5-19 不同灌水处理对测坑冬小麦株高的影响

内，叶面积指数随着灌水量的增加而增加，即 T1 处理＞T2 处理＞T3 处理，其中 T1 处理叶面积指数最大值为 5.39，T1 处理较 T2、T3 处理在返青期、拔节期、灌浆期分别高出 4.74%～7.76%、5.15%～15.47%、8.26%～25.65%，灌水量对冬小麦叶面积指数的影响在返青-拔节期与拔节-灌浆期均达到显著水平，由此可得，在一定灌水总量范围内，增加灌水量将有助于小麦叶面积增大，有利于作物更好的进行光合作用从而增加作物产量。

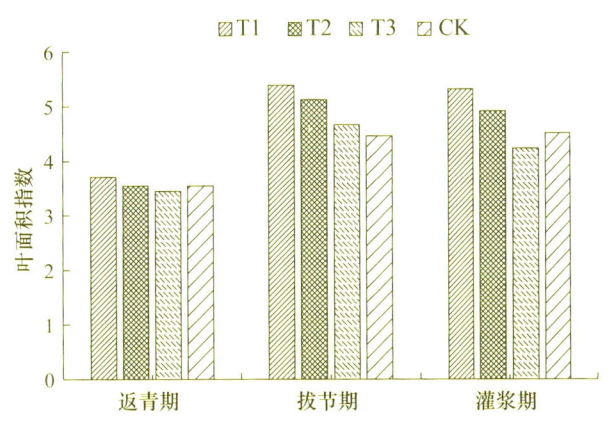

图 5-20 不同灌水处理对测坑冬小麦叶面积指数的影响

5.3.3 地下膜调控润灌下冬小麦不同生育期耗水规律

5.3.3.1 田间试验冬小麦不同生育期耗水规律

在冬小麦生育期，有效降雨量为 111.1mm。利用田间实测土壤水分数据，计算冬小麦各生育期的阶段耗水量、阶段日耗水量及模系数。通过对比可看出冬小麦在越冬-返青阶段各处理耗水量和模系数均最小，不同处理间该阶段耗水量在 41.38～54.73mm，模系数在 13.01%～14.41%，耗水量大小为 N_H 处理＞N_M 处理＞N_L 处理＞S_H 处理＞S_M 处理＞S_L 处理。冬小麦灌浆-成熟阶段各处理耗水量和模系数值均最大，不

同处理间该阶段耗水量变化范围在 86.94～106.77mm，模系数变化范围在 24.62%～29.99%，其中 N_M 处理在该阶段耗水量最大，阶段耗水量值为 106.77mm，S_M 处理灌浆-成熟期模系数最大，其阶段模系数值为 29.99%。

试验表明，冬小麦越冬—返青期日耗水量最小，该阶段日耗水量最小值为 0.36mm/d；在灌浆—成熟期日耗水量最大，该阶段日耗水量最大值为 4.64mm/d；抽穗—灌浆期日耗水量次之，该阶段日耗水量最大值为 3.85mm/d（表 5-6）。在灌浆—成熟期，日耗水量大小为 N_M 处理＞N_H 处理＞S_M 处理＞S_H 处理＞N_L 处理＞S_L 处理。抽穗—灌浆期和灌浆—成熟期是冬小麦耗水的关键期，试验中 S_L 处理灌水定额最小其日耗水量也是最小，当灌水定额过小时将会导致冬小麦生长受到严重的水分胁迫，进而阻碍根系对土壤水分的吸收利用，影响植株正常生长。

表 5-6 冬小麦田间试验耗水量表

处理	起止日期	播种—越冬期 10.22—11.20	越冬—返青期 11.21—3.14	返青—拔节期 3.15—4.14	拔节—抽穗期 4.15—5.9	抽穗—灌浆期 5.10—5.25	灌浆—成熟期 5.26—6.17	全生育期
	天数	30	114	30	25	16	23	238
N_H	阶段耗水量/mm	76.19	54.73	136.68	86.72	52.85	101.17	410.94
	阶段日耗水量/(mm/d)	2.54	0.48	4.56	3.47	3.30	4.40	3.31
	模系数/%	18.54	13.32	33.26	21.10	12.86	24.62	100
N_M	阶段耗水量/mm	76.66	49.86	100.78	55.85	55.99	106.77	373.21
	阶段日耗水量/(mm/d)	2.56	0.44	3.36	2.23	3.50	4.64	3.01
	模系数/%	20.54	13.36	27.00	14.96	15.00	28.61	100
N_L	阶段耗水量/mm	76.51	51.43	93.45	46.96	61.65	90.70	356.99
	阶段日耗水量/(mm/d)	2.55	0.45	3.12	1.88	3.85	3.94	2.88
	模系数/%	21.43	14.41	26.18	13.15	17.27	25.41	100
S_H	阶段耗水量/mm	74.47	51.27	89.27	85.47	55.68	95.83	370.28
	阶段日耗水量/(mm/d)	2.48	0.45	2.98	3.42	3.48	4.17	2.99
	模系数/%	20.11	13.85	24.11	23.08	15.04	25.88	100
S_M	阶段耗水量/mm	84.04	43.42	64.57	57.73	47.67	100.12	333.86
	阶段日耗水量/(mm/d)	2.80	0.38	2.15	2.31	2.98	4.35	2.69
	模系数/%	25.17	13.01	19.34	17.29	14.28	29.99	100
S_L	阶段耗水量/mm	84.20	41.38	47.09	38.48	51.28	86.94	301.84
	阶段日耗水量/(mm/d)	2.81	0.36	1.57	1.54	3.21	3.78	2.43
	模系数/%	27.90	13.71	15.60	12.75	16.99	28.80	100

5.3.3.2 测坑试验冬小麦不同生育期耗水规律

在测坑试验中设置了防雨棚,可忽略降雨产生的影响。利用土壤水分传感器以及部分实测土壤水分,计算冬小麦各生育期的阶段耗水量、阶段日耗水量及模系数。在测坑试验中,冬小麦在越冬—返青期各处理耗水量和模系数均最小,该阶段不同处理间耗水量和模系数变化幅度较小,耗水量为13~15mm,模系数为3.46%~4.67%。在灌浆—成熟期各处理耗水量和模系数值均最大,不同处理间该期耗水量为99~110mm,模系数变化范围在27.16%~30.82%。在灌浆—成熟期耗水强度最大,拔节—抽穗期及抽穗—灌浆期次之,灌浆—成熟期日耗水量最大值为6.88mm/d。在越冬—返青期耗水强度最小,该阶段日耗水量最小值0.12mm/d(表5-7)。T1、T2、T3处理全生育期耗水量分别为405mm、353.70mm和325mm,试验结果表明,在一定灌水总量范围内冬小麦耗水量随灌水量的增大而增大。

表 5-7 冬小麦测坑试验耗水量表

处理	起止日期	播种—越冬期 10.22—11.20	越冬—返青期 11.21—3.14	返青—拔节期 3.15—4.14	拔节—抽穗期 4.15—5.9	抽穗—灌浆期 5.10—5.22	灌浆—成熟期 5.23—6.7	全生育期
	天数	30	111	33	25	13	16	228
T1	阶段耗水量/mm	68.00	14.00	28.00	123.50	80.50	110.00	405.00
	阶段日耗水量/(mm/d)	2.27	0.13	0.85	4.94	6.19	6.88	3.46
	模系数/%	16.79	3.46	6.91	30.49	19.88	27.16	100
T2	阶段耗水量/mm	41.70	13.00	27.00	104.00	59.00	109.00	353.70
	阶段日耗水量/(mm/d)	1.39	0.12	0.82	4.16	4.54	6.81	3.02
	模系数/%	11.79	3.68	7.63	29.40	16.68	30.82	100
T3	阶段耗水量/mm	51.00	15.00	24.00	87.50	48.50	99.00	325.00
	阶段日耗水量/(mm/d)	1.70	0.13	0.73	3.50	3.73	6.19	2.78
	模系数/%	15.69	4.62	7.38	26.92	14.92	30.46	100

5.3.4 不同灌水处理田间试验冬小麦产量构成

产量是在作物整个生育期结束后进行测定,随机在试验田各处理小区选取3处小麦样本,调查小麦一米双行小麦的株数,并在每处随机选取10株小麦进行室内考种,测量其株高、穗长、穗粒数、千粒重等指标,同时随机5处1m²的小麦取样,脱粒后以备理论产量测定。本小节主要从穗长、穗粒数、千粒重等方面分析不同灌水处理对地下膜调控润灌下冬小麦产量构成要素的影响。

5.3.4.1 不同灌水处理对田间冬小麦穗长、穗粒数的影响

穗长、穗粒数能够反映冬小麦的生长状况,穗长越长穗粒数越多的植株,试验田作物产量相应也越大。灌水量以及土壤含水率灌水下限对穗长、穗粒数影响不同。如

图 5-21、图 5-22 所示为不同灌水处理下的冬小麦穗长、穗粒数，其中 N_H、N_M、N_L、S_H、S_M、S_L 处理的穗长分别为 6.32cm、6.22cm、6.19cm、5.75cm、5.96cm、5.87cm，穗粒数分别为 33 粒、31 粒、30 粒、32 粒、32 粒、30 粒。穗长、穗粒数均随灌水量的增加而增加；灌水下限为 65％田间持水率的 N 处理的穗长、穗粒数均高于灌水下限 55％田间持水率的 S 处理。通过方差分析可得，灌水量及灌水下限的交互作用对于冬小麦穗长、穗粒数有一定的影响，但差异均不显著（$P>0.05$）。

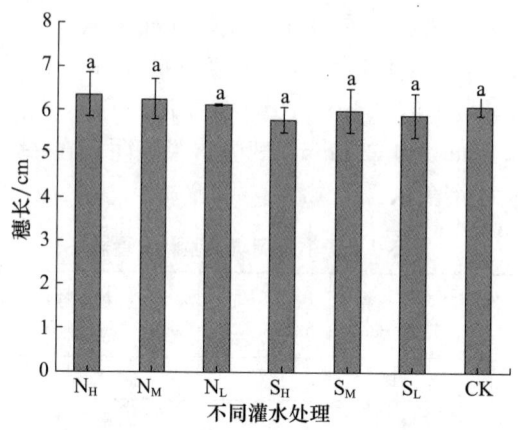

图 5-21 不同灌水处理对田间冬小麦穗长的影响

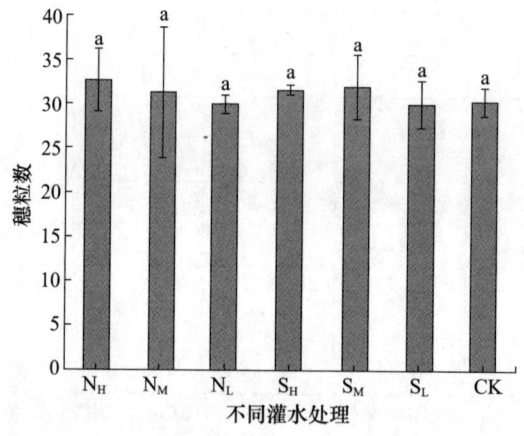

图 5-22 不同灌水处理对田间冬小麦穗粒数的影响

5.3.4.2 不同灌水处理对田间试验冬小麦千粒重的影响

千粒重为产量构成要素之一，代表着冬小麦籽粒的饱满程度，是对冬小麦产量和种子质量的重要检验，不同灌水处理对田间冬小麦千粒重的影响（图 5-23）。从图 5-23 可以看出，当灌水下限为田间持水率的 65％的 N 处理时，N_M 处理千粒重最大为 52.40g，其次是 N_H 处理为 51.26g，N_L 处理最小为 50.23g，千粒重随灌水量的增加先增加后减小。这说明在一定的灌溉定额条件下，冬小麦千粒重随灌水量增加呈持续增加趋势，但灌水量过大对千粒重增加具有一定的抑制作用；当灌水下限为田间持水率的 55％时，冬小麦千粒重随灌水量的增加而增加，S_H 处理千粒重最大，为 50.90g，其次是 S_M 处理为 48.83g，S_L 处理最小，为 48.53g，在一定范围内增加灌水量对千粒重增重具有一定的效果但各灌水处理间并不存在显著差异。

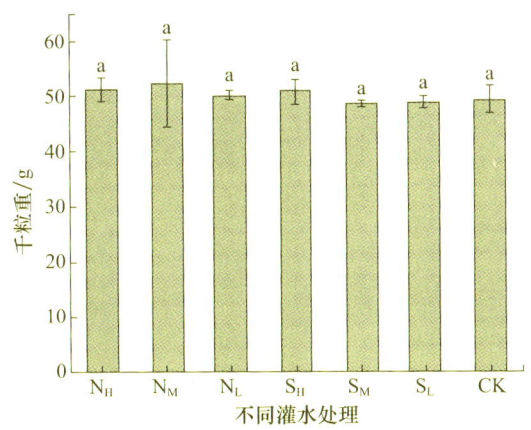

图 5-23 不同灌水处理对田间冬小麦千粒重的影响

5.3.4.3 不同灌水处理对田间试验冬小麦产量的影响

在不同灌水处理下，试验田冬小麦产量是穗长、穗粒数、千粒重共同作用的结果，其大体趋势表现为随灌水量的增加而增加，在一定程度上适当增加灌水量可以促进产量的提高，但是灌水量过大，则会降低水分利用效率，甚至造成减产。灌水下限为 65% 田间持水率的 N 处理，其穗长及穗粒数均随灌水量的增大而增加，即 N_H 处理＞N_M 处理＞N_L 处理；灌水下限为 55% 田间持水率的 S 处理，其穗长随灌水量的增大先增加后减小，即 S_M 处理＞S_H 处理＞S_L 处理，穗粒数随灌水量的增大而增加，但差异性均不大，表明灌水定额对穗长及穗粒数影响较小；不同灌水处理千粒重均随灌水量的增大先增加后减小，表明适宜的灌水定额可以促进干物质向籽粒中分配和转运，从而提高作物千粒重最终获得较高的产量。

当灌水下限设置为田间持水率的 65% 时，高、中、低三个水量处理产量分别为 9582.70kg/hm²、9520.81kg/hm² 和 9101.82kg/hm²，产量随灌水量的增大而增加；当灌水下限设置为田间持水率的 55% 时，高、中、低三个水量处理产量分别为 9423.70kg/hm²、9520.03kg/hm² 和 7841.93kg/hm²，产量随灌水量的增大先增加后减小；地表灌溉处理产量为 9365.68kg/hm²。研究发现，N_L 处理产量比 N_H、N_M 处理分别减少 5.02% 和 4.40%，S_L 处理产量比 S_H、S_M 处理分别减少 16.79% 和 17.63%，灌水量较小的 N_L、S_L 处理产量均与其他处理产生显著性差异。除灌水量较小的 N_L、S_L 处理外，地下膜调控润灌下的 N_H、N_M、S_H、S_M 处理产量均高于对照处理CK，较CK增产 2.32%、1.66%、0.62% 及 1.65%，这主要是由于地下膜调控润灌技术可以充分利用土壤水的水吸力，在调控膜作用下使水分和肥料主要分布在作物主要根系层，在灌溉时减少地表蒸发和深层渗漏，在作物耗水关键期及时适量的补充水分消耗，满足作物良好生长对土壤水分的要求从而促进作物增产。

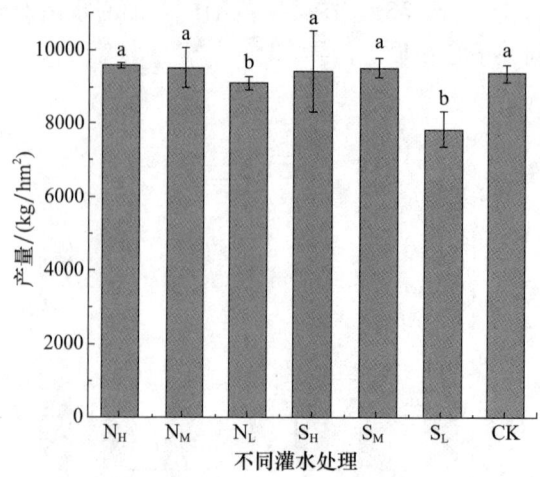

图 5-24 不同灌水处理对田间冬小麦产量的影响

5.3.5 不同灌水处理测坑试验冬小麦产量构成

5.3.5.1 不同灌水处理对测坑试验冬小麦穗长、穗粒数的影响

测坑试验中，T1、T2 和 T3 处理冬小麦穗长分别为 6.57cm、6.10cm 和 6.07cm，T1 处理比 T2 和 T3 处理高出 7.65% 和 8.64%，T1、T2 和 T3 处理冬小麦穗粒数分别为 39 粒、37 粒和 36 粒，T1 处理比 T2 和 T3 处理高出 6.36% 和 7.34%，由此可得，冬小麦穗长、穗粒数均随灌水量的增加而增大。通过方差分析可得，灌水量对于冬小麦穗长、穗粒数有一定的影响，但均没有显著差异（$P>0.05$）。

5.3.5.2 不同灌水处理对测坑试验冬小麦千粒重的影响

不同灌水处理对测坑冬小麦千粒重的影响如图 5-27 所示。从图 5-27 可以看出，T1 处理千粒重最大为 47.18g，其次是 CK 处理为 46.32g，T2 处理为 45.58g，T3 处理最小为 45.33g，通过方差分析可得，T1 与 CK 处理千粒重与 T2、T3 处理具有显著性差异（$P<0.05$）。结果表明，在一定的灌水总量范围内，千粒重随灌水量的增加而增加。

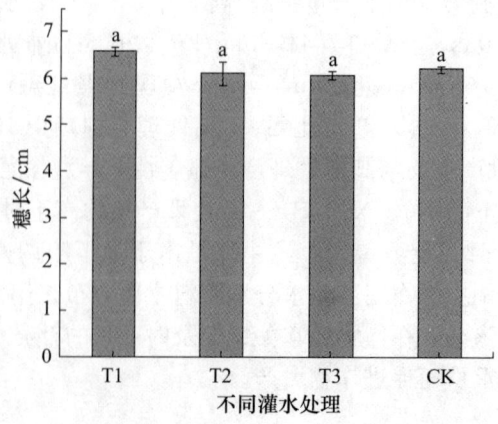

图 5-25 不同灌水处理对测坑冬小麦穗长的影响

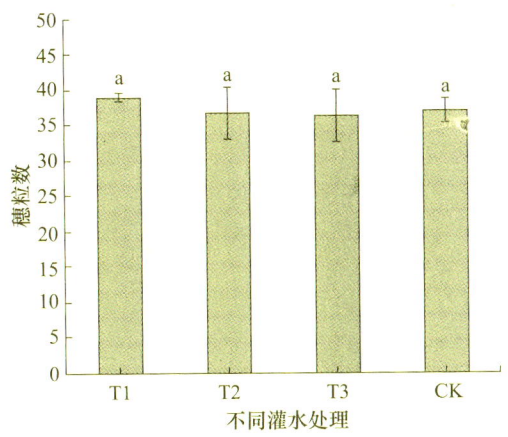

图 5-26 不同灌水处理对测坑冬小麦穗粒数的影响

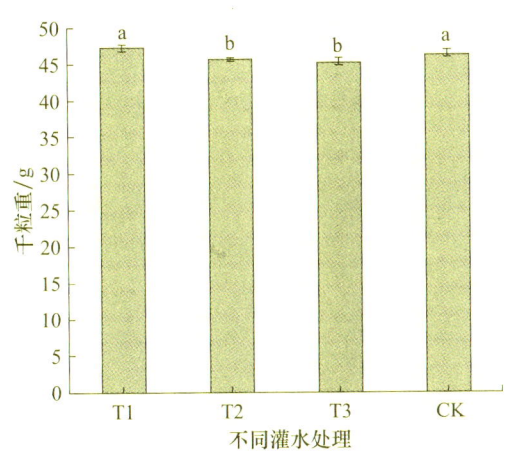

图 5-27 不同灌水处理对测坑冬小麦千粒重的影响

5.3.5.3 不同灌水处理对测坑试验冬小麦产量的影响

小麦收获后对测坑试验冬小麦产量进行分析，T1、T2 及 T3 三个水量处理产量分别为 9137.38kg/hm²、8090.15kg/hm² 和 7291.05kg/hm²，地表灌溉 CK 处理产量为 9057.78kg/hm²，作物产量随着灌水量的增大而增大。通过实际产量增产幅度对比分析，T1 处理较 T2、T3 处理增产 12.94% 和 25.32%，通过方差分析，T1 处理产量与 T2 处理具有显著性差异，与 T3 处理间存在极显著性差异（$P<0.01$），T3 处理产量仅为 7291.05kg/hm²，经分析灌水定额过小将导致冬小麦生长受到严重的水分胁迫，进而影响植株正常生长甚至减产。在相同灌水总量条件下，T1 处理较 CK 处理增产 0.88%，与 CK 处理产量间不具有显著性差异。在一定灌水总量的范围内，各处理穗长与穗粒数不存在显著性差异，T1 处理千粒重与 T2、T3 处理间存在显著性差异，表明在地下膜调控润灌下，适宜的灌水量可以促进干物质向籽粒中分配和转运，从而提高作物千粒重最终获得较高的产量。

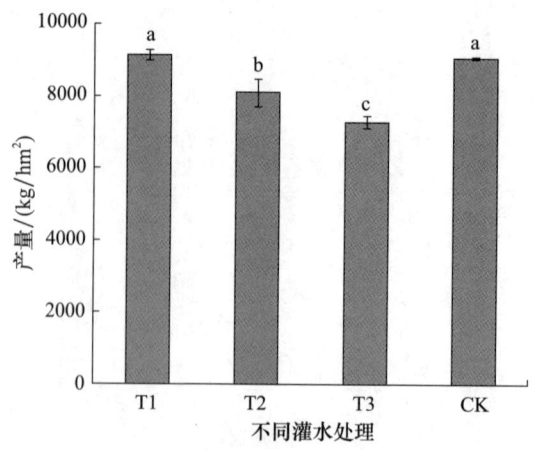

图 5-28　不同灌水处理对测坑冬小麦产量的影响

5.3.6　不同灌水处理对冬小麦水分利用效率的影响

5.3.6.1　不同灌水处理对测坑试验冬小麦水分利用效率的影响

对测坑试验冬小麦耗水量进行分析，T1、T2 及 T3 处理耗水量分别为 405mm、353.7mm 和 325mm，CK 处理耗水量最大为 479.2mm，较 T1、T2 及 T3 处理分别增大 18.32%、35.48% 和 47.45%，在一定灌水总量的范围内，冬小麦耗水量随着灌水量的增加而增大。对测坑试验冬小麦产量进行分析，T1、T2 及 T3 处理产量分别为 9137.38kg/hm²、8090.15kg/hm² 和 7291.05kg/hm²，CK 处理产量为 9057.78kg/hm²，T1 处理产量较 T2、T3 及 CK 处理分别增大 12.94%、25.32% 和 0.88%，在一定灌水总量的范围内，冬小麦产量随着灌水量的增加而增大；对测坑试验冬小麦 WUE 进行分析，T1、T2、T3 处理 WUE 分别为 2.25kg/m³、2.29kg/m³、2.24kg/m³，CK 处理 WUE 最小为 1.90kg/m³，较 T1、T2 及 T3 处理分别减少 15.96%、17.16% 和 15.42%，在一定灌水总量范围内，冬小麦 WUE 随着灌水量的增加先增加后减小（表 5-8）。

表 5-8　测坑试验冬小麦产量及水分利用效率

处理	穗长/cm	穗粒数	千粒重/g	耗水量/mm	产量/(kg/hm²)	水分利用效率/(kg/m³)
T1	6.57a	39a	47.18a	405b	9104.05a	2.25a
T2	6.10a	37a	45.58b	353.7c	8090.15b	2.29a
T3	6.07a	36a	45.33b	325c	7283.20c	2.24a
CK	6.20a	37a	46.32a	479.20a	9057.78a	1.90b

注：每列数据后小写字母不相同表示显著性在 0.05 水平差异性显著，每列数据小写字母相同表示显著性在 0.05 水平差异不显著。

对表 5-8 中数据进行方差分析，结果显示，不同灌溉方式及灌水量处理之间水分利用效率差异显著，各处理穗长、穗粒数不具有显著性差异，耗水量、千粒重和产量间均具有显著性差异（$P<0.05$）。虽然 CK 条件下产量较高，但是耗水量却最大，导致水分

利用效率最小为 1.90kg/m³，T2 处理水分利用效率最高，T1 次之。由此可见，与地表管灌相比，地下膜调控润灌冬小麦产量和水分利用效率均有不同程度的提高，地下膜调控润灌的灌溉方式更有利于实现节水高产的效果。

5.3.6.2 不同灌水处理对田间试验冬小麦水分利用效率的影响

对田间试验冬小麦耗水量进行分析，不同灌水处理耗水量大小为 CK 处理 > N_H 处理 > N_M 处理 > S_H 处理 > N_L 处理 > S_M 处理 > S_L 处理，CK 处理耗水量最大，其值为 555.43mm，S_L 处理耗水量最小，其值为 310.84mm，在一定灌水总量的范围内，冬小麦耗水量随着灌水量的增加而增大。对田间试验冬小麦产量进行分析，不同灌水处理中产量最高的是 N_H 处理，其值为 9582.7kg/hm²，其次是 N_M、S_M 处理产量分别为 9520.81kg/hm²、9520.03kg/hm²，CK 处理产量为 9365.68kg/hm²，除灌水量较小的 N_L、S_L 处理外，地下膜调控润灌下的 N_H、N_M、S_H、S_M 处理产量均高于对照处理 CK，较 CK 增产 2.32%、1.66%、0.62% 及 1.65%，在一定灌水总量的范围内，冬小麦产量大体趋势表现为随着灌水量的增加而增大；对田间试验冬小麦 WUE 进行分析，S_H、S_M 及 S_L 处理 WUE 分别为 2.54kg/m³、2.85kg/m³ 和 2.59kg/m³，N_H、N_M 及 N_L 处理 WUE 分别为 2.33kg/m³、2.55kg/m³ 和 2.55kg/m³，CK 处理 WUE 最小为 1.69kg/m³，较 S_H、S_M、S_L、N_H、N_M 及 N_L 处理分别减少 33.55%、40.77%、34.83%、27.57%、33.81% 和 33.73%。由于灌水下限为 55% 田间持水率的 S 处理，其 WUE 普遍高于灌水下限为 65% 田间持水率的 N 处理，灌溉方式采用地下膜调控润灌，在试验处理范围内，灌水下限为 55% 田间持水率时进行灌水较为适宜。

表 5-9　田间试验冬小麦产量及水分利用效率

处理	穗长/cm	穗粒数	千粒重/g	耗水量/mm	产量/（kg/hm²）	水分利用效率/（kg/m³）
N_H	6.32a	33a	51.26a	410.94a	9582.70a	2.33b
N_M	6.22a	31a	52.40a	373.21b	9520.81a	2.55a
N_L	6.08a	30a	50.23a	356.99c	9101.82b	2.55b
S_H	5.75a	32a	50.90a	370.28a	9423.70a	2.54b
S_M	5.96a	32a	51.65a	333.86b	9520.03a	2.85a
S_L	5.87a	30a	48.84a	301.84c	7841.93b	2.60b
CK	5.99a	30a	48.50a	555.43d	9365.68a	1.69c

注：每列数据后小写字母不相同表示显著性在 0.05 水平差异性显著，每列数据小写字母相同表示显著性在 0.05 水平差异不显著。

在试验设定的灌水量范围内，灌水量最多的 N_H 处理获得了最大的小麦产量，为 9582.70kg/hm²，但与 S_M 处理产量间差异较小，S_M 处理 WUE 最高，其值达到了 2.85kg/m³，综合考虑产量和水分利用效率，地下膜调控润灌下冬小麦较优的灌水处理为 S_M 处理，其灌水定额为 450m³/hm²，冬小麦产量达到 9520.03kg/hm²，该试验结果可为缺水地区小麦种植探究高效可行的灌溉方式提供合理的参考依据。

5.3.6.3 田间试验与测坑试验水分利用效率的对比分析

水分利用效率是用来描述作物生长量与水分利用状况之间关系的指标，作物全生育期的灌溉水量包括作物生育期内的灌溉水量和生育期外的灌溉水量之和，不包括有效降水量。水分利用效率的大小综合反映了包括灌溉、降雨、土壤中储存水量的利用效率。灌溉水分利用效率是作物全生育期灌水量的生产效率，它反映了作物生育期灌溉技术和田间管理的综合水平。田间试验中，ET 并不是单纯的灌溉水量，而是农田作物所消耗的各种来水量包括灌溉水、有效降雨以及地下水的补给量。而测坑试验是在设有自动化伸缩式防雨棚的测坑中进行，可有效隔绝坑内土体与外部土体的水量交换，以消除降水量的影响，所以在测坑试验中 ET 代表单纯地灌溉水量，通过测坑试验求出的水分利用效率可称为灌溉水利用效率。本文将测坑试验求出的灌溉水利用效率与田间试验求出的水分利用效率进行对比，分析评价地下膜调控润灌对水分利用和灌溉水利用的效果。

由表 5-10 可以看出，田间试验的水分利用效率与测坑试验得出的灌溉水分利用效率相比存在一定的差异，通过分析得出要想通过调控土壤水分状况提高作物水分利用效率。一是充分利用降水、减少深层渗漏，对灌溉水进行最优分配，提高灌溉水的田间利用效率；二是在作物光合效率较小的阶段给予一定的水分胁迫，保证作物生长关键期的灌溉水量供给，以提高光合产物向经济产量的转化。利用地下膜调控润灌技术，需充分利用降雨量，在作物生长关键期进行适量灌溉才能显著提高水分利用效率。

表 5-10 田间试验与测坑试验水分利用效率对比

试验类别	处理	耗水量/mm	产量/（kg/hm²）	WUE/（kg/m³）
田间试验	N_H	410.94a	9582.7a	2.33c
	N_M	373.21b	9520.81a	2.55b
	N_L	356.99b	9101.82a	2.55b
	S_H	370.20b	9423.7a	2.54b
	S_M	333.86c	9520.03a	2.85a
	S_L	301.84d	7841.93b	2.60a
测坑试验	T1	405.00a	9137.38a	2.25d
	T2	353.70b	8090.15b	2.29c
	T3	325.00c	7291.05c	2.24d

注：每列数据后小写字母不相同表示显著性在 0.05 水平差异性显著，每列数据小写字母相同表示显著性在 0.05 水平差异不显著。

5.3.7 小结

冬小麦测坑试验结果表明，在一定的灌水总量范围内，冬小麦耗水量、产量均随着灌水量的增加而增大，WUE 随着灌水量的增加先增加后减小。通过实际产量增产幅度对比分析，T1 处理较 T2、T3 处理增产 12.94% 和 25.32%，相同灌水总量的 T1 较 CK 处理增产 0.88%，经方差分析，T1 处理产量与 T2 处理具有显著性差异，与 T3 处理间存在极显著性差异（$P<0.01$）。CK 处理 WUE 最小为 1.90kg/m³，较 T1、T2 及 T3 处理分别减少 15.96%、17.16% 和 15.42%，由此可见，与地表管灌相比，地下膜调控润灌冬小麦产量和水分利用效率均有不同程度的提高，地下膜调控润灌的灌溉方式更有利于实现节水高产的效果。

通过冬小麦田间试验分析可以发现，在一定的灌水总量范围内，增加灌水量对冬小麦穗长、穗粒数、千粒重增加具有一定的效果，但通过方差分析可得，灌水下限、灌水量的交互作用并不存在显著性差异。除灌水量较小的 N_L、S_L 处理外，地下膜调控润灌下的 N_H、N_M、S_H、S_M 处理产量均高于对照处理CK，较CK增产0.62%～2.32%，在一定灌水总量范围内，冬小麦产量大体趋势表现为随着灌水量的增加而增大；对田间试验冬小麦WUE进行分析，灌水下限为55%田间持水率的S处理，其WUE普遍高于灌水下限为65%田间持水率的N处理，灌溉方式采用地下膜调控润灌，在试验处理范围内，灌水下限为55%田间持水率时进行灌水较为适宜。

冬小麦灌水量与产量之间存在边际效益，当达到边际效益时，继续灌水不会被植物吸收，反而更加浪费水资源量。根据冬小麦对水资源最敏感时期的需水量来进行灌水是最科学，也是经济效益最大化的灌水方式。N_H 处理冬小麦产量为 9582.70kg/hm²，S_M 处理冬小麦产量为 9520.03kg/hm²，产量间差异较小，但 N_H 处理水分利用效率最低，为 2.33kg/m³，S_M 处理水分利用效率最高，其值达到了 2.85kg/m³，综合考虑产量和水分利用效率，地下膜调控润灌下冬小麦较优的灌水处理为 S_M 处理，其灌水定额为 450m³/hm²，冬小麦产量达到 9520.03kg/hm²，该试验结果可为缺水地区小麦种植探究高效可行的灌溉方式提供合理的参考依据。

5.4 膜调控润灌下夏玉米生长、产量及水分利用效率研究

5.4.1 不同灌水处理对田间试验夏玉米生长状况的影响

5.4.1.1 不同灌水处理对田间试验夏玉米株高的影响

由图 5-29 可知，在地下膜调控润灌和地表管灌条件下，夏玉米从苗期至抽雄期株高呈快速增长趋势，灌浆期后趋于稳定。各生育期株高随着生育期的推进均表现出先增高后降低的趋势，增长速度表现为先快后慢。由于夏玉米雨热同期降雨充足，不同灌水处理对玉米株高影响差异性在拔节期、抽雄期和灌浆期均不显著。

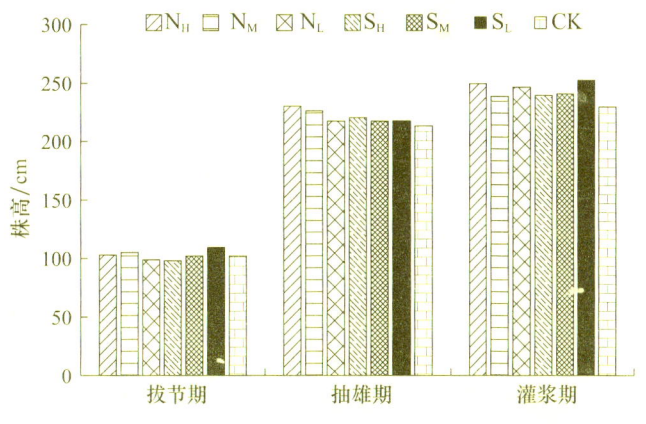

图 5-29 不同灌水处理对田间夏玉米株高的影响

拔节—抽雄期植株快速生长，拔节期地下膜调控润灌条件下玉米株高为102.72cm，地表管灌条件下玉米株高为109.56cm；抽雄期地下膜调控润灌条件下玉米株高为221.44cm，较拔节期增加115.58%，地表管灌条件下玉米株高为213.33cm，较拔节期增加108.74%，与地表管灌相比，地下膜调控润灌下玉米株高增幅更大。生育后期玉米逐渐由营养生长转向生殖生长，各处理小区玉米株高增长速度均有所降低，不同处理增速下降程度不同。灌浆期地下膜润灌玉米株高为243.94cm，较抽雄期增加10.16%，地表管灌玉米株高为229.67cm，较抽雄期增加7.66%，与地表管灌处理相比，地下膜调控润灌玉米增速下降程度较小。整个生育期，不同灌水处理的玉米株高整体表现为N_H处理＞N_M处理＞S_H处理＞N_L处理＞S_L处理＞S_M处理＞CK处理，在拔节期、抽穗期及灌浆期地下膜调控润灌条件下玉米株高较CK分别高出0.51%、3.8%和6.22%。这是由于7—8月正值雨期，地下膜调控润灌技术有助于作物主要根系层吸收利用土壤存储水，满足作物关键生育期需水要求由此得出，从而促进植株生长。

5.4.1.2 不同灌水处理对田间试验夏玉米茎粗的影响

夏玉米全生育期茎粗变化情况如图5-30所示，可以看出在不同灌水处理下，各生育期玉米茎粗生长变化为拔节期至抽雄期茎粗快速增长，至灌浆期增速放缓。整个生育期，不同灌水处理条件下玉米茎粗整体表现为N_H处理＞N_M处理＞N_L处理＞S_M处理＞S_H处理＞S_L处理，同灌水量处理对夏玉米茎粗具有一定的影响但各灌水处理间并不存在显著差异。除灌浆期S_L处理外，其他处理茎粗均高于地表管灌处理，在拔节期、抽穗期及灌浆期平均较CK高9.74%、2.17%和3.33%。

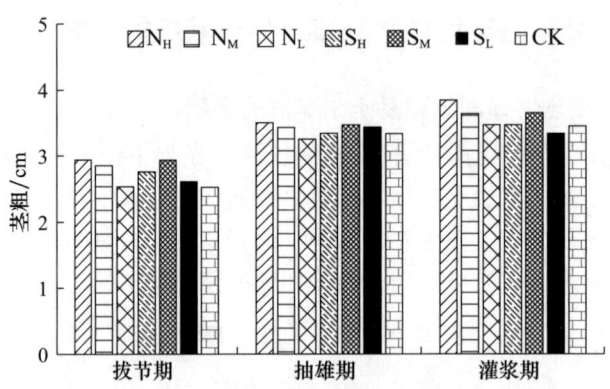

图5-30 不同灌水处理对田间夏玉米茎粗的影响

5.4.1.3 不同灌水处理对田间试验夏玉米叶面积的影响

夏玉米不同灌水处理下各生育期叶面积指数如图5-31所示，可以看出各处理变化表现为植株叶面积随植株的生长发育呈现出先增加后降低的趋势，具体表现为玉米苗期至拔节期，叶面积指数增加迅速，至抽雄期达到全生育期的峰值，灌浆期后随着及叶片的枯萎衰老，叶面积指数逐渐减小。不同处理对玉米叶面积指数的影响主要在玉米拔节至抽雄期的生育前中期，灌水量越大，叶面积指数越大，玉米进入灌浆期后，植株转向营养生长，植株吸收的养分主要用于籽粒的灌浆，由于7—8月正值雨期，灌水处理对叶面积指数影响较小。

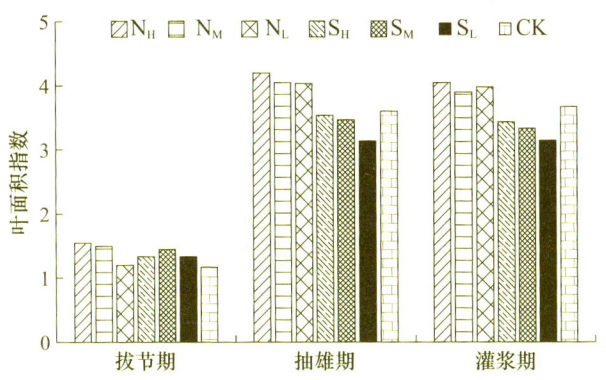

图 5-31 不同灌水处理对田间夏玉米叶面积指数的影响

5.4.2 不同灌水处理对测坑试验夏玉米生长状况的影响

5.4.2.1 不同灌水处理对测坑试验夏玉米株高的影响

如图 5-32 可知,在拔节期之后,随着灌水量的增加,株高与灌水量成正相关关系。在拔节期 T1 处理玉米株高较 T2、T3 及 CK 处理分别高出－0.37%、10.18% 和 1.52%,在抽雄期 T1 较 T2、T3、CK 处理玉米株高分别高出 2.46%、19.81% 和 3.78%,在灌浆期 T1 较 T2、T3、CK 处理玉米株高分别高出 2.97%、14.72% 和 3.90%。地下膜调控润灌条件下冬玉米株高均随灌水量增加而增大,即 T1 处理＞T2 处理＞T3 处理。分析可得,地下膜调控润灌条件下,灌水总量对株高影响显著。地表管灌条件下,灌水总量相同时,T1 相比 CK 处理株高在拔节—灌浆期增大 1.52%～3.90%,增大比例呈现上升趋势,由此得出,与地表管灌相比地下膜调控润灌更有利于作物主要根系层吸收灌溉水从而促进植株生长。

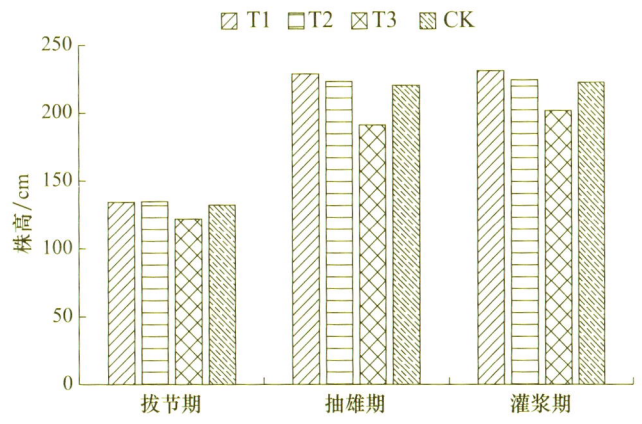

图 5-32 不同灌水处理对测坑夏玉米株高的影响

5.4.2.2 不同灌水处理对测坑试验夏玉米茎粗的影响

测坑试验夏玉米全生育期茎粗变化情况如图 5-33 所示。可以看出,不同灌水处理条件下,各生育期茎粗生长均表现为苗期—抽雄期茎粗持续快速增长,拔节—抽雄期茎粗增长速度开始变缓，灌浆期后茎粗停止增长。在拔节期 T1 处理较 T2、T3 处理玉米茎粗分别高出 6.31% 和 9.60%，在抽雄期 T1 处理较 T2、T3 处理玉米茎粗分别高出 6.31% 和 9.60%，在灌浆期 T1 处理较 T2、T3 处理小麦株高分别高出 4.23% 和 5.11%。夏玉米茎粗随灌水量增加而增大，即 T1 处理＞T2 处理＞T3 处理，分析可得，地下膜调控润灌条件下灌水量对茎粗影响显著。与地表管灌相比，灌水总量相同的 T1 与 CK 处理，在拔节期茎粗差异性不显著，在抽雄—灌浆期 T1 较 CK 处理增大 5.57%～7.00%，且增大比例呈上升趋势，由此得出，地下膜调控润灌更有利于作物主要根系层吸收灌溉水从而促进植株生长。

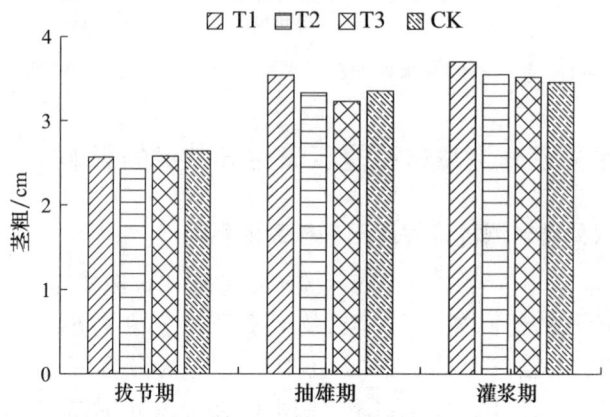

图 5-33　不同灌水处理对测坑夏玉米茎粗的影响

5.4.2.3　不同灌水处理对测坑试验夏玉米叶面积的影响

夏玉米不同灌水处理下各生育期叶面积指数如图 5-34 所示。可以看出叶面积指数变化具体表现为苗期—拔节期叶面积迅速增长，并在抽雄期达到峰值，随着作物植株的生长发育，此后随着植株底部无效分蘖逐渐凋零，叶面积指数逐渐减小。在生长发育初期，不同灌水处理对叶面积指数影响较小；拔节期后各处理叶面积指数与灌水量呈正相关关系。与地表管灌相比，在灌水总量相同时，T1 处理叶面积指数比 CK 处理在拔节期、抽雄期、灌浆期分别增大 3.95%～4.45%、2.50%～3.73% 与 4.99%～5.98%，试验表明，地下膜调控润灌更有利于玉米叶面积的增加，促进玉米的生长发育。

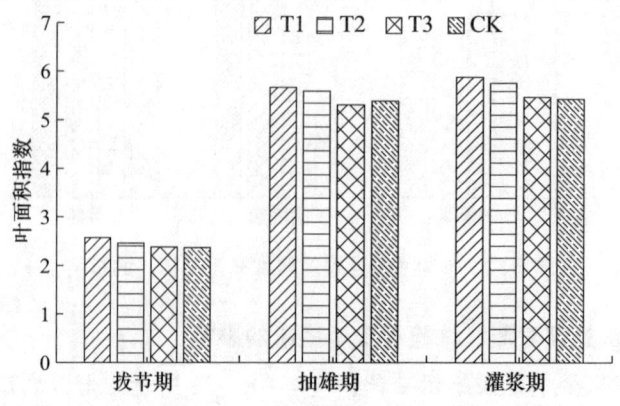

图 5-34　不同灌水处理对测坑夏玉米叶面积指数的影响

在地下膜调控润灌条件下,叶面积指数随着灌水量的增加而增加,即 T1 处理＞T2 处理＞T3 处理,其中 T1 处理叶面积指数最大值为 5.88,T1 处理较 T2、T3 处理在返青期、拔节期、灌浆期分别高出 0.49%～8.06%、1.43%～6.77%、2.21%～7.60%,由此可得,在一定灌水总量范围内,增加灌水量将更有利于增加玉米的叶面积指数,有助于玉米更好地进行光合作用从而增加产量。

5.4.3 膜调控润灌下夏玉米不同生育期耗水规律

5.4.3.1 田间试验夏玉米不同生育期耗水规律

在夏玉米生育期,有效降水量为 401.1mm。利用田间实测土壤水分数据,计算夏玉米各生育期的阶段耗水量、阶段日耗水量及模系数。通过对比可看出夏玉米在苗期-拔节阶段各处理耗水量和模系数均最小,不同灌水处理间该阶段耗水量为 44.50～91.30mm,模系数为 10.92%～21.31%。夏玉米抽雄-灌浆阶段各处理耗水量和模系数值均最大,不同处理间该阶段耗水量变化范围为 106.20～213.68mm,模系数变化范围为 23.81%～47.91%,其中 N_M 处理在该阶段耗水量最大,阶段耗水量值为 213.68mm,模系数也最大,其阶段模系数值为 47.91%。全生育期耗水量大小为 N_L 处理＞N_H 处理＞S_H 处理＞N_M 处理＞S_M 处理＞S_L 处理,总耗水量分别为 465.07mm、462.97mm、445.98mm、424.28mm 和 407.48mm,地下膜调控润灌夏玉米各处理在全生育期内总耗水量与灌水量的大小有一定的关系,总的来讲,其耗水量随灌水量的增大而增大,这是因为地下铺设的调控膜可以有效地抑制地表水分蒸发,灌水量大的处理其耗水量也相应地较大。

试验表明,夏玉米生育期耗水规律为苗期夏玉米根系生长较快,地上部分生长较缓;进入拔节期,正值高温季节,作物的新陈代谢活动最为旺盛,茎秆拔节伸长和植株体积增加都很快,雌雄穗不断分化形成,对外界生态条件的反应也很敏感,需要大量的水分和养分,耗水量逐渐变大;夏玉米抽雄-灌浆期耗水量达到最大值,该阶段为玉米营养生长与生殖生长并进阶段,根茎叶逐渐健全,叶面积达到全生育期最大,地面覆盖增大,生长发育所需要的灌水量也随之增加。而且随着气温的升高,作物的生理需水急剧增加,此阶段如果缺水会引起营养体生长不良,植株体型短小,影响植株的生长发育。随后,在灌浆-成熟期耗水量又逐渐变小,灌浆成熟期是颗粒形成和决定粒重的重要阶段,蒸腾作用仍较强烈,适宜的水分条件,能延长和增强绿叶的光合作用,促进灌浆饱满。若土壤水分过低,会造成果穗早枯和下垂,影响颗粒饱满。地下膜调控润灌夏玉米全生育期耗水量表现为生育前期较少,中期最多,后期又逐渐减少的变化趋势。

表 5-11 夏玉米田间试验耗水量表

处理	起止日期	苗期 6.16—7.13	拔节期 7.14—8.4	抽雄期 8.5—8.26	灌浆-成熟期 8.27—10.7	全生育期
N_H	天数/d	27	21	21	41	110
	阶段耗水量/mm	73.00	63.80	205.57	122.70	465.07
	阶段日耗水量/(mm/d)	2.70	3.04	9.79	2.99	4.23
	模系数/%	15.70	13.72	44.20	26.38	100.00

续表

处理	起止日期	苗期 6.16—7.13	拔节期 7.14—8.4	抽雄期 8.5—8.26	灌浆—成熟期 8.27—10.7	全生育期
	天数/d	27	21	21	41	110
N_M	阶段耗水量/mm	69.60	56.50	213.68	106.20	445.98
	阶段日耗水量/(mm/d)	2.58	2.69	10.18	2.59	4.05
	模系数/%	15.61	12.67	47.91	23.81	100.00
N_L	阶段耗水量/mm	76.80	68.20	154.38	124.90	424.28
	阶段日耗水量/(mm/d)	2.84	3.25	7.35	3.05	3.86
	模系数/%	18.10	16.07	36.39	29.44	100.00
S_H	阶段耗水量/mm	69.60	49.60	197.67	146.10	462.97
	阶段日耗水量/(mm/d)	2.58	2.36	9.41	3.56	4.21
	模系数/%	15.03	10.71	42.70	31.56	100.00
S_M	阶段耗水量/mm	91.30	62.32	165.58	109.20	428.38
	阶段日耗水量/(mm/d)	3.38	2.97	7.88	2.66	3.89
	模系数/%	21.31	14.55	38.65	25.49	100.00
S_L	阶段耗水量/mm	62.30	44.50	173.68	127.00	407.48
	阶段日耗水量/(mm/d)	2.31	2.12	8.27	3.10	3.70
	模系数/%	15.29	10.92	42.62	31.17	100.00

5.4.3.2 测坑试验夏玉米不同生育期耗水规律

在测坑试验中设置了防雨棚,可忽略降雨产生的影响。利用土壤水分传感器以及部分实测土壤水分,计算夏玉米各生育期的阶段耗水量、阶段日耗水量及模系数。夏玉米在苗期-拔节阶段各处理耗水量和模系数均最小,该阶段不同处理间耗水量和模系数变化幅度较小,耗水量为51.57~82.97mm,模系数为9.88%~19.63%。夏玉米在抽雄期耗水量和模系数值均最大,不同灌水处理间该阶段耗水量为151.18~239.97mm,模系数为41.87%~45.98%。在抽雄期耗水强度最大,灌浆-成熟阶段次之,抽雄期日耗水量最大值为11.43mm/d。在拔节期耗水强度最小,该阶段日耗水量最小值2.46mm/d(表5-12)。T1、T2、T3处理全生育期耗水量分别为521.85mm、416.49mm和347.24mm,试验结果表明地下膜调控润灌夏玉米各灌水处理在全生育期内总耗水量随灌水量的增大而增大。

表5-12 夏玉米测坑试验耗水量表

处理	起止日期	苗期 6.16—7.13	拔节期 7.14—8.4	抽雄期 8.5—8.26	灌浆—成熟期 8.27—10.7	全生育期
	天数/d	27	21	21	41	110
T1	阶段耗水量/mm	82.97	51.57	239.97	147.34	521.85
	阶段日耗水量/(mm/d)	3.07	2.46	11.43	3.59	4.74
	模系数/%	15.90	9.88	45.98	28.23	99.99

续表

处理	起止日期	苗期 6.16—7.13	拔节期 7.14—8.4	抽雄期 8.5—8.26	灌浆—成熟期 8.27—10.7	全生育期
	天数/d	27	21	21	41	110
T2	阶段耗水量/mm	81.75	61.34	174.38	99.02	416.49
	阶段日耗水量/(mm/d)	3.03	2.92	8.30	2.42	3.79
	模系数/%	19.63	14.73	41.87	23.77	100.00
T3	阶段耗水量/mm	64.83	52.27	151.18	78.96	347.24
	阶段日耗水量/(mm/d)	2.40	2.49	7.20	1.93	3.16
	模系数/%	18.67	15.05	43.54	22.74	100.00

5.4.4 不同灌水处理田间试验夏玉米产量构成

夏玉米收获时，随机在试验田各处理小区选取 6.66m² 的玉米样本，测定每穗玉米的穗长、穗粗、秃尖长、行数、总粒数、百粒重及穗粒重，采用精度为 0.1cm 的钢直尺测量穗长和秃尖长；采用精度为 0.05mm 的游标卡尺测量穗粗；采用精度为 0.01g 的电子天平称量百粒重及穗粒重，并计算理论产量。本小节主要从穗长、穗粒数、百粒重等方面分析不同灌水处理对夏玉米产量的影响。

5.4.4.1 不同灌水处理对田间试验夏玉米穗长、穗粒数的影响

穗长、穗粒数能够反映冬小麦的生长状况，穗长越长穗粒数越多的植株，试验田作物产量相应也越大。灌水量以及土壤含水率灌水下限对穗长、穗粒数影响不同。如图5-35、图5-36所示为不同灌水处理下的夏玉米穗长、穗粒数，其中 N_H、N_M、N_L、S_H、S_M、S_L 处理的穗长分别为 18.36cm、18.37cm、17.07cm、19.04cm、18.52cm、17.49cm，穗粒数分别为 625 粒、610 粒、570 粒、616 粒、608 粒、591 粒。可以看出，灌水下限为 65%田间持水率的 N 处理的穗长、穗粒数普遍高于灌水下限 55%田间持水率的 S 处理，灌溉方式和灌水量的交互作用对玉米茎粗有一定的影响但均未达到显著性水平。

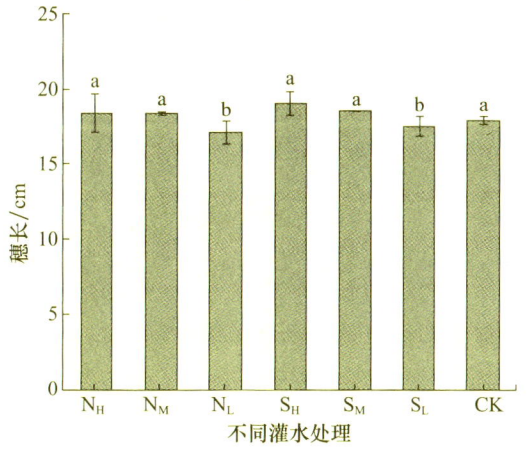

图 5-35　不同灌水处理对田间夏玉米穗长的影响

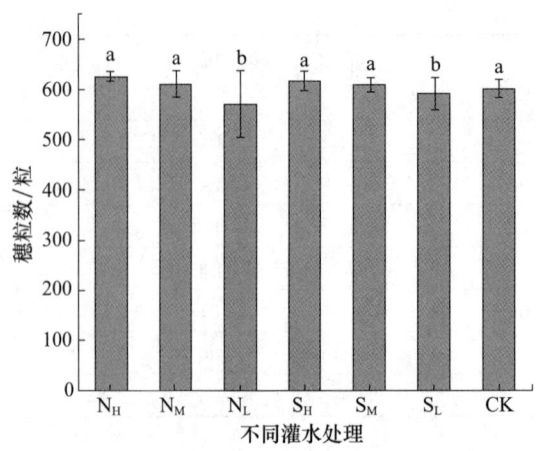

图 5-36　不同灌水处理对田间夏玉米穗粒数的影响

5.4.4.2　不同灌水处理对田间试验夏玉米百粒重的影响

不同灌水处理对田间夏玉米百粒重的影响如图 5-37 所示。从图中可以看出，不同灌水处理的玉米百粒重整体表现为 N_H 处理>S_H 处理>N_M 处理 S_M 处理>N_L 处理>S_L 处理。其中，N_M 处理百粒重最大为 34.80g，其次是 S_H 处理为 33.14g，S_L 处理最小为 29.80g，百粒重与灌水量大小成正比。且研究发现，除 N_L 和 S_L 处理外，地下膜调控润灌条件下其他处理玉米百粒重均高于地表管灌 CK 处理，平均较 CK 高出 3.76%～9.95%。由方差分析可得，灌溉方式和灌水量的交互作用对玉米叶面积有一定的影响但均未达到显著性水平。

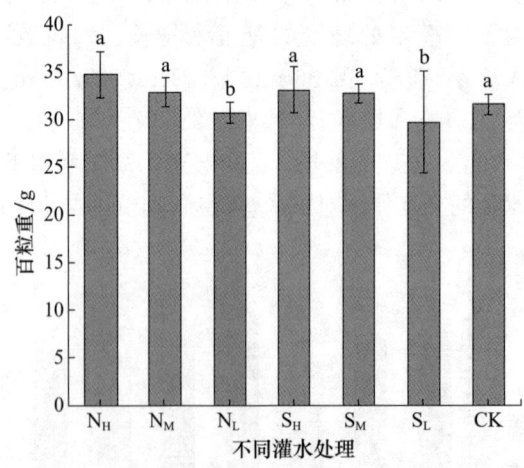

图 5-37　不同灌水处理对田间夏玉米百粒重的影响

5.4.4.3　不同灌水处理对田间试验夏玉米产量的影响

在不同灌水处理下，试验田夏玉米产量是穗长、穗粒数、百粒重共同作用的结果，其大体趋势表现为随灌水量的增加而增加，在一定程度上适当增加灌水量可以促进产量的提高。但是灌水量过大，则会降低水分利用效率，甚至造成减产。灌水下限为 65% 田间持水率的 N 处理，其穗长及穗粒数均随灌水量的增大而增加，即 N_H 处理>N_M 处理>N_L处理;灌水下限为55%田间持水率的S处理,其穗长随灌水量的增大先增加后减小,即S_M处理>S_H处理>S_L处理。穗粒数随灌水量的增大而增加,但差异性均不大,表明灌水定额对穗长及穗粒数影响较小;不同灌水处理百粒重随灌水量的增大而增加,表明适宜的灌水定额可以促进干物质向籽粒中分配和转运,从而提高作物千粒重最终获得较高的产量。

当灌水下限为田间持水率的65%时,高、中、低三个水量处理产量分别为10114.50kg/hm²、10218.50kg/hm²和9762.5kg/hm²,产量随灌水量的增大而增加。当灌水下限设置为田间持水率的55%时,高、中、低三个水量处理产量分别为9170.50kg/hm²、9586.00kg/hm²和8058.50kg/hm²,产量随灌水量的增大先增加后减小,地表灌溉处理产量为9253.00kg/hm²。研究发现,N_L处理产量比N_H、N_M处理分别减少3.48%和4.46%,S_L处理产量比S_H、S_M处理分别减少12.13%和15.93%。灌水量较小灌水量的N_L、S_L处理产量与其他处理产生显著性差异,除N_L、S_L处理外,地下膜调控润灌下的N_H、N_M、S_M处理产量均高于对照处理CK,较CK增产9.31%、9.45%、3.60%及1.65%。与地表管灌相比,地下膜调控润灌技术可以充分利用土壤水的水吸力,在调控膜作用下使水分和肥料主要分布在作物主要根系层,在灌溉时减少地表蒸发和深层渗漏,在作物耗水关键期及时适量的补充水分消耗,满足作物良好生长对土壤水分的要求从而促进作物增产。

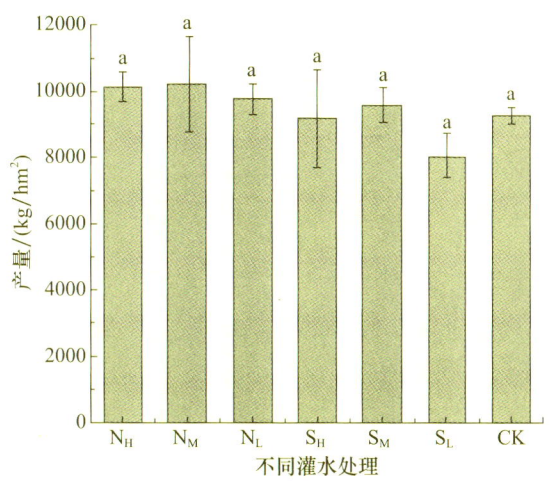

图5-38 不同灌水处理对田间夏玉米产量的影响

5.4.5 不同灌水处理测坑试验夏玉米产量构成

5.4.5.1 不同灌水处理对测坑试验夏玉米穗长、穗粒数的影响

不同灌水处理对测坑夏玉米穗长、穗粒数的影响如图5-39、图5-40所示。测坑试验中T1、T2、T3处理和CK处理夏玉米穗长分别为21.06cm、20.03cm和20.17cm,T1处理比T2、T3及CK处理穗长高出5.28%、4.36%和7.98%;T1、T2、T3处理和CK处理夏玉米穗粒数分别为606、609、618和576粒,通过方差分析可得,各灌水处理夏玉米穗长、穗粒数间均没有显著性差异($P>0.05$)。

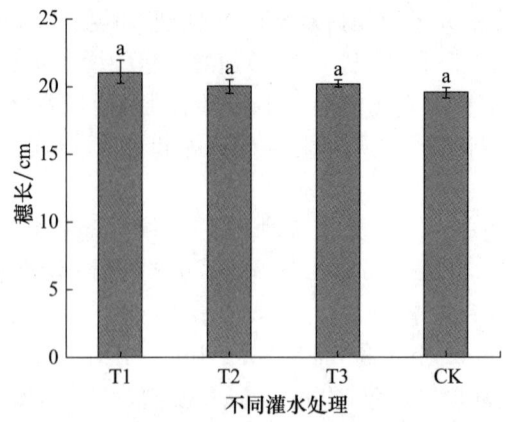

图 5-39 不同灌水处理对测坑夏玉米穗长的影响

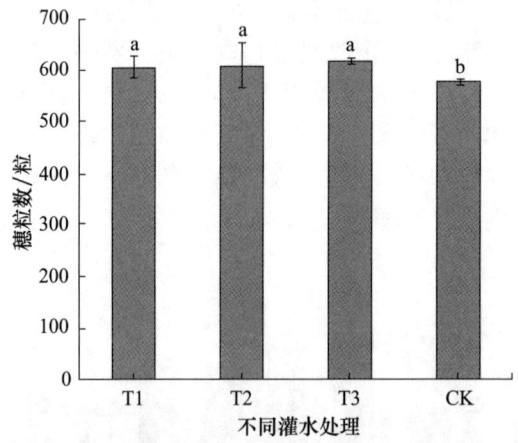

图 5-40 不同灌水处理对测坑夏玉米穗粒数的影响

5.4.5.2 不同灌水处理对测坑试验夏玉米百粒重的影响

不同灌水处理对测坑夏玉米百粒重的影响如图 5-41 所示，当 T1 处理灌水总量为 3900m^3/hm^2 时，百粒重处于最高水平，为 39.27g，当 T3 处理灌水总量为 3300m^3/hm^2 时，百粒重处于最低水平，为 35.85g，CK 处理百粒重为 35.29g，通过方差分析可得，不同灌水处理间不具有显著性差异（$P>0.05$）。

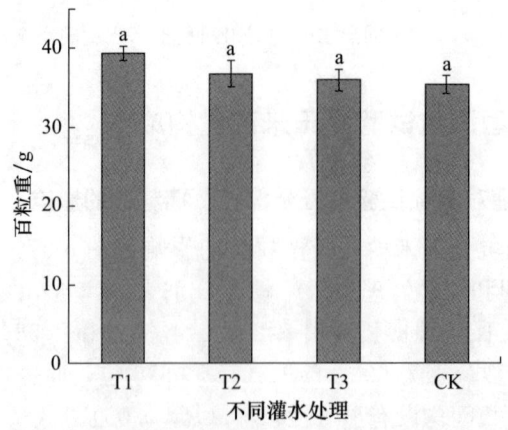

图 5-41 不同灌水处理对测坑夏玉米百粒重的影响

5.4.5.3 不同灌水处理对测坑试验夏玉米产量的影响

玉米收获后对测坑试验夏玉米产量进行分析，T1、T2、T3 水量处理产量分别为 10726.17kg/hm²、10054.50kg/hm² 和 9442.00kg/hm²，地表灌溉处理产量为 10002.5kg/hm²，如图 5-42 所示。通过实际产量增产幅度对比分析，T1 处理较 T2、T3 处理增产 4.60% 和 13.60%，T2 处理较 T3 处理增产 8.61%，作物产量随着灌水量的增大而增大。通过方差分析，T1、T2 处理与 T3 处理产量间存在显著性差异（$P<0.05$）。在相同灌水总量条件下，T1 处理较 CK 处理增产 6.75%，比对照处理灌水总量小的 T2 处理也较 CK 处理增产 2.52%。此外，T3 处理产量仅为 9442.00kg/hm²，经分析灌水定额过小将导致夏玉米生长受到严重的水分胁迫，进而影响植株正常生长甚至减产。试验表明在地下膜调控润灌条件下，适宜的灌水量可以促进夏玉米的生长发育，获得较优的株高和叶面积，更好地进行光合作用，保证试验区夏玉米较高的公顷穗粒数、百粒重，最终达到高产的效果。

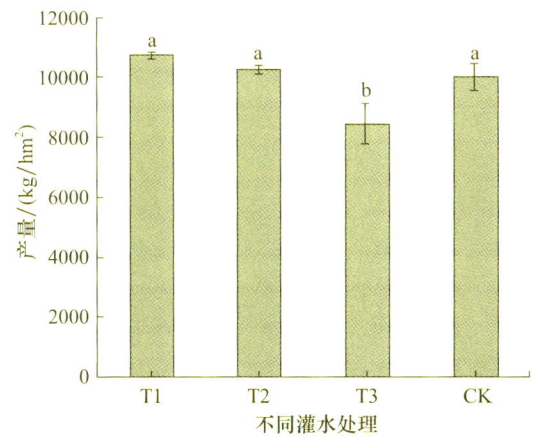

图 5-42 不同灌水处理对测坑夏玉米产量的影响

5.4.6 不同灌水处理对夏玉米水分利用效率的影响

5.4.6.1 不同灌水处理对田间试验夏玉米水分利用效率的影响

田间试验因素为土壤含水率灌水下限及灌水量，设置了 2 个灌水下限，分别为田间持水率的 55% 及 65%，灌水量设置三个水平，分别为 487.5m³/hm²（H）、450m³/hm²（M）、412.5m³/hm²（L）。另设了地表管灌作为对照处理，灌水总量为 525m³/hm²（CK）。对田间试验夏玉米耗水量进行分析，不同灌水处理耗水量大小为 CK 处理＞N_H 处理＞S_H 处理＞N_M 处理＞S_M 处理＞N_L 处理＞S_L 处理。CK 处理耗水量最大，其值为 488.20mm，S_L 处理耗水量最小，其值为 408.47mm，在一定灌水总量范围内，夏玉米耗水量随着灌水量的增加而增大。对田间试验夏玉米产量进行分析发现，不同灌水处理中产量最高的是 N_M 处理，其值为 10218.50kg/hm²，其次是 N_H、N_L 处理产量分别为 9762.50kg/hm² 和 9586.00kg/hm²，CK 处理产量为 9253.03kg/hm²。除灌水量较小的 S_L 处理外，地下膜调控润灌下的其他处理产量均高于对照处理 CK，较 CK 增产 3.60%～

9.45%。在一定灌水总量的范围内，夏玉米产量大体趋势为随灌水量的增加先增大后减小。对田间试验夏玉米 WUE 进行分析，N_L 处理 WUE 最大为 2.32kg/m³，其次是 N_M 和 S_M 处理 WUE 分别为 2.29kg/m³ 和 2.24kg/m³，CK 处理 WUE 最小为 1.90kg/m³，较 N_L、N_M 和 S_M 处理分别减少 18.41%、17.19% 和 15.27%。与 N_H 和 S_H 相比灌水量较小的 N_L、N_M 和 S_M 处理均获得了较高的水分利用效率，且地下膜调控润灌条件下各处理的水分利用效率均高于地表管灌。分析可得，在地下膜调控润灌下适宜的灌水定额可以促进夏玉米的生长发育，获得较优的株高和叶面积，从而能更好地进行光合作用，保证夏玉米较高的公顷穗粒数、百粒重，最终达到高产的效果。

表 5-13　田间试验夏玉米产量及水分利用效率

处理	穗长/cm	穗粒数	百粒重/g	耗水量/mm	产量/（kg/hm²）	水分利用效率/（kg/m³）
N_H	18.36a	625a	34.80a	465.07a	10114.50a	2.17b
N_M	18.37a	610a	32.94a	445.98a	10218.50a	2.29a
N_L	17.07b	570b	30.77b	424.28b	9762.50b	2.32b
S_H	19.03a	616a	33.14a	462.97a	9170.50a	1.98b
S_M	18.52a	608a	32.84a	428.38a	9586.00a	2.24a
S_L	17.49b	590b	29.80b	408.47b	8058.50b	1.98a
CK	17.92a	601a	31.65a	488.20a	9253.03a	1.90c

注：每列数据后小写字母不相同表示显著性在 0.05 水平差异性显著，每列数据有任何相同小写字母表示显著性在 0.05 水平差异不显著。

5.4.6.2　不同灌水处理对测坑试验夏玉米水分利用效率的影响

测坑试验因素为灌水总量，设置 3 个灌水总量水平处理：3900m³/hm²（T1）、3600m³/hm²（T2）、3300m³/hm²（T3），采用正交试验设计，另设了地表管灌作为对照处理，灌水总量为 4200m³/hm²（CK）。对测坑试验夏玉米耗水量进行分析，T1、T2、T3 处理耗水量分别为 478.50mm、416.50mm 和 387.23mm，CK 处理耗水量最大为 503.2mm，较 T2、T3 处理分别增大 20.82% 和 29.95%。在一定灌水总量的范围内，夏玉米耗水量随着灌水量的增加而增大。对测坑试验夏玉米产量进行分析，T1、T2、T3 三个水量处理产量分别为 10726.17kg/hm²、10254.50kg/hm² 和 9442.00kg/hm²，CK 处理产量为 10002.50kg/hm²，T1 处理产量较 T2、T3 及 CK 处理分别增大 6.75%、4.60% 和 13.60%。在一定灌水总量范围内，夏玉米产量随着灌水量的增加而增大。对测坑试验夏玉米 WUE 进行分析，T1、T2、T3 处理 WUE 分别为 2.05kg/m³、2.46kg/m³、2.44kg/m³，CK 处理 WUE 最小为 2.11kg/m³，较 T1、T2 及 T3 处理分别减少 6.61%、14.42% 和 13.16%。在一定灌水总量的范围内，夏玉米 WUE 随着灌水量的增加先增加后减小。

对表 5-14 中数据采用 SPSS 软件进行方差分析，结果显示，不同灌水处理之间水分利用效率差异显著，各处理穗长、穗粒数、百粒重不具有显著性差异，耗水量和产量间均具有显著性差异（$P<0.05$）。虽然 CK 条件下产量较高，但是耗水量大导致其水分利用效率最小，T2 处理水分利用效率最高，T3 次之。分析可得，T1 处理夏玉米产量为 10726.17kg/hm²，T2 处理夏玉米产量为 10254.50kg/hm²，产量间差异较小，但 T1 处

理水分利用效率最低,为 2.05kg/m³,T2 处理水分利用效率最高,达 2.46kg/m³。由此可见,在一定灌水总量的范围内,较小的灌水量可获得较高的水分利用效率。综合考虑产量和水分利用效率,地下膜调控润灌下测坑试验夏玉米较优的灌水处理为 T2 处理,其灌水定额为 450m³/hm²,夏玉米产量达到 10254.50kg/hm²,该试验结果可为缺水地区玉米种植探究高效可行的灌溉方式提供合理的参考依据。

表 5-14 测坑试验夏玉米产量及水分利用效率

处理	穗长/cm	穗粒数	百粒重/g	耗水量/mm	产量/(kg/hm²)	水分利用效率/(kg/m³)
T1	21.06a	606a	39.27a	478.50a	10726.17a	2.05a
T2	20.00a	609a	36.70a	416.50b	10254.50a	2.46a
T3	20.18a	618a	35.85a	387.23b	9442.00b	2.44a
CK	19.50a	576a	35.29a	503.20a	10002.50a	2.11b

注:每列数据后小写字母不相同表示显著性在 0.05 水平差异性显著,每列数据有任何相同小写字母表示显著性在 0.05 水平差异不显著。

5.4.7 小结

夏玉米测坑试验分析指出,在一定灌水总量的范围内,各处理穗长、穗粒数、百粒重不具有显著性差异。夏玉米耗水量、产量随灌水量的增大而增大,WUE 随着灌水量的增加先增加后减小。通过实际产量增产幅度对比分析,T1 处理较 T2、T3 处理增产 4.60%和 13.60%,T2 处理较 T3 处理增产 8.61%,T1、T2 处理与 T3 处理产量间存在显著性差异($P<0.05$)。在相同灌水总量条件下,T1 处理较 CK 处理增产 6.75%,比 CK 处理灌水总量小的 T2 处理也较 CK 处理增产 2.52%。CK 处理 WUE 最小为 2.11kg/m³,较 T1、T2 及 T3 处理分别减少 6.61%、14.42%和 13.16%,T2 处理 WUE 最大为 2.46kg/m³,T3 次之。由此可见,与地表管灌相比,地下膜调控润灌夏玉米产量和水分利用效率均有不同程度的提高,地下膜调控润灌的灌溉方式更有利于实现节水高产的效果。

试验设置的灌水总量为 3300~3900m³/hm²,在此灌溉范围内产量随着灌水量的增加而增加,WUE 随着灌水量的增加先增加后减小。通过方差分析可得灌水量最多的 T1 处理虽获得最大产量,但与中水量 T2 处理的产量并未达到显著性差异水平。由此可见,在调控膜的作用下灌溉水分主要保留在滴灌管埋设深度,较大流量会造成水分大量下渗,试验结果在一定灌水总量的范围内,较小的灌水量可获得较高的水分利用效率。综合考虑产量和水分利用效率,测坑试验中,地下膜调控润灌夏玉米较优的灌水处理为 T2 处理,其灌水定额为 450m³/hm²,夏玉米产量达到了 10254.50kg/hm²,水分利用效率可达到 2.46kg/m³,该试验结果可为夏玉米种植探究高效可行的灌溉方式提供合理的参考依据。

6 地下膜调控润灌下蔬菜耗水规律及灌溉制度

土壤水分状况受多种因素影响,它是气候、植被、地形及土壤因素等自然条件的综合反映(郭美丽等,2018),同时也受灌溉技术的影响。地下膜调控润灌对温室蔬菜的节水效果如何,将该灌溉技术应用于温室蔬菜生产其技术参数如何选取?本章以甘蓝作为典型蔬菜开展试验研究,旨在研究不同调控膜埋深和灌水量对土壤水分空间分布影响,分析对甘蓝生长、产量和水分利用效率的影响,揭示地下膜调控润灌下温室甘蓝生育期耗水规律,提出甘蓝较适宜的灌溉制度(王嘉毅,2024)。

6.1 试验材料与方法

6.1.1 试验地概况

本试验于保定市望都县西外环康庄路西保定市灌溉试验站内进行,试验田为灌溉站内温室大棚试验田。该地区属温带半湿润季风区域,季风特征显著,四季分明,春季干燥多风,夏季炎热多雨,秋季天高气爽,冬季寒冷少雪。

保定市灌溉试验站土壤属通体轻壤质潮褐土。1m土层的平均田间持水率为21%,容重为$1.58g/cm^3$,土壤有机质0.7%,全氮0.05%,速效磷13.67×10^{-6},有效钾77.6×10^{-6},矿化度0.21g/L。试验共两季,夏季试验时间为2022年4月至2022年6月,秋季试验时间为2022年9月至2022年11月。

6.1.2 试验方案设计

试验蔬菜为甘蓝,品种为绿珠。地下膜调控润灌试验调控膜尺寸均为下膜30cm×30cm,上膜20cm×20cm。设三个毛管埋深为20cm(D1)、25cm(D2)和30cm(D3)。两个灌水下限:75%θ_f(W1)和85%θ_f(W2),θ_f为田间持水率。试验采用正交设计,共6个处理。地表滴灌对照组(CK),试验设一个灌水处理:灌水下限为85%θ_f。田间试验各处理施氮量不设差异,均为13kg/亩。2022年3月初,安装灌溉系统,对试验田进行翻耕平整,同时撒施基肥;4月上旬对试验蔬菜进行定植,宽窄行间距分别为55cm和35cm,棵株距35cm。为了保证幼苗存活,定植当天统一灌出苗水30mm,生育期时土壤水分达到灌水下限进行灌水。试验设计见表6-1。

表 6-1 试验设计

处理	埋深/cm	灌水下限	一次灌水量/(m³/亩)	总施肥量/(kg/亩)		
				施氮量	施磷量	施钾量
W1D1	20	75%θ_f	10.5	13	6.7	10
W2D1	20	85%θ_f	6.3	13	6.7	10
W1D2	25	75%θ_f	10.5	13	6.7	10
W2D2	25	85%θ_f	6.3	13	6.7	10
W1D3	30	75%θ_f	10.5	13	6.7	10
W2D3	30	85%θ_f	6.3	13	6.7	10
CK	0	85%θ_f	6.3	13	6.7	10

6.1.3 试验测量指标

6.1.3.1 土壤水分数据收集

采用烘干法测土壤含水率，每隔5d在距离滴头15cm（膜边缘处）选一个点，用土钻每10cm一层取样，测定埋深100cm内的土壤含水率；每生育期末测取距离滴头15cm和30cm处测定埋深100cm内的土壤含水率；灌水前后取距离滴头15cm和30cm处两个点测定埋深100cm内的土壤含水率。取样后，称量鲜土样的质量，并将其放入恒温105℃的烘箱，烘干至恒重，测量烘干后的土壤质量，其计算公式见式（5-3）。

6.1.3.2 作物生长指标测定

本研究测量了甘蓝的株高、茎粗、叶面积、干物质量等生长指标，具体指标的测定方法如下：

（1）株高测定：株高是反映甘蓝生长状况的主要指标之一，植株生长的高低会对作物产量产生直接影响。本试验在每个小区选取3棵有代表性的甘蓝植株，每个生育期末用卷尺（精度为1mm）测定其株高。

（2）茎粗测定：甘蓝的茎粗作为植物形态学调查内容中的重要指标同样反映着植株的生长状况，影响甘蓝的产量。本试验在每小区选取3棵有代表性的甘蓝植株，每个生育期末用游标卡尺（精度为0.02mm）测定其距地面5cm处的茎粗。

（3）叶面积测定：植株叶片是植株进行光合作用、制造养料、进行气体交换和蒸腾作用的重要器官，叶片的大小关系到作物的生长发育和植株干物质的积累，最终影响作物产量。叶面积指数的大小代表了作物接受光照面积的大小，体现了作物进行光合作用的能力。本试验在每小区选取3棵有代表性的甘蓝植株，每个生育期末用卷尺（精度为1mm）测定其叶面积。

（4）干物质测定：干物质是作物进行光合作用的产物，作物干物质积累量代表了作物生长发育情况，测定时将地上部分的叶子和果实擦净，称鲜重；然后放入烘箱105℃杀青30min后改为75℃烘干后称干重。

（5）产量：甘蓝生长参数的测定包括对作物产量的测定，产量在作物整个生育期结束后测定。随机在试验田每个处理选取长势均匀的30颗甘蓝，用电子秤（精度为5g）

测定产量，计算每亩甘蓝的理论产量。

6.1.3.3 作物耗水量计算

依据水量平衡法计算作物耗水量，计算公式见式（5-2）。其中棚室内降雨量 P_0=0mm。

6.1.3.4 叶面积指数计算方法

在甘蓝幼苗期、莲座期、结球初期、结球末期，每个小区选取3株甘蓝，用精度为1mm的直尺测量各株甘蓝所有新鲜叶片的长度和宽度，用叶面积拟合公式，叶面积=叶长×叶宽×0.681，各叶片面积和为单株叶面积。叶面积指数LAI，计算公式为

$$LAI = \frac{n \times A}{10^8} \tag{6-1}$$

式中，n 为每 $1hm^2$ 里甘蓝株数；A 为甘蓝单株叶面积。

6.1.3.5 水分利用效率计算方法

作物水分利用效率WUE，计算公式为

$$WUE = \frac{Y}{ET} \tag{6-2}$$

灌溉水利用效率IWUE，计算公式为

$$IWUE = \frac{Y}{I} \tag{6-3}$$

式中，WUE 为作物水分利用效率，kg/（hm^2·mm）；IWUE 为灌溉水利用效率，%；Y 为甘蓝产量，kg/hm^2；ET 为甘蓝整个生育期的耗水总量，mm；I 为灌溉总水量，mm。

6.1.4 数据处理方法

采用数据分析软件整理试验数据，采用SPSS 26对数据进行方差分析，采用制图软件作图。

6.2 膜调控润灌下甘蓝生育期土壤水分空间分布

土壤水分状况受多种因素影响，它是气候、植被、地形及土壤因素等自然条件的综合反映。确定灌溉时的技术参数，需要研究灌溉后土壤含水率的空间分布规律，根据土壤水分的空间分布规律，选取适合作物生长的灌水量，使主要湿润层在作物根系附近，保证土壤中的水分可以被作物根系充分吸收。本章主要研究不同调控膜埋深和灌水量对土壤水分空间分布影响，其内容主要包括：在垂直方向上分析0～100cm土层灌溉前后土壤含水率的变化情况及灌溉后各土层储水量占总灌水量的比例；水平方向上分析距离滴头15cm、30cm处灌后的土壤含水率变化；分析整个生育期0～50cm各土层土壤水分分布规律。

6.2.1 甘蓝生育阶段划分

甘蓝有四个生育阶段：幼苗期、莲座期、结球初期、结球末期。各生育期时间见表6-2。夏季试验W1处理莲座期共灌水两次，结球初期灌水一次；W2处理、CK处理

莲座期共灌水三次，结球初期灌水一次。秋季试验 W1 莲座期灌水两次，结球初期灌水一次；W2 莲座期灌水两次，结球初期灌水两次。

表 6-2 甘蓝生育阶段划分

	生育期	时间	历时
夏季	幼苗期	2022 年 4 月 8 日至 2022 年 4 月 25 日	18d
	莲座期	2022 年 4 月 26 日至 2022 年 5 月 18 日	23d
	结球初期	2022 年 5 月 19 日至 2022 年 6 月 3 日	16d
	结球末期	2022 年 6 月 4 日至 2022 年 6 月 15 日	12d
秋季	幼苗期	2022 年 9 月 8 日至 2022 年 9 月 29 日	21d
	莲座期	2022 年 9 月 30 日至 2022 年 10 月 18 日	19d
	结球初期	2022 年 10 月 19 日至 2022 年 11 月 5 日	16d
	结球末期	2022 年 11 月 6 日至 2022 年 11 月 18 日	12d

6.2.2 不同处理甘蓝生育期内各土层含水率分布

图 6-1 和图 6-2 为夏秋两季甘蓝生育期内不同土层的土壤含水率分布。可以看出甘蓝整个生育期随着土层深度的增加，不同处理土壤含水率的变化有很大的差别，其中 0～40cm 土层的土壤含水率的变化最为明显，40～50cm 土层的土壤含水率变化不明显。在甘蓝幼苗期时，0～20cm 土层的土壤含水率变化幅度较大，且各处理土壤含水率之间的差异不明显，而 20～50cm 土层的含水率无明显变化。这是因为甘蓝前期根系较小，主要吸收的是 0～20cm 表层土的土壤水分。甘蓝进入莲座期，20～30cm 土层的土壤含水率开始出现较大幅度的下降，这是由于甘蓝根系逐步增长，开始吸收深层土的土壤水分。在莲座中后期和结球前期 0～30cm 土层的土壤含水率均出现大幅度的下降，且下降速率大于莲座初期和幼苗期。进入结球期后 CK 处理的土壤含水率开始低于 W2 处理的土壤含水率。整个生育期内莲座期和结球初期土壤含水率下降速率明显大于幼苗期和结球末期，可以看出莲座期和结球初期是甘蓝需水量最大的阶段，该时段为甘蓝产量形成的关键阶段。结球后期土壤含水率下降速率较前两个时期有所下降，甘蓝进入最后的缓慢生长阶段，甘蓝球体逐渐变紧实。

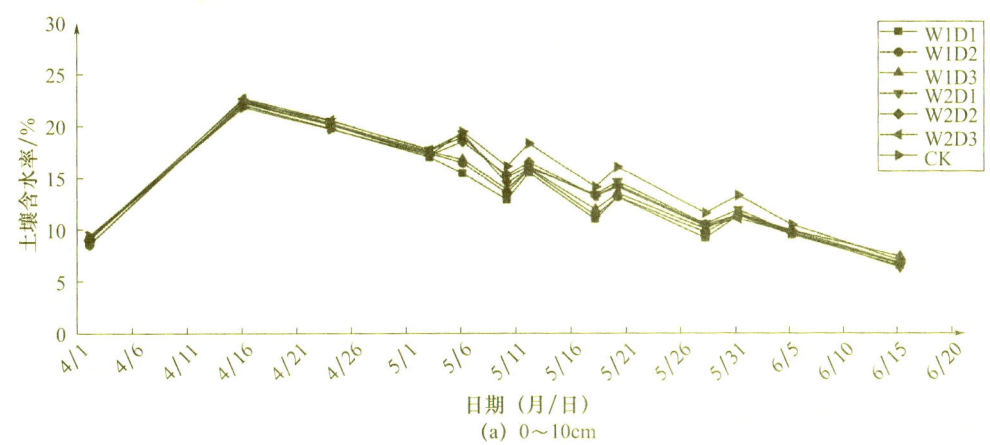

(a) 0～10cm

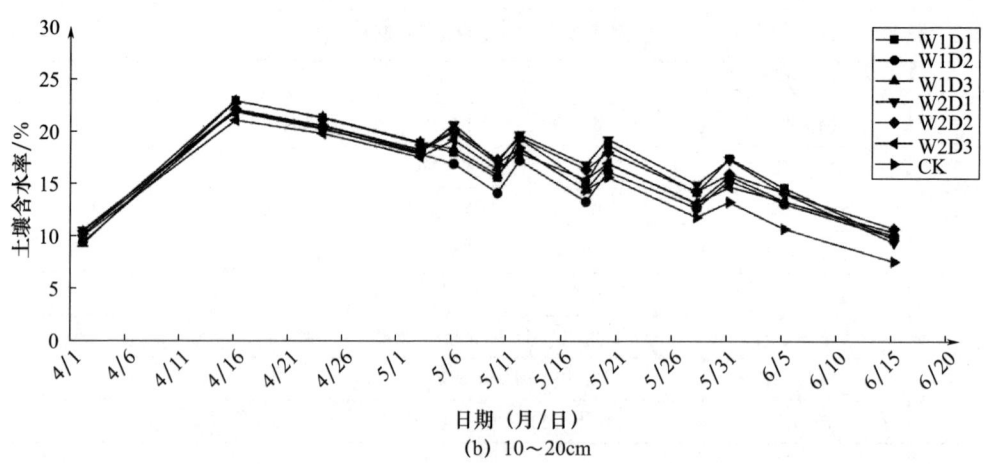

(b) 10～20cm

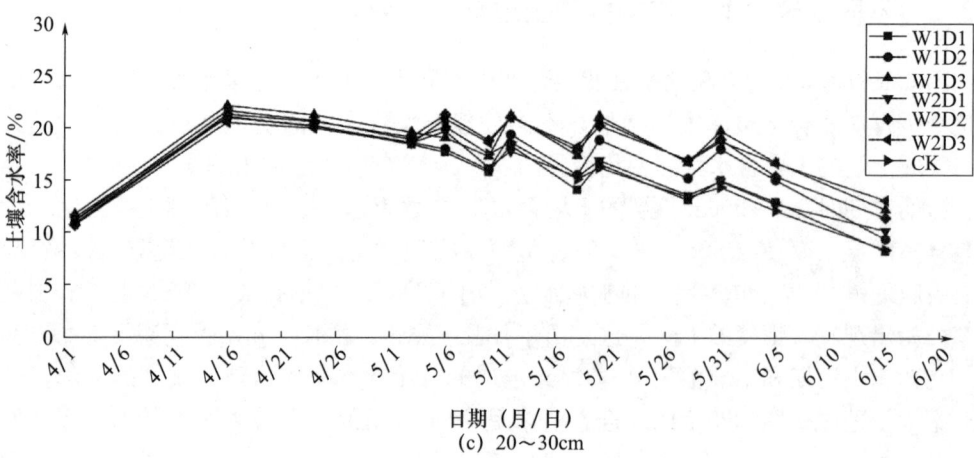

(c) 20～30cm

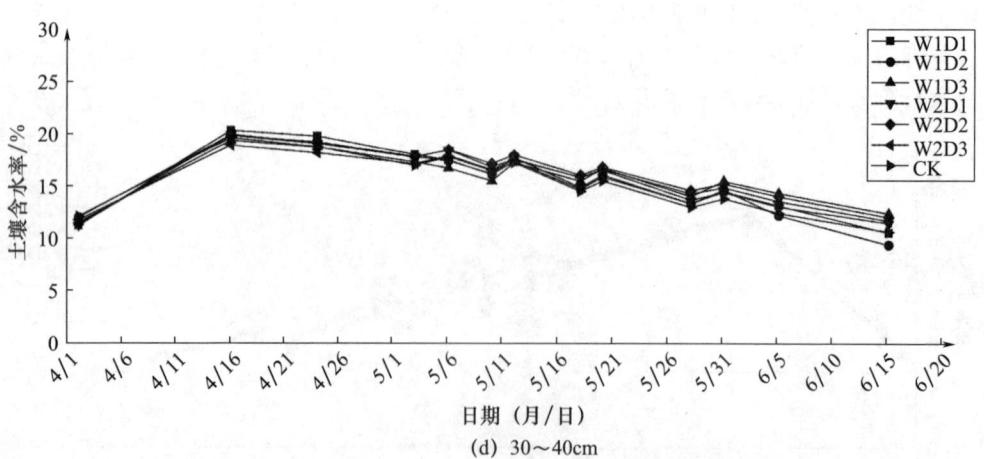

(d) 30～40cm

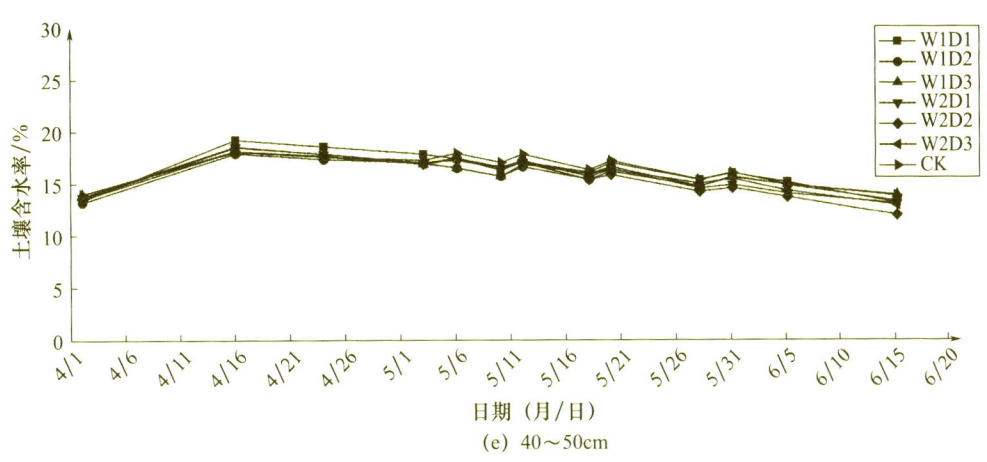

(e) 40～50cm

图 6-1 夏季试验不同处理甘蓝生育期内各土层含水率分布

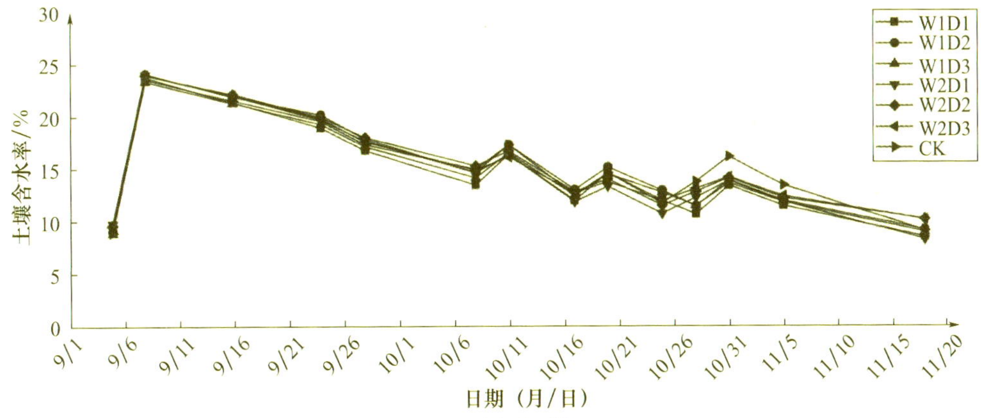

(a) 0～10cm

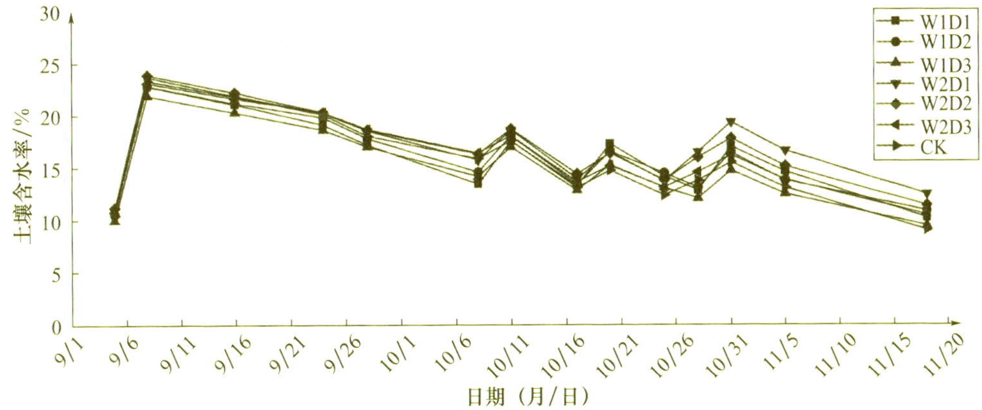

(b) 10～20cm

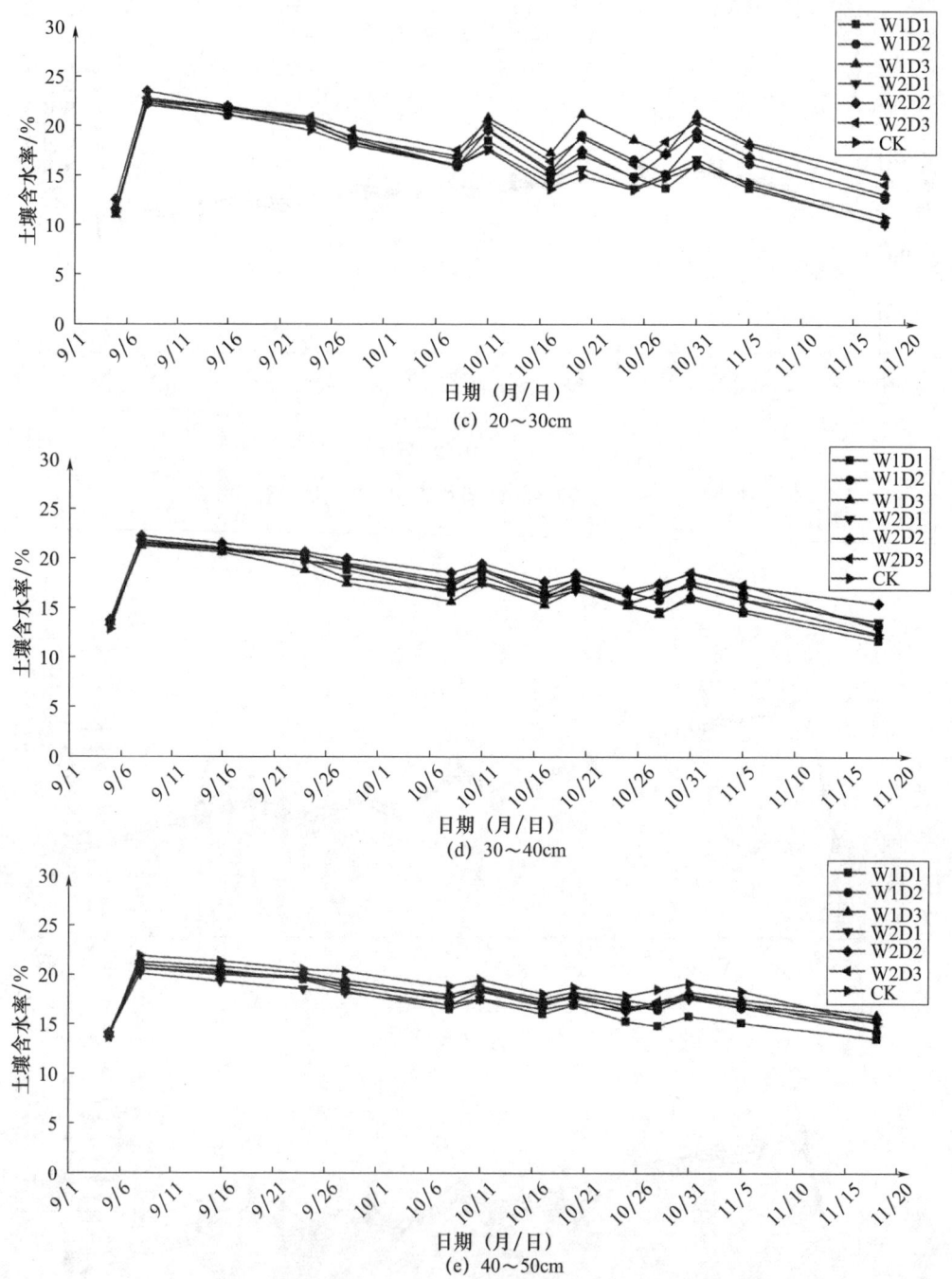

图 6-2　秋季试验不同处理甘蓝生育期内各土层含水率分布

进入莲座期后膜调控润灌几个处理 10～30cm 土层的土壤含水率大于 0～10cm 的土壤含水率，这是由于表层土壤的水分被作物生长发育吸收，同时膜调控润灌后土壤水分主要分布在调控膜以上 10～30cm，使 10～30cm 土层的土壤含水率在被作物吸收利用后得到补充。

由图中可以看出膜调控润灌和地表滴灌后土壤含水率主要在 0～40cm 土层涨幅较

为明显。地表滴灌 CK 随着土层深度的增加，灌后土壤含水率的涨幅逐渐减小，可以看出地表滴灌主要增加了表层土（0~10cm）的土壤水分。膜调控润灌几个处理随着土层深度的增加，灌后土壤含水率的涨幅先增大后减小，膜调控润灌主要增加了 10~30cm 土层的土壤水分。

6.2.3 不同处理灌水前后土壤含水率对比分析

6.2.3.1 夏季试验甘蓝莲座期灌水前后土壤含水率对比

甘蓝由幼苗期进入莲座期开始长出八片真叶并逐步包心，莲座期需水量变大，土壤含水率逐步下降，W2D1、W2D2、W2D3、CK 四个处理土壤含水率达到灌水下限，开始进行第一次灌水。

莲座期灌水后 0~100cm 的土层中，7 个不同处理下灌后的土壤含水率均随着土层深度的增加呈现出先增大后减小的趋势。膜调控润灌不同处理的土壤含水率均表现出由土层表面到调控膜埋深处随着土层深度的增加而逐渐增大，调控膜埋深到 100cm 土层随着土层深度的增加逐渐变小的趋势。各处理的土壤含水率均在调控膜埋深处取到最大值。

莲座期灌水时由于大棚内温度较高，地表蒸发大，甘蓝蒸散发强度增大。灌前 10~20cm 土层平均土壤含水率 W2D2＞W2D3＞CK＞W2D1＞W1D3＞W1D1＞W1D2，即灌水量为 W1 下的 3 个处理在前期耗水量较大，土壤含水率相对较低，甘蓝生长发育较快。因此在莲座期 W1 下的 3 个处理的甘蓝长势较好，而 W2 下的 3 个处理和 CK 处理的甘蓝长势较差。

由图 6-3 可知，膜调控润灌 6 个处理灌前灌后土壤含水率差值在调控膜以上各土层较大，调控膜以下各土层的土壤含水率差值较小，70~100cm 的土层土壤含水率基本没有发生变化，各处理灌前灌后的土壤含水率差值均是在调控膜埋深处最大。膜调控润灌 W1D1、W1D2、W1D3、W2D1、W2D2、W2D3 6 个处理 0~70cm 土层土壤含水率灌后分别增加了 1.05%~2.62%、1.57%~3.81%、1.55%~3.92%、0.74%~1.26%、0.52%~1.15%、0.27%~0.86%、0.16%~0.42%。可以看出膜调控润灌主要调节地面以下 0~50cm 土层的土壤含水率。地下滴灌 CK 处理地表以下 0~70cm 含水率灌后分别增加了 2.20%、1.50%、1.12%、0.78%、0.78%、0.31%、0.39%，地表滴灌主要调节地表以下 0~60cm 土层的土壤含水率。

膜调控润灌各处理灌前灌后 0~100cm 土层的土壤含水率的差值随着土层深度的增加呈现出先增大后减小的趋势；地表滴灌 CK 处理灌前灌后土壤含水率差值在 0~20cm 土层处最大，灌前灌后土壤含水率的差值随着土层深度的增加呈现出逐渐减小的趋势。

当灌水量一致时，在 0~10cm 的土层中，CK 处理灌前灌后土壤含水率差值比 W2D1、W2D2、W2D3 多 43.79%~108.73%；10~30cm 土层中 W2D1、W2D2、W2D3 处理灌前灌后土壤含水率差值比 CK 多 52.06%~61.20%。灌水量相同时，地表滴灌灌后土壤含水率涨幅在 0~10cm 土层大于膜调控润灌，而膜调控润灌灌后土壤含水率涨幅在 10~30cm 土层比地表滴灌大。即地表滴灌主要提高地表以下 0~10cm 土

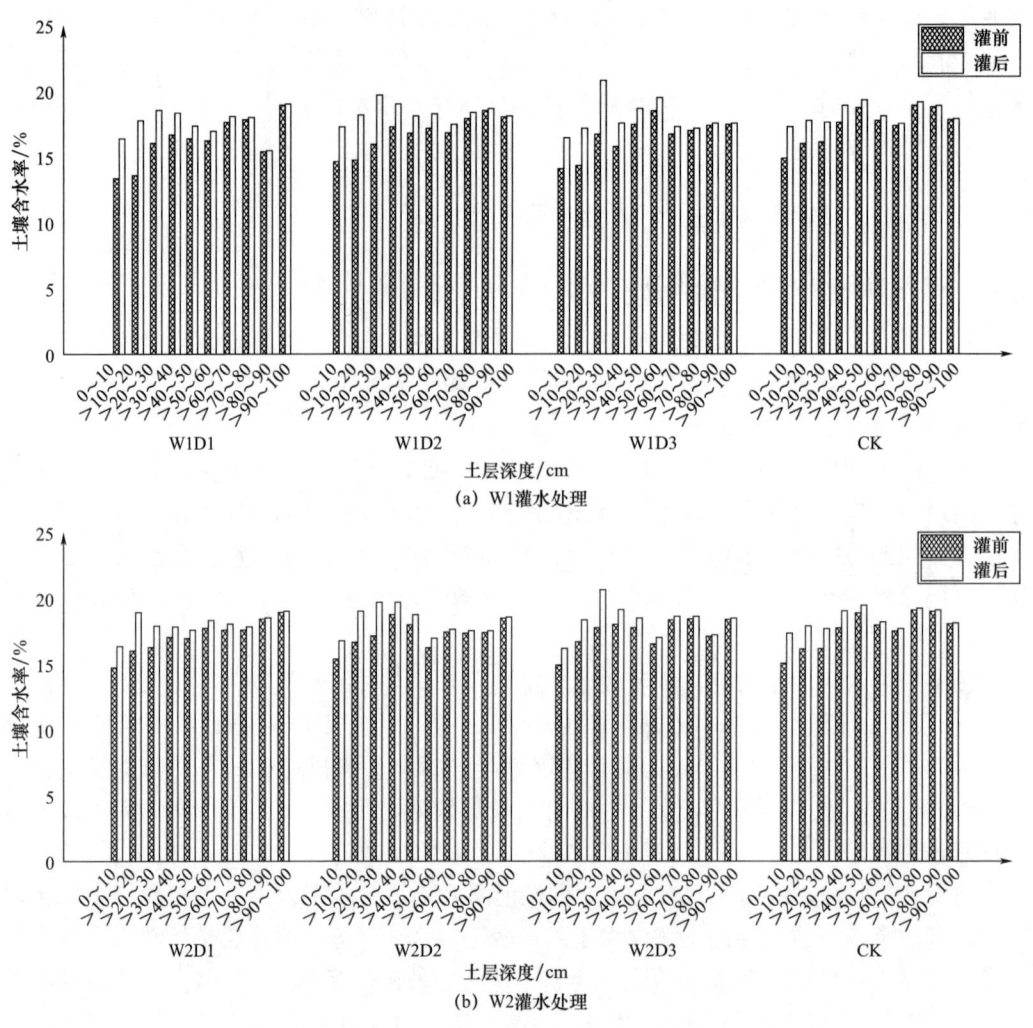

图 6-3 甘蓝莲座期灌水前后 0～100cm 土壤含水量垂直分布

的土壤含水率,而膜调控润灌提高的是 10～30cm 土层的土壤含水率,膜调控润灌相比地表滴灌可以减小地表的棵间无效蒸发量。

在 0～20cm 的土层中 W1D1 灌前灌后土壤含水率差值比 W1D2、W1D3 多 17.55%～40.70%,W2D1 灌前灌后土壤含水率差值比 W2D2、W2D3 多 25.69%～60.20%,即相同灌水量下调控膜埋深越浅,灌后土壤表层含水率涨幅越大。W1D1、W2D1 处理灌后土壤含水率在 10～20cm 的土层达到最大,W1D2、W2D2 处理灌后土壤含水率在 20～30cm 的土层达到最大,W1D3、W2D3 处理灌后土壤含水率在埋深为 20～30cm 的土层达到最大,CK 处理灌后土壤含水率在 0～10cm 的土层达到最大,可以看出调控膜起到了调节田间土壤水分垂直分布的作用。膜下滴灌在垂直方向上土壤含水率的增幅是中部＞上部＞下部,地下膜调控润灌与膜下滴灌不同,垂直方向上土壤含水率增幅为上部＞中部＞下部。这是因为调控膜的布设有效阻止了土壤水分的下渗,使土壤水分保留在土层上部。

6.2.3.2 夏季试验甘蓝结球期灌水前后土壤含水率对比

结球期灌前土壤含水率相比莲座期有较大幅度的下降。这是因为甘蓝经历了莲座期开始逐步结球，植株经过光合作用积累有机物，水分和养分主要用于甘蓝结球，耗水量增大。

由图 6-4 可知，灌前 10～30cm 平均土壤含水率 W2D2＞W2D3＞W1D3＞W2D1＞W1D2＞W1D1＞CK，W1D1、W1D2 处理在前期耗水量较大，土壤含水率相对较低，甘蓝生长发育较快。在结球期 W1 下的 3 个处理的甘蓝长势比 W2 下的 3 个处理和 CK 处理的甘蓝长势好。

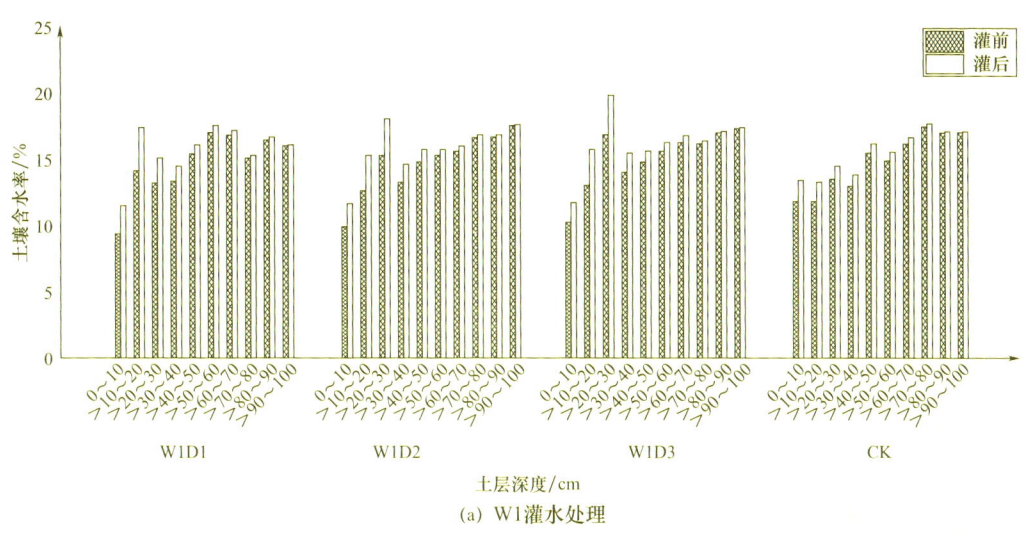

(a) W1灌水处理

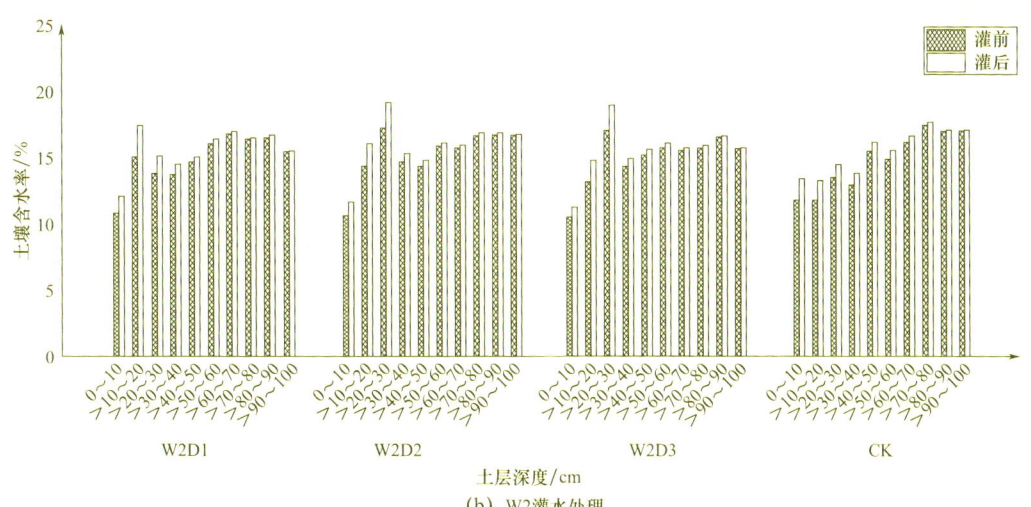

(b) W2灌水处理

图 6-4　甘蓝结球期灌水前后 0～100cm 土壤含水量垂直分布

膜调控润灌 W1D1、W1D2、W1D3、W2D1、W2D2、W2D3 6 个处理 0～70cm 土层土壤含水率灌后分别增加了 0.72%～2.15%、1.54%～3.28%、1.33%～3.00%、0.57%～1.45%、0.35%～0.95%、0.25%～0.60%、0.16%～0.56%。膜调控润灌各处理灌前灌后 0～70cm 土层处的土壤含水率的差值随着土层深度的增加呈现出先增大

后减小的趋势，可以看出结球期灌前灌后土壤含水率的差值比莲座期减小，这可能是因为结球期大棚内温度较高，甘蓝吸收水分变多，灌后土壤含水率增幅减小；地表滴灌CK处理灌前灌后土壤含水率差值在0～20cm处最大，土壤含水率的差值随着土层深度的增加呈现出逐渐减小的趋势。

当灌水量相同时，在0～10cm的土层中，CK处理灌前灌后土壤含水率差值比W2D1、W2D2、W2D3多26.50%～132.38%；埋深为10～30cm土层中W2D1、W2D2、W2D3处理灌前灌后土壤含水率差值比CK多42.62%～54.72%。灌水量相同时，地表滴灌灌后土壤含水率涨幅在0～10cm土层要大于膜调控润灌，而膜调控润灌灌后土壤含水率涨幅在10～30cm土层比地表滴灌大。在0～20cm埋深的土层中W1D1灌前灌后土壤含水率的差值比W1D2、W1D3多24.83%～31.80%，W2D1灌前灌后土壤含水率的差值比W2D2、W2D3多40.75%～64.75%，即相同灌水量下调控膜埋深越浅，土壤表层含水率涨幅越大。

6.2.3.3 秋季试验甘蓝莲座期灌水前后土壤含水率对比

由于秋季大棚平均温度低于夏季平均温度，水分蒸发小，含水率降低比较缓慢，莲座期所有处理达到灌水下限灌水一次。可以看出灌前0～30cm的土层平均含水率比30～100cm土层的平均含水率低，是由于甘蓝前期经过生长发育消耗了浅层土壤的水分。所有处理灌前灌后不同土层的土壤含水率差值随着土层深度的增加呈现出先增大后减小的趋势，在调控膜埋深处含水率差值达到最大。土壤含水率也呈现出随着土层深度增加而先增加后减小的趋势。W1D1、W1D2、W1D3处理灌前灌后0～100cm土层含水率涨幅比W2D1、W2D2、W2D3处理显著。

莲座期灌前10～30cm平均土壤含水率W2D3＞W2D2＞CK＞W2D1＞W1D3＞W1D2＞W1D1，和夏季试验同样是灌水量为W1下的3个处理在前期耗水量较大，土壤含水率相对较低，甘蓝生长发育较快。因此在莲座期W1下的3个处理的甘蓝长势较好，而W2下的3个处理和CK处理的甘蓝长势较差。

膜调控润灌W1D1、W1D2、W1D3、W2D1、W2D2、W2D3 6个处理0～70cm土层土壤含水率灌后分别增加了1.25%～2.95%、1.65%～4.10%、1.61%～4.19%、0.80%～1.81%、0.61%～1.39%、0.50%～1.09%、0.22%～0.70%。可以看出秋季莲座期灌后0～100cm土壤含水率增加量相比于夏季莲座期要大，这是由于秋季试验莲座期大棚温度相比夏季试验莲座期低，甘蓝光合速率相对缓慢，水分消耗速率低，灌后土壤含水率增加量大。

当灌水量一致时，在0～10cm的土层中，CK处理灌前灌后土壤含水率差值比W2D1、W2D2、W2D3多36.17%～88.23%；10～30cm土层中W2D1、W2D2、W2D3处理灌前灌后土壤含水率差值比CK多38.65%～53.79%。当灌水量相同时，地表滴灌0～10cm土层的土壤含水率涨幅比膜调控润灌大。而膜调控润灌在10～20cm土层的土壤含水率涨幅要比地表滴灌大。膜调控润灌可以更好的将水分储存在作物根系层附近，地表滴灌水分更多储存在地表附近。在0～20cm土层中W1D1土壤含水率涨幅比W1D2、W1D3多15.65%～35.54%，W2D1土壤含水率涨幅比W2D2、W2D3多5.76%～25.03%。当灌水量相同时调控膜埋深越浅，土壤表层含水率涨幅越大。

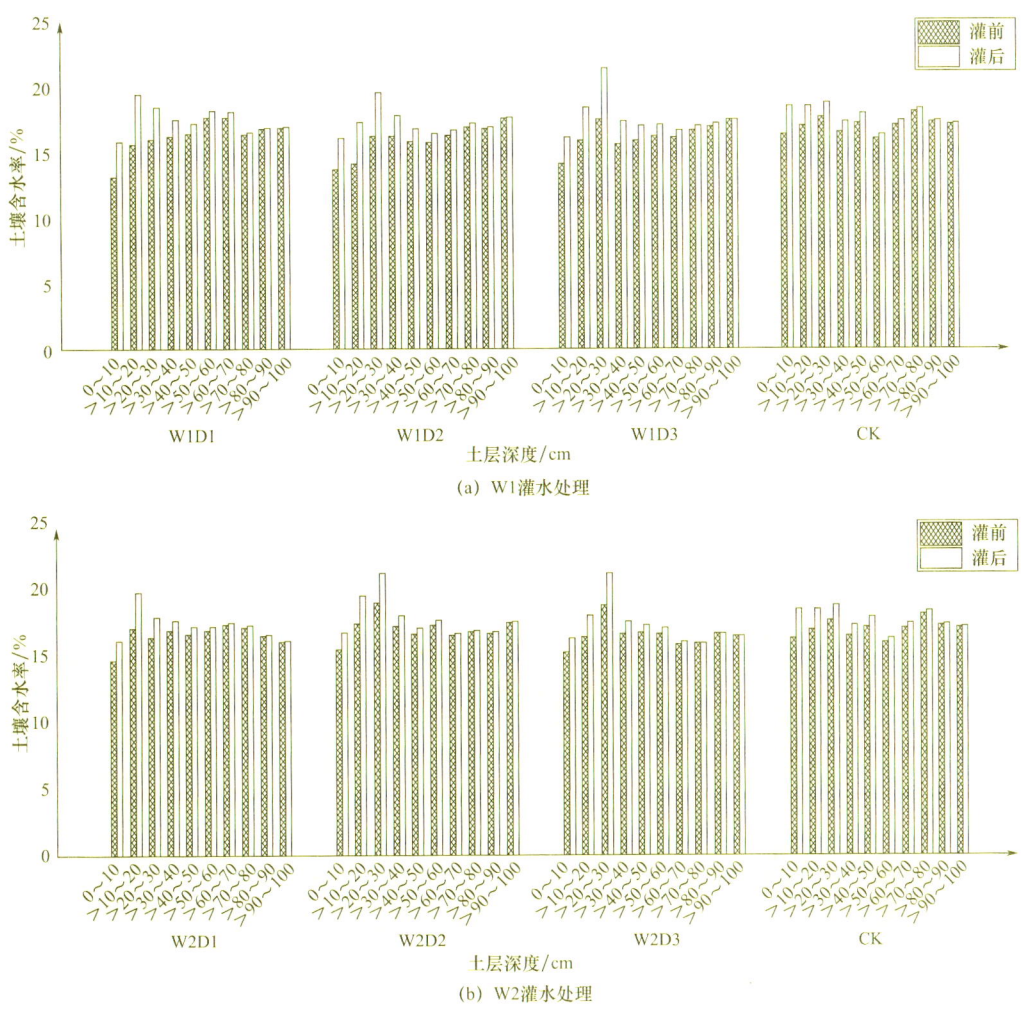

图 6-5 甘蓝莲座期灌水前后 0~100cm 土壤含水量垂直分布

6.2.3.4 秋季试验甘蓝结球期灌水前后土壤含水率对比

结球期第一次灌水时处于结球期中，作物耗水的能力增强，耗水量变大。由图可以看出，W1D1、W1D2、W1D3 处理的灌前土壤含水率要显著低于 W2D1、W2D2、W2D3 处理的土壤含水率。在这一阶段 W1D1、W1D2、W1D3 处理甘蓝的耗水量大于 W2D1、W2D2、W2D3 处理甘蓝的耗水量。因此灌水量为 W1 的 3 个处理甘蓝长势要比 W2 处理好。

当灌水量一致时，在 0~10cm 的土层中，CK 处理土壤含水率涨幅比 W2D1、W2D2、W2D3 多 36.17%~88.23%；埋深为 10~30cm 土层中 W2D1、W2D2、W2D3 处理土壤含水率涨幅比 CK 多 38.65%~53.79%。膜调控润灌可以更好的将水分储存在作物根系层附近，地表滴灌水分更多储存在地表附近。在 0~20cm 埋深的土层中 W1D1 土壤含水率涨幅比 W1D2、W1D3 多 15.65%~35.54%，W2D1 土壤含水率涨幅比 W2D2、W2D3 多 5.76%~25.03%。秋季试验和夏季试验结果相同，同样是灌水量相同时调控膜埋深越浅，土壤表层含水率涨幅越大。

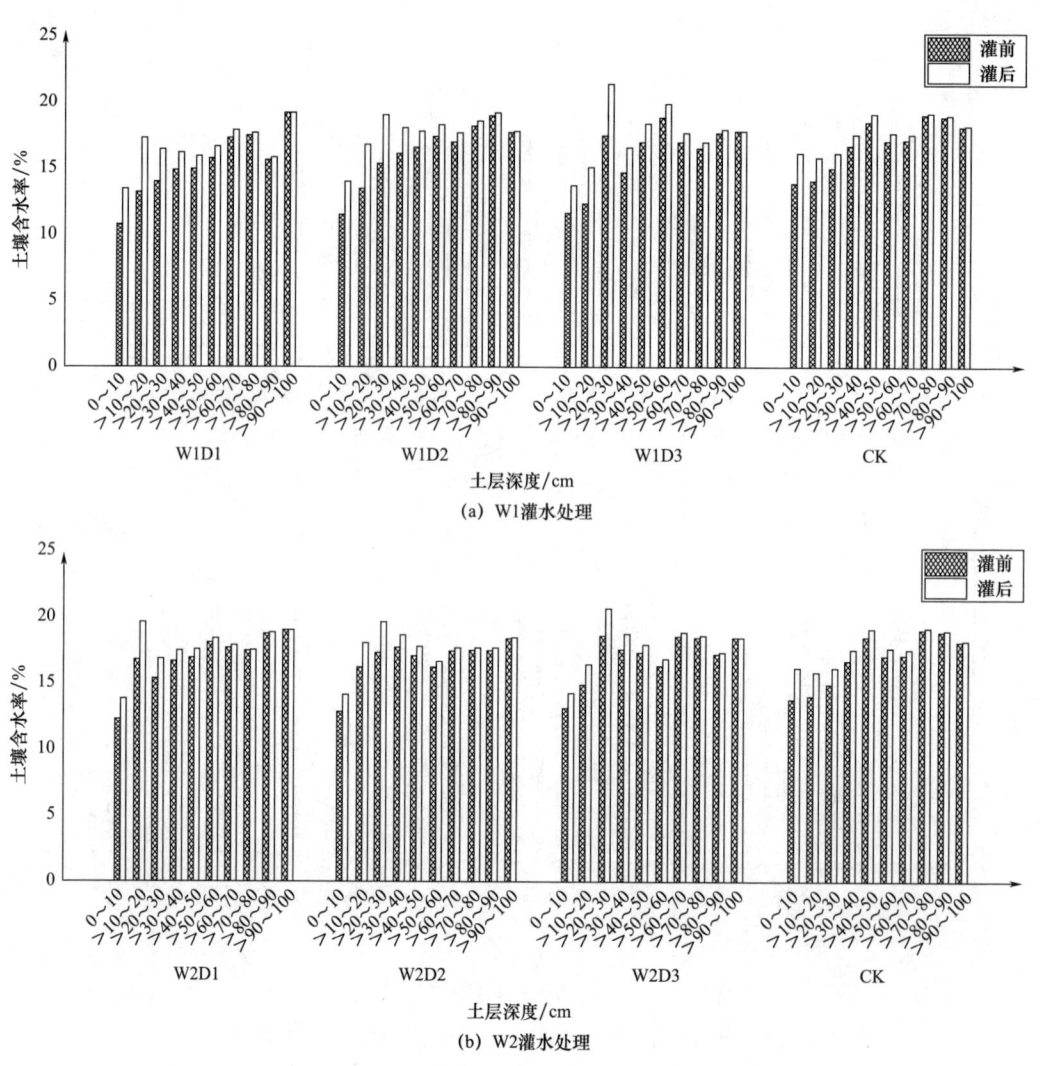

图 6-6 甘蓝结球期灌水前后 0~100cm 土壤含水量垂直分布

6.2.4 不同处理土壤储水量垂直分布规律

6.2.4.1 夏季试验不同处理土壤储水量垂直分布规律

夏季试验甘蓝整个生育期（2022年4月至2022年6月）W2D1、W2D2、W2D3处理灌水四次，W1D1、W1D2、W1D3处理灌水三次。以每次灌后不同土层的储水量占总灌水量的比例来表示不同埋深和灌水量条件下水量的垂向分布。不同土层储水量的比例均随土层深度增加先增大在减少，其中膜调控润灌不同土层的储水量比例与调控膜的埋深密切相关。

地下膜润灌的储水量主要分布在 0~60cm 土层，该土层的储水量占灌水总量的 91.69%~96.16%。地下膜调控润灌灌水量为 W1 的处理中，调控膜埋深为 20cm 时，储水量占总水量的比值在 10~20cm 的土层达到最大，最大值在莲座期为 30.78%；调控膜埋深为25cm时储水量占总水量的比值均在20～30cm的土层深度达到最大，最大值在莲座期为26.30%；调控膜埋深为30cm时储水量占总水量的比值均在20～30cm的土层深度达到最大，最大值在莲座期为29.34%。灌水量为W2的处理，调控膜埋深为20cm时，储水量占总水量的比值在10～20cm的土层深度达到最大，最大值在莲座期为34.81%；调控膜埋深为25cm时储水量占总水量的比值均在20～30cm的土层深度达到最大，最大值在莲座期为29.63%；调控膜埋深为30cm时储水量占总水量的比值均在20～30cm土层深度达到最大，最大值在莲座期为32.447%。

在莲座期灌水中，0～30cm土层里，膜调控润灌的储水量占灌水总量的比例在调控膜埋深为20、25、30cm时分别为72.54%～74.81%、68.87%～73.94%、63.55%～67.80%，各处理间有明显差异，调控膜埋深越浅，灌后0～30cm土层储水量越大。0～30cm土层的储水量，调控膜埋深相同时W1比W2减少了3.03%～6.86%，灌水量相同时D1、D2比D3增加了8.38%～14.14%，调控膜埋深越浅、灌水量越小，灌后0～30cm土层储水量越大。在0～20cm的土层中，膜调控润灌的水量占灌水总量的比例在埋深为20、25、30cm时分别为51.94%～54.68%、42.57%～44.31%、34.21%～35.32%，各处理间有明显差异。0～10cm埋深的土层里，膜调控润灌的水量占灌水总量的比例在埋深为20、25、30cm时分别为19.87%～21.16%、16.54%～17.98%、14.17%～15.34%。调控膜埋深越浅，在相同深度土层（0～30cm）内的土壤储水量越大。

调控膜埋深相同时，0～10cm土层的储水量，W1比W2增加了6.51%～8.31%。10～30cm土层的储水量，W1比W2减少了6.48%～11.34%。膜调控润灌灌水量越大，灌后0～10cm土层储水量越大，而10～30cm土层储水量越小。当灌水量相同时，0～10cm土层的储水量，CK比W2增加了52.79%～114.30%，地表滴灌0～10cm土层的储水量大于膜调控润灌。10～30cm土层的储水量，W2比CK增加了46.01%～56.30%，灌水量相同时，膜调控润灌10～30cm土层的储水量要大于地表滴灌，膜调控润灌比地表滴灌更能将水分保留在作物根系附近。膜调控润灌中调控膜埋深越浅，表层的土壤含水量越大，调控膜的埋深对0～30cm深度土层的含水率影响显著。

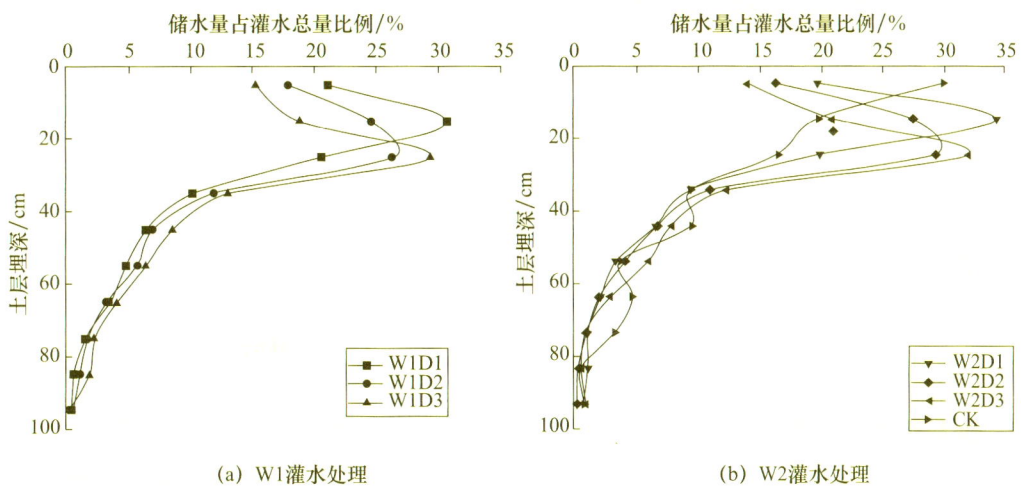

(a) W1灌水处理　　　　　　　　(b) W2灌水处理

图6-7　夏季试验甘蓝莲座期0～100cm土层储水量分布

在结球期灌水中，0～30cm 土层里，膜调控润灌的储水量占灌水总量的比例在埋深为 20、25、30cm 时分别为 70.79%～73.29%、67.07%～71.65%、65.02%～66.26%，略低于莲座期。0～30cm 土层的储水量，调控膜埋深相同时 W1 比 W2 减小了 3.40%～6.39%；灌水量相同时，调控膜埋深为 20、25cm 的处理比 30cm 的处理增加了 3.15%～8.87%。调控膜埋深越浅，灌水量越小，灌后 0～30cm 土层储水量越大。在 0～20cm 的土层中，膜调控润灌的储水量占灌水总量的比例在埋深为 20、25、30cm 时分别为 52.51%～53.98%、40.92%～41.28%、37.63%～36.99%，各处理间有明显差异。0～10cm 的土层里，膜调控润灌的储水量占灌水总量的比例在调控膜埋深为 20、25、30cm 时分别为 19.25%～20.79%、14.64%～15.99%、11.83%～13.24%，表层土壤储水量小于莲座期，可能原因是结球期大棚内温度比莲座期高，地表的蒸发量相对较大，甘蓝的棵间蒸发较大，土壤储水量下降。可以看出调控膜埋深越浅，灌后 0～30cm 土层储水量越大。

调控膜埋深相同时，0～10cm 土层的储水量，W1 比 W2 增加了 8.03%～11.94%。10～30cm 土层的储水量，W1 比 W2 减少了 7.75%～10.40%。灌水量越大，灌后 0～10cm 土层储水量越大，而 10～30cm 土层储水量越小。相比于莲座期，结球期 W1 下的 3 个处理和 W2 下的 3 个处理 0～30cm 土层土壤储水量差异减小。膜调控润灌中调控膜埋深越浅，表层的土壤含水量越大。调控膜的埋深对 0～30cm 土层的土壤储水量影响显著。当灌水量相同时，0～10cm 土层的储水量，CK 比 W2 增加了 25.05%～103.46%，地表滴灌 0～10cm 土层的储水量大于膜调控润灌。10～30cm 土层的储水量，W2 比 CK 增加了 56.51%～65.12%，灌水量相同时，膜调控润灌 10～30cm 土层的储水量要大于地表滴灌，膜调控润灌比地表滴灌更能将水分保留在作物根系附近。

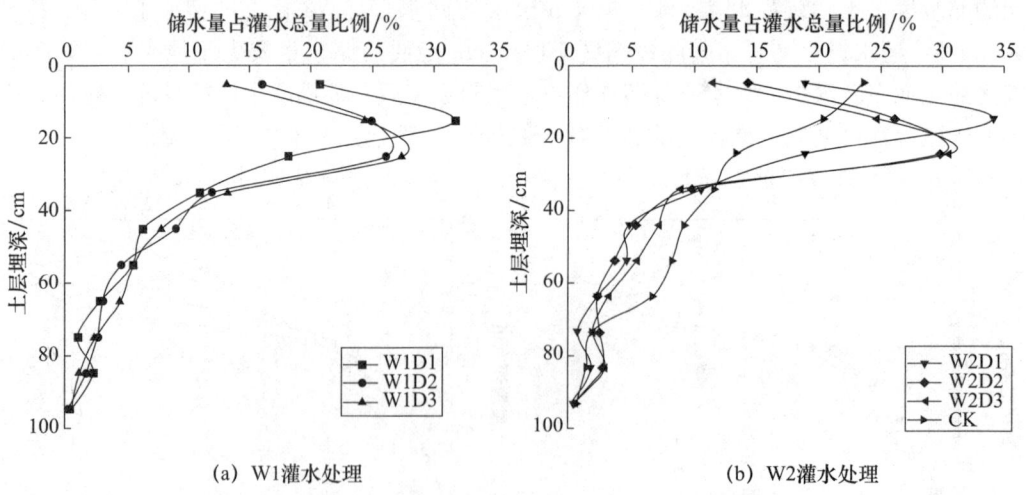

(a) W1灌水处理　　　　　　　　(b) W2灌水处理

图 6-8　夏季试验甘蓝结球期 0～100cm 土层储水量分布

分析膜调控润灌 6 个处理土壤储水量的分布规律，可以发现膜调控润灌系统灌后水量主要分布在 0～60cm 土层范围内，各土层储水量占有效灌水量的比例随土层深度增大呈现出先增大后减小的趋势，在 10～30cm 土层达到峰值。膜调控润灌可以明显提高

0～30cm各土层的储水量。灌水量相同时，减小调控膜埋深可以增大0～30cm土层的储水量，调控膜埋深越小，越有利于水分在根系附近分布。埋深相同时，增大灌水量可以提高0～10cm土层的储水量，同时降低10～30cm土层的储水量。灌水量相同时，膜调控润灌10～30cm土层的储水量要大于地表滴灌，相比于地表滴灌，膜调控润灌能更好的将水分保留在作物根系附近。

6.2.4.2 秋季试验不同处理土壤储水量垂直分布规律

秋季试验0～60cm土层的储水量占灌水总量的90.80%～94.06%。地下膜调控润灌灌水量为W1的处理中，调控膜埋深为20cm时，储水量占总水量的比值在10～20cm的土层达到最大，最大值在莲座期为29.91%；调控膜埋深为25cm时储水量占总水量的比值均在20～30cm的土层达到最大，最大值在莲座期为24.21%；调控膜埋深为30cm时储水量占总水量的比值均在20～30cm的土层达到最大，最大值在莲座期为28.98%。灌水量为W2的处理，调控膜埋深为20cm时，储水量占总水量的比值在10～20cm的土层深度达到最大，最大值在莲座期为31.90%；调控膜埋深为25cm时储水量占总水量的比值均在20～30cm土层达到最大，最大值在莲座期为27.79%；调控膜埋深为30cm时储水量占总水量的比值均在20～30cm的土层深度达到最大，最大值在莲座期为33.06%。

在莲座期灌水中，0～30cm土层里，膜调控润灌的储水量占灌水总量的比例在埋深为20、25、30cm时分别为68.95%～69.54%、63.65%～68.92%、64.92%～66.51%，各处理间无明显差异，调控膜埋深越浅，0～30cm土层储水量越大。0～30cm土层的储水量，调控膜埋深相同时W1比W2减小了-0.86%～7.66%；灌水量相同时，调控膜埋深为20、25cm的处理比30cm的处理增加了-1.98%～7.10%。在0～20cm的土层中，膜调控润灌的储水量占灌水总量的比例在埋深为20、25、30cm时分别为51.10%～51.40%、39.43%～41.13%、33.44%～35.95%，各处理间有明显差异。0～10cm的土层里，膜调控润灌的储水量占灌水总量的比例在埋深为20、25、30cm时分别为19.19%～21.47%、15.41%～17.09%、14.42%～16.46%。调控膜埋深相同时，0～10cm土层的储水量，W1比W2增加了10.93%～14.15%。10～30cm土层的储水量，W1比W2减小了3.39%～13.01%。膜调控润灌中调控膜埋深越浅，表层的土壤含水量越大。调控膜的埋深对0～30cm土层的含水率影响显著。当灌水量相同时，0～10cm土层的储水量，CK比W2增加了49.46%～99.02%，地表滴灌0～10cm土层的储水量大于膜调控润灌。10～30cm土层的储水量，W2比CK增加了26.33%～35.90%，灌水量相同时，膜调控润灌10～30cm土层的储水量要大于地表滴灌。

在结球期灌水中，0～30cm的土层里，膜调控润灌的储水量占灌水总量的比例在埋深为20、25、30cm时分别为68.70%～72.78%、64.70%～66.26%、60.64%～66.26%，略低于莲座期，可能原因是结球期甘蓝生长发育吸收水分变多。0～30cm土层的储水量，调控膜埋深相同时W1比W2减小了-0.35%～5.61%；灌水量相同时，调控膜埋深为20、25cm的处理比埋深30cm的处理增加了6.32%～20.03%。在0～20cm的土层中，膜调控润灌的储水量占灌水总量的比例在调控膜埋深为20、25、30cm时分别为50.77%～54.21%、38.65%～39.71%、33.64%～34.87%，各处理间有明显差异。0~10cm 埋深的土层里，膜调控润灌的储水量占灌水总量的比例在埋深为 20、25、30cm 时分别为 19.73%~20.06%、16.44%~16.97%、14.34%~15.00%。调控膜埋深相同时，0~10cm 土层的储水量，W1 比 W2 增加了 1.65%~4.65%。10~30cm 土层的储水量，W1 比 W2 减小了 0.98%~8.31%。相比于莲座期，结球期 W1 下的 3 个处理和 W2 下的 3 个处理 0~30cm 土层土壤储水量差异减小。膜调控润灌中调控膜埋深越浅，表层的土壤含水量越大。调控膜的埋深对 0~30cm 土层的含水率有显著影响。当灌水量相同时，0~10cm 土层的储水量，CK 比 W2 增加了 48.87%~104.90%，地表滴灌 0~10cm 土层的储水量大于膜调控润灌。10~30cm 土层的储水量，W2 比 CK 增加了 25.66%~43.98%。

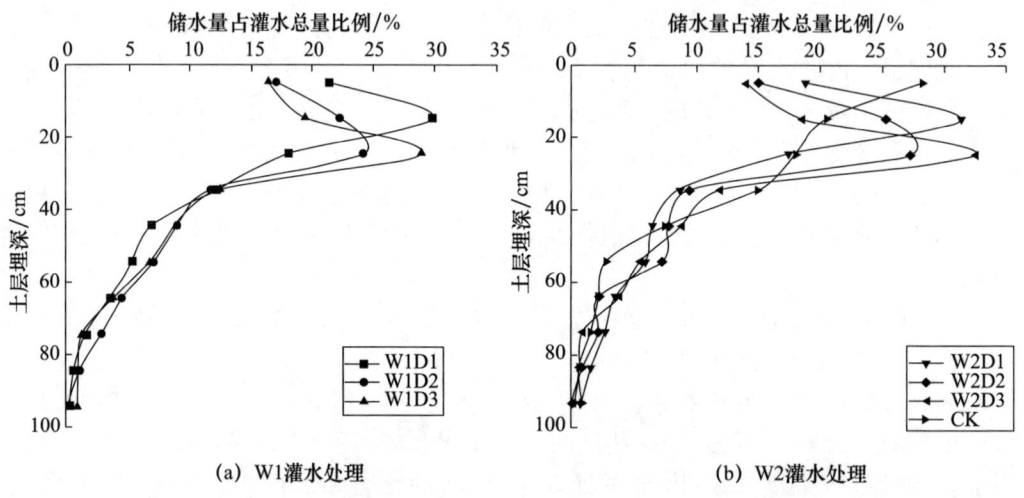

图 6-9 秋季试验甘蓝莲座期 0~100cm 土层储水量分布

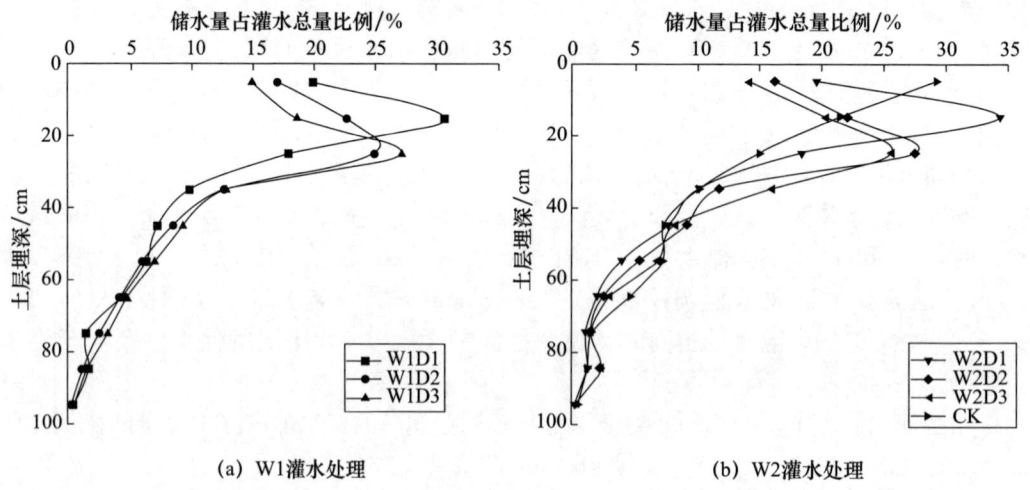

图 6-10 秋季试验甘蓝结球期 0~100cm 土层储水量分布

6.2.5 不同处理土壤含水率水平分布规律

通过分析夏季莲座期第二次灌后水平方向距离滴头 15cm 和 30cm 处的土壤含水率，

如图6-11所示。0~10cm的土层中,膜调控润灌W1D1、W1D2、W1D3处理水平方向距离滴头15cm和30cm处土壤含水率的差值为1.43%~1.88%,W2D1、W2D2、W2D3处理水平方向距离滴头15cm和30cm处土壤含水率的差值为1.71%~1.95%。地表滴灌CK处理水平方向距离滴头15cm和30cm处土壤含水率的差值为1.65%;10~20cm的土层中,膜调控润灌W1D1、W1D2、W1D3处理水平方向距离滴头15cm和30cm处土壤含水率的差值为1.28%~1.79%,W2D1、W2D2、W2D3处理水平方向距离滴头15cm和30cm处土壤含水率的差值为1.55%~1.78%。地表滴灌CK处理水平方向距离滴头15cm和30cm处土壤含水率的差值为1.84%;20~30cm的土层中,膜调控润灌W1D1、W1D2、W1D3处理水平方向距离滴头15cm和30cm处土壤含水率的差值为0.86%~1.38%,W2D1、W2D2、W2D3处理水平方向距离滴头15cm和30cm处土壤含水率的差值为0.90%~1.03%。地表滴灌CK处理水平方向距离滴头15cm和30cm处土壤含水率的差值为1.53%。

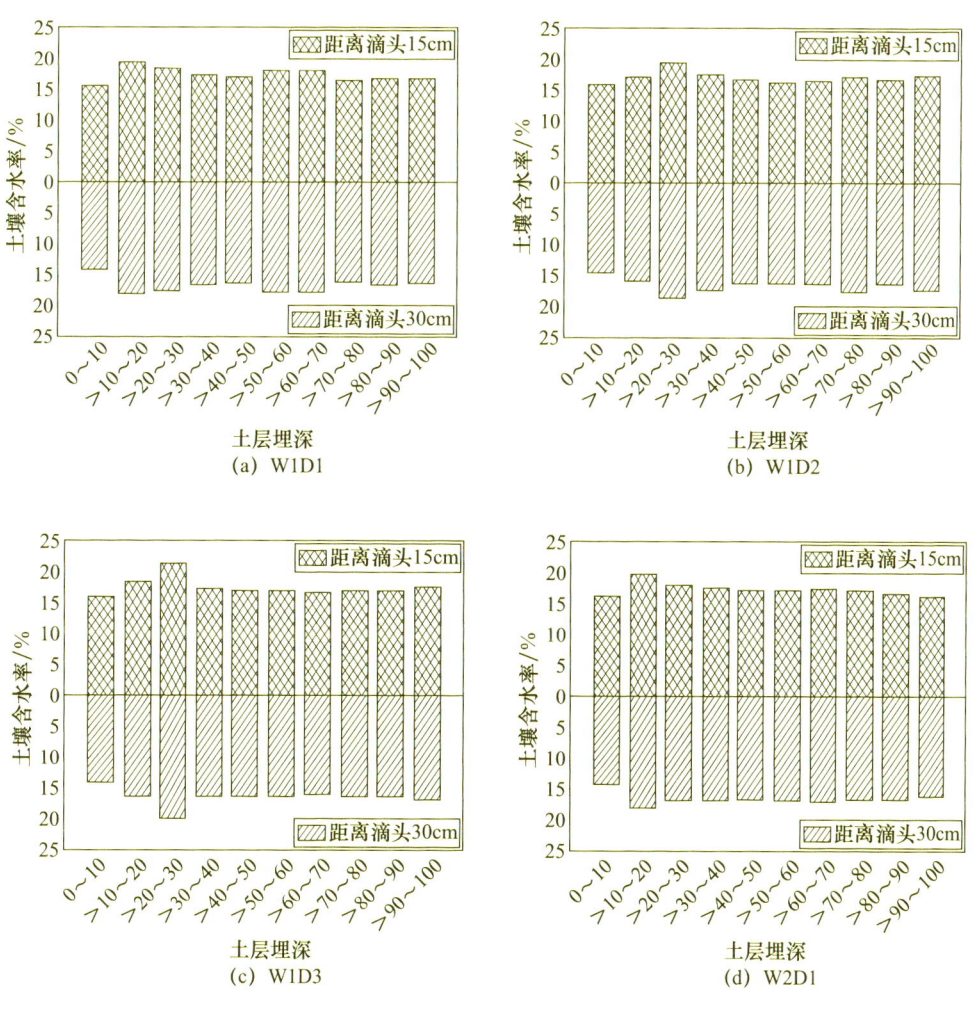

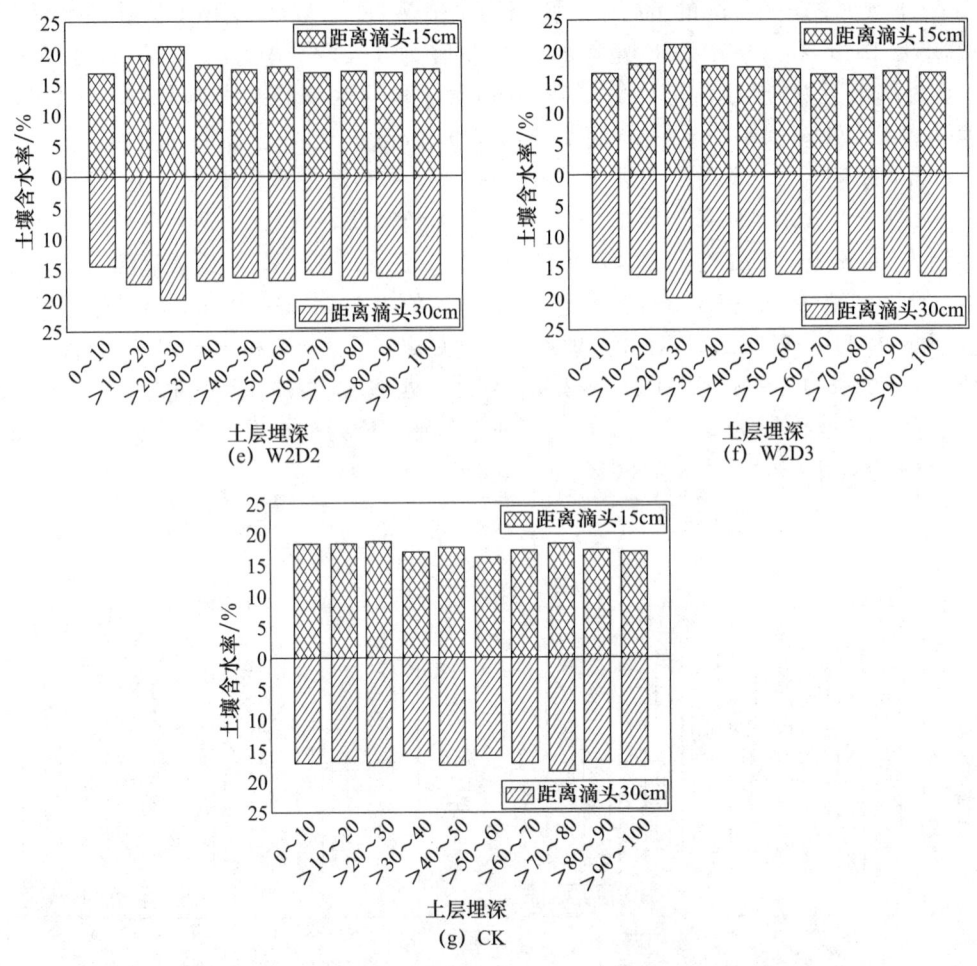

图 6-11 夏季试验甘蓝莲座期距离滴头 15cm 和 30cm 处各土层土壤含水率对比

秋季莲座期灌后水平方向距离滴头 15cm 和 30cm 处的土壤含水率，如图 6-12 所示。在 0~10cm 的土层中，膜调控润灌 W1D1、W1D2、W1D3 处理水平方向距离滴头 15cm 和 30cm 处土壤含水率的差值为 1.72%~1.83%，W2D1、W2D2、W2D3 处理水平方向距离滴头 15cm 和 30cm 处土壤含水率的差值为 2.03%~2.23%。地表滴灌 CK 处理水平方向距离滴头 15cm 和 30cm 处土壤含水率的差值为 2.2%；10~20cm 的土层中，膜调控润灌 W1D1、W1D2、W1D3 处理水平方向距离滴头 15cm 和 30cm 处土壤含水率的差值为 1.64%~1.88%，W2D1、W2D2、W2D3 处理水平方向距离滴头 15cm 和 30cm 处土壤含水率的差值为 1.99%~2.36%。地表滴灌 CK 处理水平方向距离滴头 15cm 和 30cm 处土壤含水率的差值为 2.38%；20~30cm 的土层中，膜调控润灌 W1D1、W1D2、W1D3 处理水平方向距离滴头 15cm 和 30cm 处土壤含水率的差值为 1.35%~1.64%，W2D1、W2D2、W2D3 处理水平方向距离滴头 15cm 和 30cm 处土壤含水率的差值为 1.87%~2.11%。地表滴灌 CK 处理水平方向距离滴头 15cm 和 30cm 处土壤含水率的差值为 2.27%。膜调控润灌处理下土层深度一致时，灌水量增大，水平方向上距离滴头 15cm 和 30cm 处土壤含水率差值减小；灌水量一致时，土层深度增加，水平方向上距离滴头15cm和30cm处土壤含水率差值减小。秋季试验和夏季试验膜调控润灌几个处理10～30cm的土层内水平方向上距离滴头15cm和30cm处土壤含水率差值要小于地表滴灌，膜调控润灌几个处理在10～30cm土层处，灌后土壤含水率水平方向分布更加均匀。

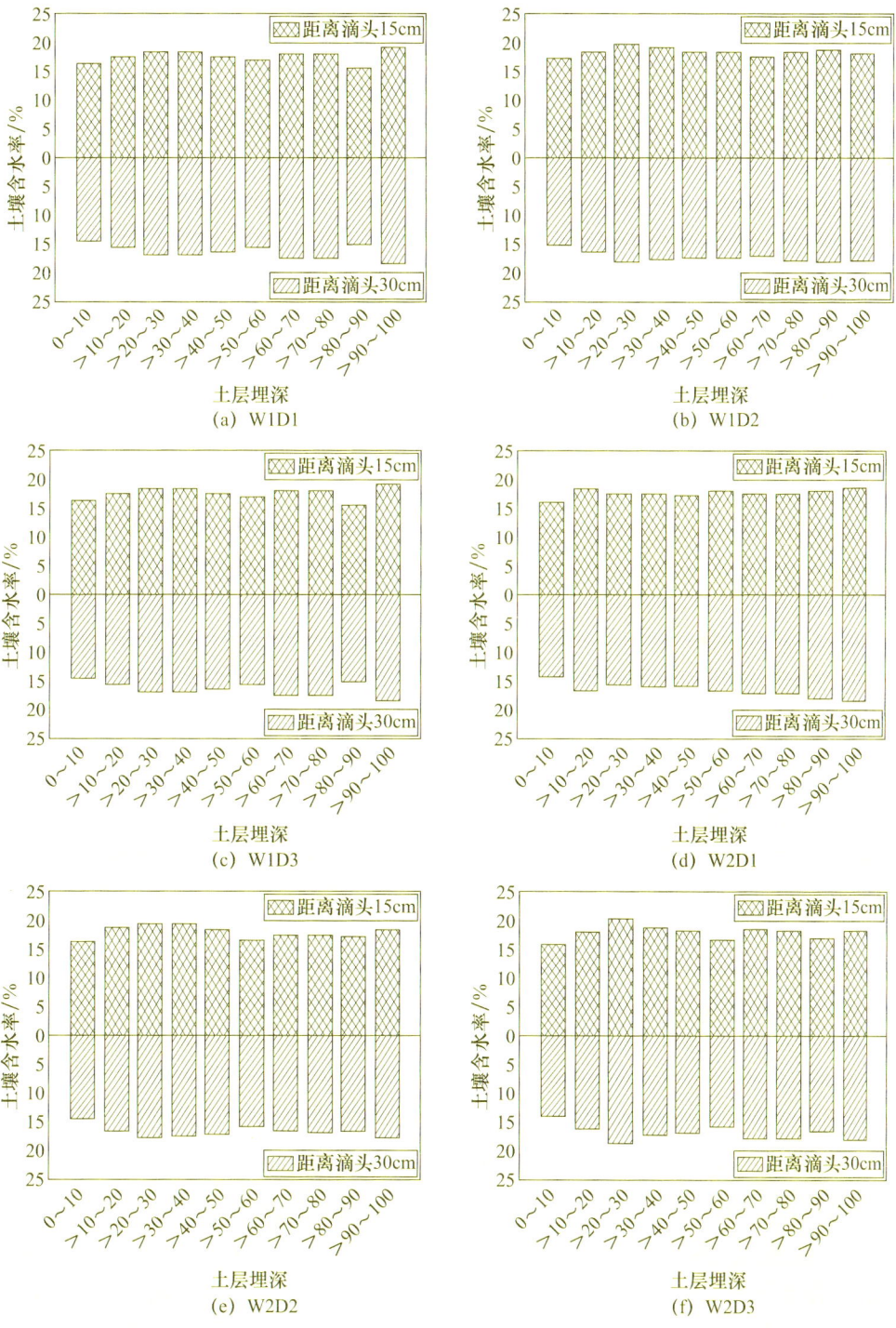

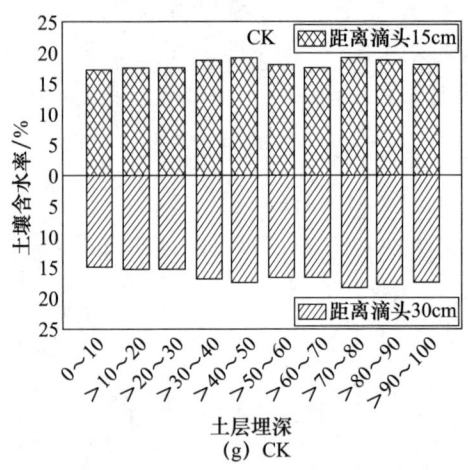

图6-12 秋季试验甘蓝莲座期距离滴头15cm和30cm处各土层土壤含水率对比

6.2.6 小结

(1) 不同处理甘蓝生育期内各土层含水率分布

甘蓝整个生育期随着土层深度的增加，不同处理土壤含水率的变化有着很大的差别，其中0～40cm土层的土壤含水率的变化最为明显。在甘蓝幼苗期时，0～20cm土层的土壤含水率变化幅度较大，而20～50cm土层的土壤含水率无明显变化。甘蓝进入莲座期，20～30cm土层的土壤含水率开始出现较大幅度的下降。膜调控润灌和地表滴灌灌后土壤含水率主要在0～40cm土层涨幅较为明显。地表滴灌CK随着土层深度的增加，灌后土壤含水率的涨幅逐渐减小。地表滴灌主要增加了表层土（0～10cm）的土壤水分。膜调控润灌几个处理随着土层深度的增加，灌后土壤含水率的涨幅先增大后减小，膜调控润灌主要增加了10～30cm土层的土壤水分。

(2) 不同处理灌水前后0～100cm土层含水率变化

灌水后0～100cm的土层中，7个不同处理下灌后的土壤含水率均随着土层深度的增加呈现出先增大后减小的趋势。膜调控润灌不同处理的土壤含水率均表现出由土层表面到调控膜埋深处随着土层深度的增加而逐渐增大，调控膜埋深到100cm土层有随着土层深度的增加逐渐变小的趋势。各处理的土壤含水率均在调控膜埋深处取到最大值。膜调控润灌各处理灌前灌后0～100cm土层的土壤含水率的差值随着土层深度的增加呈现出先增大后减小的趋势；地表滴灌CK处理灌前灌后土壤含水率差值在0～20cm处最大，灌前灌后土壤含水率的差值随着土层深度的增加呈现出逐渐减小的趋势。

(3) 不同处理土壤储水量垂直分布规律

不同土层灌水量的比例均随土层深度增加先增大后减小，其中膜调控润灌不同土层的灌水量比例与调控膜的埋深密切相关。地下膜调控润灌调控膜几个处理储水量在10～30cm的土层处达到最大值。CK处理储水量占总水量的比值在0～10cm的土层深度达到最大。灌水量相同时，减小调控膜埋深可以增大0～30cm土层的储水量，调控膜埋深越小，越有利于水分在根系附近分布。埋深相同时，增大灌水量可以提高0～10cm

土层的储水量，同时降低 10~30cm 土层的储水量。灌水量相同时，膜调控润灌 10~30cm 土层的储水量要大于地表滴灌，相比于地表滴灌，膜调控润灌能更好的将水分保留在作物根系附近。

（4）不同调控膜埋深、灌水量处理土壤含水率水平分布规律

膜调控润灌处理下土层深度一致时，灌水量增大，水平方向上距离滴头 15cm 和 30cm 处土壤含水率差值减小；灌水量一致时，土层深度增加，水平方向上距离滴头 15cm 和 30cm 处土壤含水率差值减小。由此可见增大灌水量有利于灌后水平方向的土壤含水率的均匀分布。

6.3 膜调控润灌下不同处理对甘蓝生长的影响

甘蓝的生长受多种因素影响，光照强度、灌水量、温度等都会影响到作物的生长发育。本试验主要研究膜调控润灌下不同调控膜埋深和灌水量处理下的甘蓝株高、茎粗、叶面积指数、干物质量 4 个生长指标。通过测定各生育期末不同处理下的 4 个生长指标，分析膜调控润灌不同调控膜埋深和灌水处理对甘蓝生长发育的影响。

6.3.1 不同调控膜埋深和灌水处理对甘蓝株高的影响

株高是代表作物生长发育情况的一个重要指标。由图 6-13 可以看出甘蓝的株高随着时间推进而逐渐升高，在莲座期甘蓝迅速发育，7 个处理的甘蓝在前期株高增长迅速，在结球期水分和养分主要用于甘蓝结球，株高增长速度变平缓，甘蓝株高在结球末期达到最大。不同灌水处理下株高上升程度显著不同。

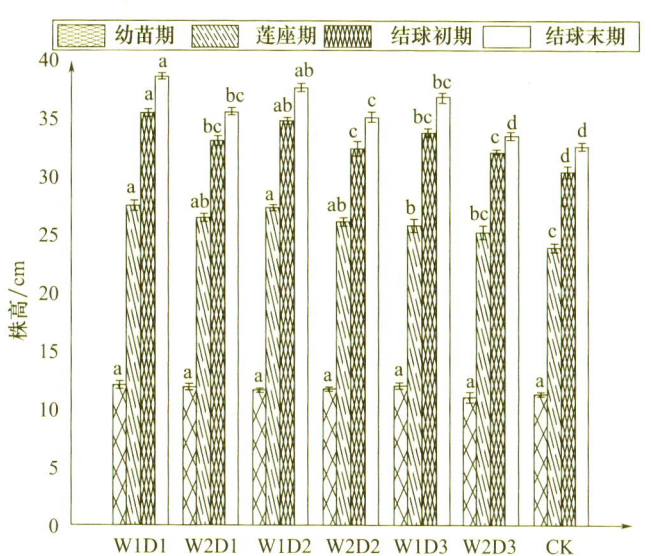

图 6-13 夏季不同调控膜埋深和灌水处理下甘蓝株高
注：小写字母表示株高在不同处理下的差异（$P=0.05$），下同。

夏季试验各处理的株高在莲座期开始出现显著性差异。莲座期灌水量一致时，W1D1、W1D2 处理的株高显著高于 W1D3 处理（$P<0.05$），即在灌水下限为田间持水

率的75%时，调控膜埋深20、25cm处理的株高显著高于埋深30cm处理的株高；灌水下限为田间持水率的85%时，调控膜埋深对甘蓝株高的影响不显著（$P>0.05$）。结球初期调控膜埋深一致时，W1D1株高显著高于W1D2的株高，W2D1株高显著高于W2D2，即在埋深为20、25cm时灌水对株高影响显著；灌水量一致时，W1D1处理株高显著高于W1D3；膜调控润灌各处理的株高均显著高于地表滴灌处理。结球末期埋深相同时，灌水量对株高影响显著；膜调控润灌除W2D3的各处理的株高均显著高于地表滴灌处理。

结球末期灌水量相同时，减小调控膜的埋深可以使甘蓝株高提高2.62%~7.36%。调控膜埋深相同时，增大灌水量可以使甘蓝株高提高4.69%~7.12%。由此可见，在一定的灌水量范围内，增大灌水量有利于甘蓝生长，同时减小调控膜的埋深也有利于甘蓝的生长。膜调控润灌各处理的株高比地表滴灌高3.00%~15.77%。

秋季试验各处理的株高在莲座期开始出现显著性差异。莲座期灌水量一致时，W1D1处理的株高显著高于W1D3处理，即在灌水下限为田间持水率的75%时，调控膜埋深20cm处理的株高显著高于埋深30cm处理的株高；灌水下限为田间持水率的85%时，埋深对甘蓝株高的影响不显著。结球初期埋深一致时，W1D1株高显著高于W1D2的株高，W2D1株高显著高于W2D2，W1D3株高显著高于W2D3，灌水对株高影响显著；灌水量一致时，W1D1、W1D2处理株高显著高于W1D3，W2D1、W2D2株高显著高于W2D3，灌水量一致时调控膜埋深为20、25cm处理的株高显著高于埋深为30cm处理的株高。结球末期埋深相同时，埋深为20、30cm的各处理灌水量对株高影响显著；膜调控润灌W1D1、W1D2、W1D3、W2D1、W2D2处理的株高均显著高于地表滴灌处理。这与夏季试验的结果是一致的。

结球末期灌水量相同时，减小调控膜的埋深可以使甘蓝株高提高4.86%~7.72%。调控膜埋深相同时，增大灌水量可以使甘蓝株高提高6.34%~7.03%。由此可见，在一定的灌水量范围内，增大灌水量有利于甘蓝生长，同时减小调控膜的埋深也有利于甘蓝的生长。膜调控润灌各处理的株高比地表滴灌高0.26%~14.84%。

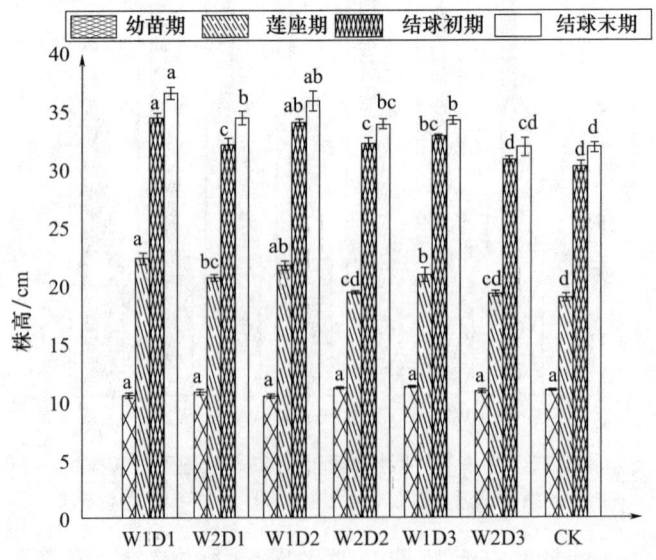

图6-14 秋季不同调控膜埋深和灌水处理下甘蓝株高

6.3.2 不同调控膜埋深和灌水处理对甘蓝茎粗的影响

夏季试验中 7 个不同处理甘蓝的茎粗均呈现出平缓增长的状态,在结球末期达到最大。不同处理下甘蓝幼苗期的茎粗不存在显著性的差异。地下膜调控润灌几个处理莲座期时灌水量大小对甘蓝茎粗的影响不显著,可以看出灌水量越大的处理比灌水量低的处理茎粗大,调控膜的埋深对甘蓝茎粗的影响不存在显著性的差异,调控膜埋深越浅的处理甘蓝茎粗越大,具体表现为 W1D1＞W2D1、W1D2＞W2D2、W1D3＞W2D3,W1D1＞W1D2＞W1D3、W2D1＞W2D2＞W2D3;地表滴灌处理的甘蓝茎粗小于地下膜调控润灌的甘蓝茎粗。结球初期仅在调控膜埋深为 20、25cm 处理间,灌水量对甘蓝茎粗的影响显著,调控膜埋深对甘蓝茎粗的影响不显著。结球末期仅在调控膜的埋深为 20cm 时,灌水量对甘蓝茎粗影响显著。减小调控膜的埋深可以使甘蓝茎粗增大 1.73%～7.32%。调控膜埋深相同时,增大灌水量可以使甘蓝茎粗增大 3.54%～7.90%。由此可见,在一定的灌水量范围内,增大灌水量有利于甘蓝生长。此外,减小调控膜的埋深也有利于甘蓝的生长。膜调控润灌各处理的茎粗比地表滴灌大 3.85%～15.39%。

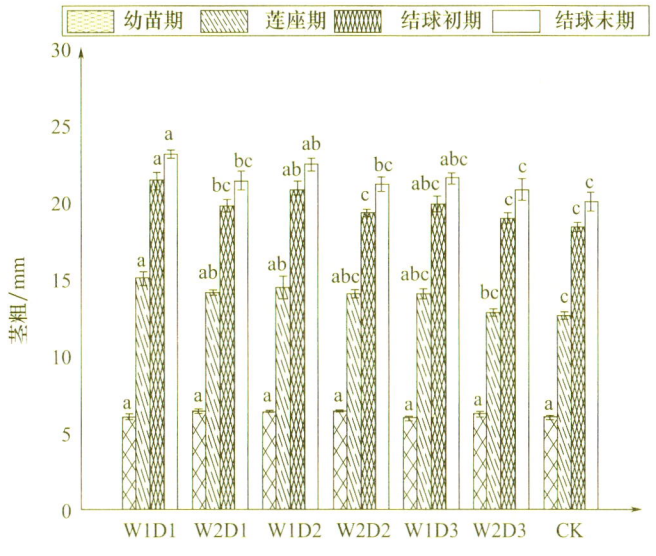

图 6-15 夏季不同调控膜埋深和灌水处理下甘蓝茎粗

秋季试验不同处理下甘蓝幼苗期的茎粗不存在显著性的差异。可以看出灌水量大的处理比灌水量低的处理茎粗大,调控膜的埋深对甘蓝茎粗的影响不存在显著性的差异,调控膜埋深越浅的处理甘蓝茎粗越大,具体表现为 W1D1＞W2D1、W1D2＞W2D2、W1D3＞W2D3,W1D2＞W1D1＞W1D3、W2D1＞W2D2＞W2D3;地表滴灌处理的甘蓝茎粗小于地下膜调控润灌的甘蓝茎粗。结球初期仅在调控膜埋深为 20、25cm 处理间灌水量对甘蓝茎粗的影响存在显著性差异,调控膜埋深对甘蓝茎粗的影响不显著。结球末期仅在调控膜的埋深为 25cm 时,灌水量对甘蓝茎粗影响显著。减小调控膜的埋深可以使甘蓝茎粗增大 0.90%～6.41%。调控膜埋深相同时,增大灌水量可以使甘蓝茎粗增大 2.43%～8.02%。由此可见,在一定的灌水量范围内,增大灌水量有利于甘蓝生长,同时减小调控膜的埋深也有利于甘蓝的生长。膜调控润灌各处理的茎粗比地表滴灌大 4.05%～13.41%。

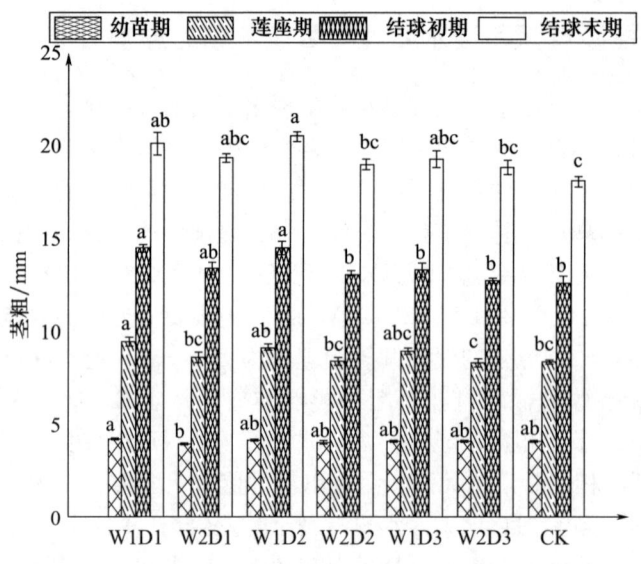

图 6-16　秋季不同调控膜埋深和灌水处理下甘蓝茎粗

6.3.3　不同调控膜埋深和灌水处理对甘蓝叶面积指数的影响

叶片是甘蓝进行光合作用的主要器官，叶片的大小关系到甘蓝的生长发育和植株干物质量的积累，最终影响到作物产量。

夏季试验甘蓝不同灌水处理下叶面积指数如图 6-17 所示，可以看出各处理植株叶面积指数随甘蓝生长表现出逐渐增大的趋势，具体表现为结球初期叶面积指数迅速增大，并在结球末期达到峰值。

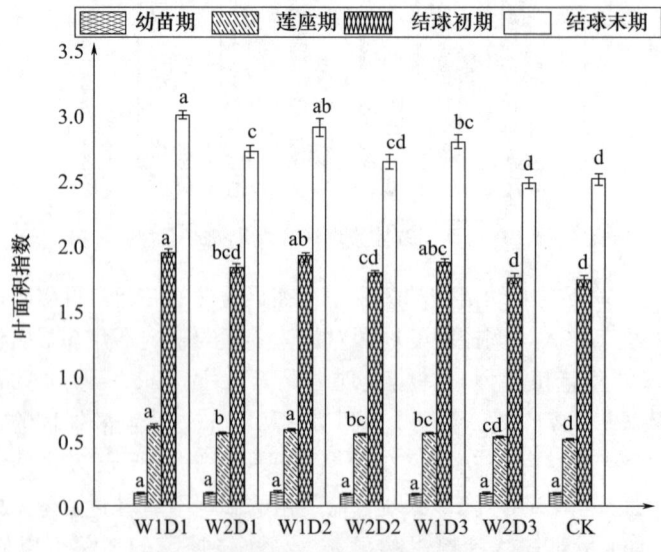

图 6-17　夏季不同调控膜埋深和灌水处理下甘蓝叶面积指数

莲座期到结球初期，甘蓝各处理叶面积指数大小差异性显著。莲座期调控膜埋深一致时，W1D1 的叶面积指数显著高于 W2D1 的叶面积指数，W1D2 处理的叶面积指数显著高于 W2D2 处理，即灌水量对调控膜埋深 20、25cm 处理的叶面积指数影响显著；灌水量一致时，W1D1、W1D2 处理的叶面积指数显著高于 W1D3 处理的叶面积指数，W2D1 的叶面积指数显著高于 W2D3 处理的叶面积指数，即灌水量一致时，调控膜埋深 20cm 的处理和埋深 30cm 的处理存在显著性差异。结球初期，调控膜埋深一致时，灌水量对各处理的叶面积指数均影响显著；灌水量一致时，调控膜的埋深对叶面积指数影响不显著。结球末期调控膜埋深一致时，灌水量对埋深为 20、25cm 处理的叶面积指数影响显著；灌水量一致时，调控膜埋深 20cm 的处理叶面积指数显著高于埋深为 30cm 的处理。结球末期灌水量为 W2 的 3 个处理 W2D1、W2D2、W2D3 的叶面积指数和地表滴灌处理没有显著性差异，灌水量为 W1 的 3 个处理 W1D2、W1D2、W1D3 的叶面积指数显著高于地表滴灌处理。

结球末期灌水量相同时，减小调控膜的埋深可以使甘蓝叶面积指数提高 3.95%～9.78%。调控膜埋深相同时，增大灌水量可以使甘蓝叶面积指数提高 10.21%～12.92%。可以看出在一定的灌水量范围，增大灌水量有利于甘蓝叶面积的增长，同时减小调控膜的埋深也有利于甘蓝叶面积的增长。膜调控润灌各处理的叶面积指数比地表滴灌高 −1.21%～19.60%。

秋季试验莲座期各处理叶面积指数大小开始出现显著性差异。莲座期调控膜埋深一致时，W1D1 处理的叶面积指数显著高于 W2D1 处理的叶面积指数，W1D2 处理的叶面积指数显著高于 W2D2 处理，即灌水量对调控膜埋深 20、25cm 处理的叶面积指数影响显著；灌水量一致时，W1D1 处理的叶面积指数显著高于 W1D3 处理的叶面积指数，灌水量为 W2 的 W2D1、W2D2、W2D3 处理叶面积指数无显著性差异。结球初期，调控膜埋深一致时，灌水量对各处理的叶面积指数均存在显著影响；灌水量一致时，调控膜埋深为 20、25cm 的处理和埋深为 30cm 的处理叶面积指数存在显著性差异。结球末期调控膜埋深一致时，灌水量对埋深为 20、30cm 处理的叶面积指数影响显著；灌水量一致时，W2D1、W2D2 处理的叶面积指数显著高于 W2D3 处理。结球末期膜调控润灌 W1D1、W1D2、W1D3、W2D1、W2D2 处理的叶面积指数均显著高于地表滴灌处理。

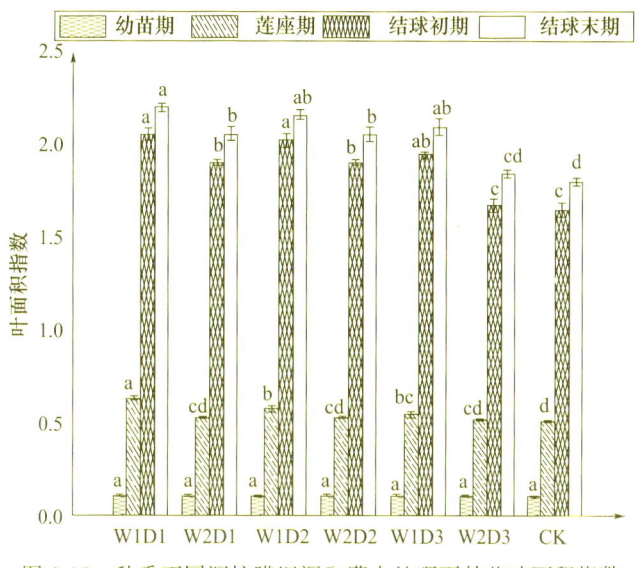

图 6-18　秋季不同调控膜埋深和灌水处理下甘蓝叶面积指数

结球末期灌水量相同时，减小调控膜的埋深可以使甘蓝叶面积指数提高 3.19%～11.75%。调控膜埋深相同时，增大灌水量可以使甘蓝叶面积指数提高 6.77%～13.72%。可以看出在一定的灌水量范围，增大灌水量有利于甘蓝叶面积的增长，同时减小调控膜的埋深也有利于甘蓝叶面积的增长。膜调控润灌各处理的叶面积指数比地表滴灌高 2.36%～22.12%。

6.3.4 不同调控膜埋深和灌水处理对甘蓝干物质的影响

不同处理对甘蓝干物质积累与分配影响不同。由表 6-3 可知，夏季试验在甘蓝的生育期内各处理外叶干物质量均存在显著差异，甘蓝的干物质积累量在结球初期迅速的积累，在结球末期达到最大值。

表 6-3 夏季试验不同处理下甘蓝干物质量

处理	幼苗期	莲座期	结球初期			结球末期		
	叶干重/g	叶干重/g	球干重/g	茎干重/g	叶干重/g	球干重/g	茎干重/g	叶干重/g
W1D1	1.07a	10.26a	11.32a	4.38a	43.49a	60.81a	4.88a	64.46a
W2D1	1.17a	9.52cd	10.15bc	3.93bc	40.95bc	51.38bc	4.52c	56.61bc
W1D2	1.04a	10.05ab	11.00ab	4.20ab	42.05ab	57.93a	4.70ab	62.34a
W2D2	1.18a	9.42cd	9.76c	3.67cd	39.92cd	50.58bc	4.39c	56.11bcd
W1D3	1.04a	9.72bc	10.08c	3.86c	39.14bcd	54.35ab	4.55bc	61.37ab
W2D3	1.14a	9.16de	8.63d	3.43d	37.64de	48.90cd	4.19d	52.72cd
CK	1.18a	8.91e	8.20d	3.36d	36.56e	47.45d	4.02d	49.81d

注：小写字母表示干物质量在不同处理下的差异（$P=0.05$），下同。

在莲座期调控膜埋深相同时随着灌水量的增大，外叶干物质量越大，灌水量一致时埋深越浅的处理外叶干物质量越大，灌水量相同时，调控膜埋深对甘蓝干物质量影响不显著；埋深一致时，灌水量对甘蓝的干物质量影响显著。具体表现为 W1D1＞W1D2＞W1D3，W2D1＞W2D2＞W2D3；W1D1＞W2D1，W1D2＞W2D2，W1D3＞W2D3。

结球初期、结球末期埋深相同的处理随着灌水量的增大，外叶、叶球的干物质量逐渐增大；灌水量一致时埋深越浅甘蓝干物质量越大。结球初期调控膜埋深一致时，灌水量对甘蓝球干物质量影响显著，调控膜埋深为 20、25、30cm 时 W1 灌水量下的处理的干物质量显著大于 W2 灌水处理的球干物质量，且膜调控润灌 6 个处理的球干物质量均大于地表滴灌 CK 处理；调控膜埋深一致时，灌水量对甘蓝叶干物质量影响显著，调控膜埋深为 20、25cm 时 W1 灌水处理的干物质量显著大于 W2 灌水处理的叶干物质量，且膜调控润灌 6 个处理的叶干物质量均大于地表滴灌 CK 处理。结球末期调控膜埋深一致时，灌水量对甘蓝球、叶干物质量影响显著，调控膜埋深为 20、25、30cm 时 W1 灌水处理的干物质量显著大于 W2 灌水处理的干物质量，且膜调控润灌 6 个处理的球、叶干物质量均大于地表滴灌 CK 处理。

结球末期灌水量相同时，减小调控膜的埋深可以使甘蓝球、叶干物质量分别增大 3.42%～11.89%、1.57%～7.38%。调控膜埋深相同时，增大灌水量可以使甘蓝球、叶干物质量分别增大11.13%~18.36%、11.11%~16.42%。膜调控润灌处理下的球干物质量比地表滴灌提高3.07%~28.12%，叶干物质量比地表滴灌提高5.83%~29.42%。可以看出膜调控润灌下更有利于外叶干物质量的积累，且在适当的范围灌水量越大，干物质量越大，调控膜埋深同样会影响外叶干物质量，埋深越浅越有利于外叶干物质量的积累。膜调控润灌比地表滴灌更有利于甘蓝干物质的积累。

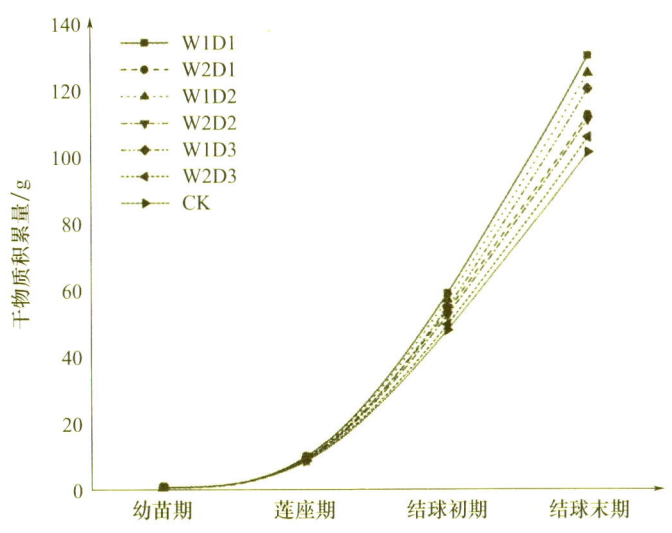

图6-19　夏季试验不同处理下甘蓝干物质量累积曲线

由表6-4可知，秋季试验莲座期外叶干物质量各处理间存在显著差异。结球初期和结球末期埋深相同时灌水量越大外叶和球干物质量越大，灌水量一致时埋深越浅的外叶干物质量越大，W1D1＞W1D2＞W1D3，W2D1＞W2D2＞W2D3；W1D1＞W2D1，W1D2＞W2D2，W1D3＞W2D3。可以看出膜调控润灌下更有利于外叶干物质量的积累，且在适当的范围灌水量越大，干物质量越大，调控膜埋深同样会影响外叶干物质量，在一定埋深范围内埋深越浅越有利于外叶干物质量的积累。

表6-4　秋季试验不同处理下甘蓝干物质量

处理	幼苗期	莲座期	结球初期			结球末期		
	叶干重/g	叶干重/g	球干重/g	茎干重/g	叶干重/g	球干重/g	茎干重/g	叶干重/g
W1D1	2.00a	9.22a	11.48a	2.98a	33.20a	47.68a	3.58a	48.10a
W2D1	1.92a	8.50b	9.43cd	2.70ab	30.17bc	42.58b	3.27ab	43.79bc
W1D2	1.92a	9.02a	10.79ab	2.89a	33.00a	46.71a	3.54ab	47.77a
W2D2	1.80a	8.21bc	9.32cd	2.36bcd	29.48bcd	42.55b	3.24bc	43.41bc
W1D3	1.99a	8.53b	10.07bc	2.67abc	30.49b	45.02ab	3.31ab	45.54ab
W2D3	1.73a	8.16bc	8.84cd	2.33bc	27.74cd	40.95c	2.93cd	38.67c
CK	1.77a	7.91c	8.57d	2.15d	27.18d	39.57c	2.82d	37.90c

结球初期、结球末期调控膜埋深相同的处理随着灌水量的增大，外叶、叶球的干物

质量逐渐增大；灌水量一致时调控膜埋深越浅干物质量越大。结球初期调控膜埋深一致时，灌水量对甘蓝球干物质量影响显著，调控膜埋深为20、25cm时W1灌水量下的处理的干物质量显著大于W2灌水处理的球干物质量，且膜调控润灌6个处理的球干物质量均大于地表滴灌CK处理；调控膜埋深一致时，灌水量对甘蓝叶干物质量影响显著，调控膜埋深为20、25、30cm时W1灌水量下的处理的干物质量显著大于W2灌水处理的叶干物质量，且膜调控润灌6个处理的叶干物质量均大于地表滴灌CK处理。结球末期调控膜埋深一致时，灌水量对甘蓝球、叶干物质量影响显著，调控膜埋深为20、25、30cm时W1灌水处理的干物质量显著大于W2灌水处理的干物质量，且膜调控润灌6个处理的球、叶干物质量均大于地表滴灌CK处理。

地下膜调控润灌几个处理，结球初期和结球末期埋深相同时灌水量越大球干物质量越大，灌水量一致时埋深越浅的外叶干物质量越大。结球末期灌水量相同时，减小调控膜的埋深可以使甘蓝球、叶干物质分别增大3.73%～5.90%、4.90%～13.22%。膜调控润灌处理下的球干物质量比地表滴灌提高3.49%～20.50%，叶干物质量比地表滴灌提高2.04%～26.91%。调控膜埋深相同时，增大灌水量可以使甘蓝球、叶干物质分别增大9.77%～12.00%、9.85%～17.74%。可以看出膜调控润灌在适当的范围灌水量越大，干物质量越大，调控膜埋深同样会影响球干物质量，埋深越浅越有利于球干物质量的积累。由此可以看出，膜调控润灌比地表滴灌更有利于甘蓝干物质量的积累。相比于夏季试验，由此可以看出，秋季试验的甘蓝球干物质和叶干物质要明显小于夏季试验，可能是由于秋季大棚的平均温度低于夏季大棚，平均日照时数要小于夏季的大棚，不利于甘蓝干物质的积累。

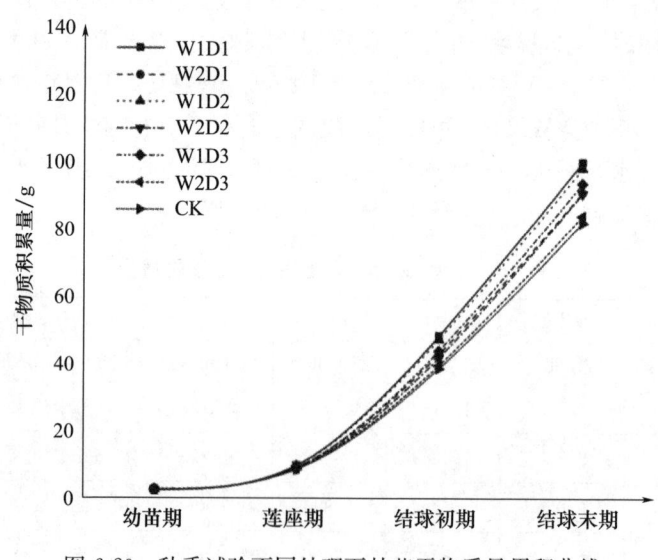

图6-20 秋季试验不同处理下甘蓝干物质量累积曲线

6.3.5 小结

（1）甘蓝的株高随着时间推进而逐渐升高，在莲座期甘蓝迅速发育，7个不同处理的甘蓝的长势均呈现出在前期株高增长迅速，在结球期增长速度变平缓，甘蓝株高在结球末期达到最大。不同灌水处理下株高上升程度显著不同。减小调控膜的埋深可以使甘蓝株高提高2.62%～7.72%。调控膜埋深相同时，增大灌水量可以使甘蓝株高提高4.69%～7.12%。在一定的灌水量范围内，增大灌水量有利于甘蓝生长，同时减小调控膜的埋深也有利于甘蓝的生长。膜调控润灌各处理的株高比地表滴灌高0.26%～15.77%。

（2）减小调控膜的埋深可以使甘蓝茎粗增大0.90%～7.31%。调控膜埋深相同时，增大灌水量可以使甘蓝茎粗增大2.43%～8.02%。由此可见，在一定的灌水量范围内，增大灌水量有利于甘蓝生长，同时减小调控膜的埋深也有利于甘蓝的生长。膜调控润灌各处理的茎粗比地表滴灌大3.85%～15.39%。

（3）各处理植株叶面积指数随甘蓝发育期的推进表现出逐渐增大的趋势，具体表现为结球初期叶面积指数迅速增大，并在结球末期达到峰值。莲座期到结球初期，甘蓝各处理叶面积指数大小差异显著。减小调控膜的埋深可以使甘蓝叶面积指数提高3.19%～11.75%。调控膜埋深相同时，增大灌水量可以使甘蓝叶面积指数提高6.77%～13.72%。可以看出在一定的灌水量范围，增大灌水量有利于甘蓝叶面积的增长，同时减小调控膜的埋深也有利于甘蓝叶面积的增长。膜调控润灌各处理的叶面积指数比地表滴灌高－1.21%～22.12%。

（4）甘蓝的生长期内外叶干质量各处理间均存在显著差异，甘蓝的干物质积累量在结球初期迅速的积累，在结球末期达到最大值。结球末期灌水量相同时，减小调控膜的埋深可以使甘蓝球、叶干物质分别增大3.42%～11.89%、1.57%～13.22%。在调控膜埋深相同时，增大灌水量可以使甘蓝球、叶干物质分别增大9.77%～18.36%、9.85%～17.74%。膜调控润灌处理下的球干物质量比地表滴灌提高3.07%～28.12%，叶干物质量比地表滴灌提高2.04%～29.42%。可以看出膜调控润灌下更有利于外叶干物质量的积累，且在适当的范围灌水量越大，干物质量越大，调控膜埋深同样会影响外叶干物质量，埋深越浅越有利于外叶干物质量的积累。膜调控润灌比地表滴灌更有利于甘蓝干物质的积累。

6.4　膜调控润灌下甘蓝耗水规律及水分利用效率分析

作物不同生育阶段耗水量能反映作物的耗水规律，了解甘蓝的耗水规律对确定甘蓝适宜的灌溉制度有着重要的作用。水分利用效率是反映植物生产过程中的能量转化效率，是衡量作物产量与用水量关系的一个指标。本章通过分析膜调控润灌不同调控膜埋深和灌水量处理下的甘蓝各阶段耗水量，得到甘蓝的耗水规律。根据甘蓝全生育期的灌水量和耗水量分析甘蓝的灌溉水利用效率和作物水分利用效率。

6.4.1　膜调控润灌下甘蓝耗水规律分析

由表6-5和表6-6可知，通过分析甘蓝各阶段的耗水量，可看出在夏季和秋季的试验中，甘蓝的不同处理在整个生育期的耗水量均呈现出先增大后减小的趋势，各处理耗水量在莲座期和结球初期达到峰值。这是由于莲座期和结球初期甘蓝迅速增长，开始结球需要大量的水分。

表 6-5　夏季不同调控膜埋深和灌水处理下甘蓝阶段耗水量、耗水模数

处理	参数	幼苗期	莲座期	结球初期	结球末期	全生育期
W1D1	阶段耗水量/mm	29.05	46.70	28.55	13.31	117.61
	耗水模数/%	24.70	39.71	24.27	11.32	100
W2D1	阶段耗水量/mm	28.39	40.50	24.99	11.08	104.96
	耗水模数/%	27.05	38.58	23.81	10.56	100
W1D2	阶段耗水量/mm	28.72	46.17	27.56	12.45	114.90
	耗水模数/%	25.00	40.19	23.98	10.83	100
W2D2	阶段耗水量/mm	28.00	39.04	23.82	10.93	101.80
	耗水模数/%	27.50	38.36	23.40	10.74	100
W1D3	阶段耗水量/mm	27.40	44.99	28.86	10.44	111.69
	耗水模数/%	24.53	40.28	25.84	9.35	100
W2D3	阶段耗水量/mm	29.00	38.78	22.77	10.28	100.83
	耗水模数/%	28.76	38.46	22.59	10.19	28.76
CK	阶段耗水量/mm	28.39	42.99	25.38	10.85	107.62
	耗水模数/%	26.38	39.94	23.59	10.08	100

表 6-6　秋季不同调控膜埋深和灌水处理下甘蓝阶段耗水量、耗水模数

处理	参数	幼苗期	莲座期	结球初期	结球末期	全生育期
W1D1	阶段耗水量/mm	21.14	43.40	26.23	11.54	102.31
	耗水模数/%	20.67	42.42	25.64	11.28	100.00
W2D1	阶段耗水量/mm	20.71	35.28	23.11	12.29	91.39
	耗水模数/%	22.66	38.61	25.29	13.45	100.00
W1D2	阶段耗水量/mm	19.69	43.05	25.87	9.69	98.30
	耗水模数/%	20.03	43.80	26.32	9.86	100.00
W2D2	阶段耗水量/mm	21.33	33.39	23.76	10.07	88.54
	耗水模数/%	24.09	37.71	26.83	11.37	100.00
W1D3	阶段耗水量/mm	20.18	40.88	25.40	9.72	96.18
	耗水模数/%	20.98	42.50	26.41	10.10	100.00
W2D3	阶段耗水量/mm	19.42	33.91	23.57	10.01	86.90
	耗水模数/%	22.34	39.02	27.12	11.52	100.00
CK	阶段耗水量/mm	20.36	35.62	23.56	12.54	92.08
	耗水模数/%	22.11	38.68	25.59	13.62	100.00

夏季试验全生育期耗水量大小为 W1D1＞W1D2＞W1D3＞CK＞W2D1＞W2D2＞W2D3，总耗水量分别为 117.61、114.90、111.69、107.62、104.96、101.80、100.83mm；秋季试验全生育期耗水量大小为：W1D1 处理＞W1D2 处理＞W1D3 处理＞CK 处理＞W2D1 处理＞W2D2 处理＞W2D3 处理，总耗水量分别为 102.31、98.30、96.18、92.08、91.39、88.54、86.90mm；地下膜调控润灌甘蓝各处理在全生育期内总耗水量与灌水量的

大小和调控膜的埋深有一定的关系，总的来讲，其耗水量随灌水量的增大而增大，随调控膜埋深的增大而减小。这是因为地下铺设的调控膜可以有效地抑制地表水分蒸发，同时调控膜埋深越浅越有利于水分留在甘蓝根系分布的土层，这样灌水量越大、调控膜埋深越浅的处理其耗水量也相应地较大。

试验表明，甘蓝的生育期耗水量随着甘蓝的植株生长呈现先增大后减小的趋势。甘蓝耗水模数在莲座期达到最大值，这是因为在莲座期甘蓝植株迅速生长，大量吸收水分，叶面积和干物质积累量也迅速提高。因此，需在莲座期对甘蓝进行大量的灌水来保障甘蓝的产量。甘蓝生育期前期随着气温的升高和植株的生长，甘蓝需水量也逐步增加，甘蓝的耗水量也逐步增加，因此该阶段需要给甘蓝提供充分的水分以保证甘蓝生长发育，到了结球末期甘蓝生长缓慢，甘蓝植株生长发育和干物质积累均增长缓慢，水分消耗也较少，因此结球末期一般不需要给甘蓝补充太多的水分。

6.4.2 不同处理对甘蓝产量、水分利用效率的影响

6.4.2.1 夏季试验不同处理对甘蓝产量和水分利用效率的影响

在不同灌水处理下，甘蓝的产量不同，其趋势表现为随灌水量的增加而增加，在一定程度上适当增加灌水量可以促进产量的提高。在本次试验中，膜调控润灌处理设置两个灌水下限和三个调控膜埋深，其中灌水下限分别为 $75\%\theta_f$ 和 $85\%\theta_f$，灌水量设置两个水平，分别为 10.5m³/亩（W1）、6.3m³/亩（W2）；调控膜埋深设置高、中、低三个水平，调控膜埋深分别为 20cm（D1）、25cm（D2）、30cm（D3）。灌水量为 W1 时，D1、D2、D3 三个埋深处理的产量分别为 25267.94kg/hm²、24316.38kg/hm²、22819.26kg/hm²。灌水量为 W2 时，D1、D2、D3 三个埋深处理的产量分别为 21912.90kg/hm²、21373.33kg/hm²、19848.61kg/hm²。地表滴灌 CK 处理的产量为 18826.26kg/hm²。产量均随水量的增大而增大。膜调控润灌下，调控膜埋深相同时灌水量对产量影响显著，增大灌水量可以使产量增大 13.77%～15.31%；灌水量相同时，调控膜埋深为 20、25cm 的处理与埋深 30cm 的处理产量存在显著性差异，但是调控膜埋深为 20、25cm 的处理间无明显差异，减小调控膜的埋深可以使产量增大 6.56%～10.73%。灌水量相同时，地表滴灌的产量与膜调控润灌调控膜埋深为 20、25cm 处理的产量存在显著性差异，膜调控润灌比地表滴灌产量提高了 5.43%～16.40%。

各处理灌溉水利用效率为 W1D1＞W1D2＞W2D1＞W2D2＞W1D3＞W2D3＞CK。膜调控润灌下，调控膜埋深一致时，不同灌水量下的灌溉水利用效率无显著差异，提高灌水量，灌溉水利用效率提高 3.48%～4.88%。灌水量一致时，仅在调控膜埋深为 20、30cm 时，灌溉水利用效率存在显著性差异，减小调控膜埋深，灌溉水利用效率提高 6.56%～10.73%。灌水量相同时，地表滴灌的灌溉水利用效率与膜调控润灌调控膜埋深为 20、25cm 处理的灌溉水利用效率存在显著性差异，膜调控润灌比地表滴灌灌溉水利用效率提高了 5.43%～16.40%。

可以看到灌水下限设置为 $75\%\theta_f$ 时能够获得较高的产量和水分利用效率。在地下膜调控润灌下，一定的灌水量范围内，增大灌水量会获得较好的植株高度和叶面积，能够使植株更好的进行光合作用来积累干物质，从而获取更高的产量。

表6-7 夏季不同调控膜埋深和灌水处理下甘蓝产量和水分利用效率

处理	单株质量/g	生物产量/（kg/hm²）	灌溉水利用效率/[kg/（hm²·mm）]	作物水分利用效率/[kg/（hm²·mm）]
W1D1	877.40a	25267.94a	230.19a	214.85a
W2D1	760.90bc	21912.90bc	219.48abc	208.78a
W1D2	844.36a	24316.38a	221.52ab	211.63a
W2D2	742.17c	21373.33c	214.08bc	209.96a
W1D3	792.38b	22819.26b	207.88cd	204.32ab
W2D3	689.22d	19848.61d	198.80de	196.85b
CK	653.72d	18826.26d	188.56e	174.94c

注：小写字母表示甘蓝单株质量、生物产量、灌溉水利用效率、水分利用效率在不同处理下的差异（$P=0.05$），下同。

6.4.2.2 秋季试验不同处理对甘蓝产量和水分利用效率的影响

灌水量为W1时，D1、D2、D3埋深处理的产量分别为21079.78kg/hm²、21250.46kg/hm²、18866.66kg/hm²。灌水量为W2时，D1、D2、D3埋深处理的产量分别为18165.41kg/hm²、17807.60kg/hm²、16722.60kg/hm²。地表滴灌处理的产量为16298.55kg/hm²。整体产量比夏季试验低，产量均随灌水量的增大而增大。灌水量相同时，调控膜埋深为20、30cm的处理产量有显著性差异，减小调控膜的埋深可以使产量增大-0.80%~12.64%。调控膜埋深相同时，灌水量对产量影响显著，增大灌水量可以使产量增大12.82%~19.33%。灌水量相同时，地表滴灌的产量与膜调控润灌调控膜埋深为20、25cm处理的产量存在显著性差异，膜调控润灌比地表滴灌产量提高了2.60%~11.45%。

各处理灌溉水利用效率为W1D2＞W1D1＞W2D1＞W2D2＞W1D3＞W2D3＞CK。膜调控润灌下，调控膜埋深一致时，仅在调控膜埋深为25cm时，灌水量对灌溉水分利用效率影响显著，提高灌水量，灌溉水利用效率提高2.61%~8.54%。灌水量一致时，仅W1D2、W1D3两个处理的灌溉水利用效率存在显著性差异，减小调控膜埋深，水利用效率提高6.49%~12.64%。灌水量相同时，地表滴灌的灌溉水利用效率与膜调控润灌调控膜埋深为20、25、30cm处理的灌溉水利用效率均存在显著性差异，膜调控润灌比地表滴灌灌溉水利用效率提高了2.60%~11.45%。

和夏季试验相同，都是在灌水下限设置为$75\%\theta_f$时获得较高的产量和水分利用效率。地下膜调控润灌时，在一定的灌水量范围内，增大灌水量会获得较好的植株高度和叶面积，能够使植株更好的进行光合作用来积累干物质，从而获取更高的产量。

表6-8 秋季不同调控膜埋深和灌水处理下甘蓝产量和水分利用效率

处理	单株质量/g	生物产量/（kg/hm²）	灌溉水利用效率/[kg/（hm²·mm）]	作物水分利用效率/[kg/（hm²·mm）]
W1D1	731.98a	21079.83a	192.04ab	206.04ab
W2D1	630.78b	18165.41b	181.95bc	198.76bc
W1D2	737.90a	21250.46a	193.59a	216.18a

续表

处理	单株质量/g	生物产量/(kg/hm²)	灌溉水利用效率/[kg/(hm²·mm)]	作物水分利用效率/[kg/(hm²·mm)]
W2D2	618.35bc	17807.59bc	178.36bc	201.12bc
W1D3	655.13b	18866.66b	171.87bc	196.16bc
W2D3	580.68cd	16722.60cd	167.49c	192.43c
CK	565.95d	16298.55d	163.25d	177.01d

6.4.3 地下膜调控润灌技术参数和灌溉制度确定

通过对这几个处理产量的分析，可以看出当调控膜埋深相同时，在一定的范围随着灌水量的增加，甘蓝的产量也随之增加。当调控膜埋深相同时，灌水量越大的处理产量越大，灌水量对产量的影响显著；在调控膜埋深 20cm 和 30cm 的处理中埋深对甘蓝产量的影响显著，调控膜埋深 20cm 和 25cm 的处理中埋深对甘蓝产量的影响不显著。综合分析灌水下限为 $75\%\theta_f$ 的处理产量显著高于灌水下限为 $85\%\theta_f$ 的处理，灌水下限为 75% 可以在保障甘蓝产量同时获得较高的水分利用效率，调控膜埋深为 20cm 和 25cm 处理的甘蓝产量显著高于埋深为 30cm 的处理。确定甘蓝适宜的灌水定额为 10.5m³/亩，灌溉定额为 69.47m³/亩，灌水下限为 $75\%\theta_f$，整个生育期灌水共 109.77mm，可达到节水高产的效果。膜调控润灌处理中调控膜埋深为 20、25cm 甘蓝的产量和水分利用效率不存在显著差异，考虑到生产实践中耕作层深度一般在 20cm 以内，因此，为了避免与田间耕作相互影响，选择调控膜埋深为 25cm 最佳。

6.4.4 小结

（1）地下膜调控润灌下甘蓝在全生育期内总耗水量与灌水量的大小和调控膜的埋深有一定的关系，总的来讲，其耗水量随灌水量的增大而增大，随调控膜埋深的增大而减小。甘蓝的不同处理在整个生育期的耗水量均呈现出先增大后减小的趋势，各处理耗水模数均在莲座期达到最大值。这是由于莲座期甘蓝迅速增长，开始结球需要大量的水分，因此在莲座期需要给甘蓝补充大量的水分。

（2）在不同灌水处理下，甘蓝的产量不同，其趋势表现为随灌水量的增加而增加，在一定程度上适当增加灌水量可以促进产量的提高。产量均随水量的增大而增大。灌水量相同时，减小调控膜的埋深可以使产量增大 $-0.80\%\sim12.64\%$。调控膜埋深相同时，增大灌水量可以使产量增大 $12.82\%\sim19.33\%$。夏季试验各处理水分利用效率为 W1D1＞W1D2＞W2D1＞W2D2＞W1D3＞W2D3＞CK。秋季试验各处理水分利用效率为 W1D2＞W1D1＞W2D1＞W2D2＞W1D3＞W2D3＞CK。综合分析灌水下限为 $75\%\theta_f$ 的处理产量显著高于灌水下限为 $85\%\theta_f$ 的处理，灌水下限为 $75\%\theta_f$ 可以在保障甘蓝产量同时获得较高的水分利用效率。

7 地下膜调控润灌系统设计与施工

地下膜调控润灌系统包括首部枢纽、田间输配水系统和出水口装置组成。本章结合近些年田间试验实践，总结该灌溉方式首部枢纽、田间输配水系统和出水口装置设计和施工的技术要点和注意事项，为该灌溉方式的推广应用提供技术支撑。

7.1 工程方案选择

7.1.1 管网比选

在灌溉工程中适用的管材主要有PVC-U塑料管［以卫生级聚氯乙烯（PVC）树脂为主要原料，加入适量的稳定剂、润滑剂、填充剂、增色剂等经塑料挤出机挤出成型和注塑机注塑成型，通过冷却、固化、定型、检验、包装等工序制成的塑料管］、PE（聚乙烯）塑料管、镀锌焊接钢管和焊接钢管，各种管材主要性能比较见表7-1。

表7-1 输水管材料性能比较

性能	聚乙烯管	镀锌钢管（焊接钢管）	聚氯乙烯管
机械强度	强度高	强度高	强度较低
封闭性能	水密封性好，耐高压	水密封性好	抗震和水密封性较好
输送水质	水质稳定性好	输送饮用水，必须内衬材料	不易结垢，输送水质较稳定
水力条件	水头损失小	较塑料管差	内壁光滑，水头损失小
耐腐蚀性	耐腐蚀性能好	抗腐蚀性能差	耐腐蚀性能好
施工工艺	工艺简单	工艺复杂	工艺简单
维修工艺	工艺简单	工艺复杂	工艺简单
工程造价	低	高	低

根据各类型管材特点，地下膜调控润灌系统地埋干管宜采用PVC-U管材，地埋支管和毛管宜采用PE管材。

7.1.2 布置形式

地下膜调控输水管网布置，根据《微灌工程技术标准》（GB/T 50485—2020），结合水源位置、地块形状、地形等实际情况一般布置干、支、毛三级管道，并根据轮灌组的划分确定干、支、毛三级管道的铺设方向。

7.2 技术设计方案

7.2.1 总体设计原则

在总体设计中应遵守以下主要原则。

（1）结合工程实际和该灌水技术的特点，科学合理的确定滴灌管的间距、出水点间距和上下膜的尺寸及材质，确保项目实施后能达到预期效果，同时大力促进区域节水农业的发展。

（2）工程的规划和设计应能为灌水施肥的自动化和智能化提供便利条件，逐步实现集田间土壤水分自动监测、灌水施肥量的实时计算、精准控制灌水施肥时机的高效自动水肥一体化系统。

（3）充分考虑近、远期的发展，既要根据现实情况，讲求实效，节省资金，同时也为进一步发展创造有利条件，推动区域水资源的可持续利用和农业用水的良性循环。

7.2.2 分类工程设计

7.2.2.1 首部工程

明确工程水源位置，在水源处建造泵房，泵房内安装水泵、变频柜、逆止阀、过滤器、压力表、水肥一体化设备、蝶阀（或球阀）、排气阀等设备。为了防止水中杂质堵塞出水口，根据工程特点选择合适的过滤装置非常重要。农田灌溉常用过滤器有离心过滤器、砂石过滤器、网式过滤器和碟片式过滤器，各种过滤器的优缺点及适用条件见表 7-2。

表 7-2 各种过滤器优缺点对比

名称	优点	缺点	适用条件
离心过滤器	分离 60～150 目砂石的能力可达 92%～98%；清洗便捷；安装方便，使用年限长	分离细颗粒泥沙的能力较差，一般不单独使用，常与网式过滤器或碟片式过滤器联合使用	适用于大田作物、蔬菜、果树、花卉、绿地等采用微、喷灌的灌溉系统
砂石过滤器	主要用于去除水中悬浮污物、有机质；安装方便，使用年限长	分离细颗粒固体污物的能力较差，一般不单独使用，常与网式过滤器或碟片式过滤器联合使用	适用于农田微灌系统、工业用水处理、生活用水预处理等
网式过滤器	根据选择目数，可去除水中 0.01～3.00mm 的固体杂质；安装清洗方便	过滤器堵塞会增加水头损失，降低灌水压力，影响灌水均匀度；应根据压力表读数变化及时清理滤网	适用于大田作物、蔬菜、果树、花卉、绿地等采用微、喷灌的灌溉系统
碟片式过滤器	可过滤水中细小的杂质和污染物，过滤效果稳定；操作简单，易清洗，使用年限长	长时间使用后碟片易粘连；局部水力损失大，过滤器堵塞会增加水头损失，降低灌水压力和出水能力，影响灌水均匀度；应根据压力表读数变化及时清理滤网	适用于农田微灌系统、废水处理、污水再生、市政供水、化工企业等

通过对以上四种常用过滤器的优缺点及适用条件进行对比，考虑水源的水质，设计时一般选用离心过滤器和网式过滤器的组合形式来对水进行过滤。

首部枢纽各设备连接顺序一般为：逆止阀、压力表、离心过滤器、排气阀、施肥桶、网式过滤器和压力表，具体如图 7-1 所示。离心式过滤器用于过滤井水中可能存在的比重较大的固体颗粒，网式过滤器用于过滤水中可能含有的比重较小的细颗粒物质，防止堵塞地下润灌系统出水点；压力表 1 和压力表 2 用于测量首部枢纽前后的压差，压差增大应及时清理过滤器；灌水量根据灌溉面积由水表读数人工控制，灌溉压力根据灌溉面积由变频操作柜控制变频泵实现；若需要施肥，在施肥桶中加入称量好的水溶性肥料，然后利用压力泵将施肥桶中的肥液压入管道内。

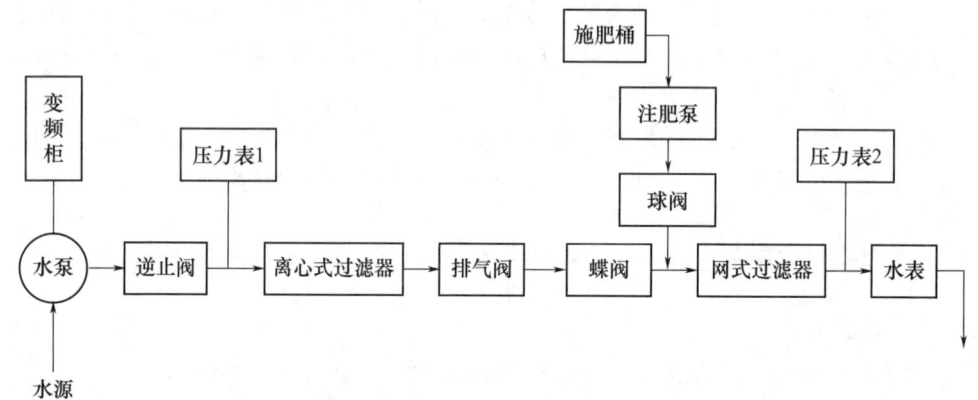

图 7-1　首部枢纽水肥一体化设备连接示意图

7.2.2.2　田间工程

根据《膜调控润灌节水技术规程》（DB13/T 5386—2021），对田间工程设计如下：

(1) 管网布置

根据田块的形状和面积，一般布置干管、支管和毛管三级管道，三级管道相互垂直，其中干管和支管布置成树状管网，支管和毛管布置成环状管网。根据相关规范要求对田块划分轮灌组。一般干管选用 $\phi 110mm$ 的 PVC-U 管，干管埋深为 80cm；支管选用 $\phi 90mm$ 和 $\phi 63mm$ 的 PE 管，支管埋深为 60cm；毛管选用 $\phi 16mm$ 的 PE 管，毛管埋深为 35cm，毛管和滴头间距为 0.8 m。

(2) 水量平衡分析

根据相关规范，对单井控制灌溉面积进行校核，计算公式见下式：

$$A=\eta Q_s t_d/10 I_a \tag{7-1}$$

式中，A 为灌排面积，hm^2；Q_s 为水源可供流量，m^3/h；t_d 为水泵供水小时数，h/d；I_a 为设计供水强度，mm/d，$I_a=E_a$，E_a 为设计耗水强度，mm/d；η 为灌溉水利用系数。

(3) 管道水力计算

1) 流量偏差率

根据相关规范要求，微灌系统灌水小区设计允许流量偏差率应满足下式要求：

$$[q_v] \leqslant 20\% \tag{7-2}$$

2) 水头偏差率

工作水头偏差率为

$$h_v = \frac{1}{x} q_v \left(1 + 0.15 \frac{1}{x} \frac{x}{} q_v\right) \quad (7-3)$$

式中，x 为流态指数。

3) 毛管极限孔数

$$N_m = \mathrm{INT} \left[\frac{5.446 \, [\Delta h] \, d^{4.75}}{k S_e q_d^{1.75}} \right]^{0.346} \quad (7-4)$$

式中，d 为毛管内径，mm；k 为水头损失扩大系数。

4) 毛管极限长度

毛管极限长度由下式计算：

$$L_m = S_e (N_m - 1) + S_0 \quad (7-5)$$

5) 管材及管径的选择

干管采用 PVC 管材，支管和毛管采用 PE 管。按照经济流速法，用下式对各级管道管径进行初估：

$$D = \sqrt{\frac{4Q}{\pi v}} \quad (7-6)$$

式中，D 为管径，mm；Q 为流量，m³/s；v 为流速，m/s。

各级管道流量计算：

① 毛管设计流量：

$$Q_{毛} = N_{孔} \times q \quad (7-7)$$

式中，$Q_{毛}$ 为毛管的设计流量，m³/h；q 为滴头流量，m³/h；$N_{孔}$ 为一条毛管上的孔数。

② 支管设计流量：

$$Q_{支} = N_{毛} \times Q_{毛} \quad (7-8)$$

式中，$Q_{支}$ 为支管的设计流量，m³/h；$Q_{毛}$ 为一条毛管流量，m³/h；$N_{毛}$ 为同时工作的毛管数目。

③ 干管设计流量：

$$Q_{干} = N_{支} \times Q_{支} \quad (7-9)$$

式中，$Q_{干}$ 为干管的设计流量，m³/h；$Q_{支}$ 为一条支管流量，m³/h；$N_{支}$ 为同时工作的支管数目。

6) 管道水头损失

根据相关规范，利用下式对干、支和毛管进行沿程水头损失计算：

$$h_f = f L Q^m / d^b \quad (7-10)$$

式中，f 为摩擦系数；L 为管道长度，m；Q 为流量，L/h；d 为管道内径，mm；m 为流量指数，与管材有关；b 为管径指数，与管材有关。

考虑毛管为多孔出流，水头损失需乘以多口系数进行校正。局部水头损失按沿程水头损失的 5%～15% 计算。

7) 毛管进口工作压力 $h_{0毛}$

毛管进口压力可按下式计算

$$h_{0毛} = H_0 + h_{毛} \tag{7-11}$$

式中，H_0 为灌水器工作水头，m；$h_{毛}$ 为毛管沿程水头损失。

8）水泵扬程计算

考虑机井动水位、泵管水头损失、首部水头损失、管网水头损失、地形落差和出水口工作压力等对水泵扬程进行计算。其计算公式为

$$H_{泵} = h_{泵管} + h_{w首} + h_d + \Delta z + \sum h_w + h_0 \tag{7-12}$$

式中，$h_{泵管}$ 为泵管的水头损失，m；$h_{w首}$ 为首部枢纽水头损失，m；h_d 为机井动水位，m；Δz 为管网进口和出水口之间的高程差，m；$\sum h_w$ 为管网水头损失，m；h_0 为出水口工作压力，m。

7.3 田间工程施工

7.3.1 施工顺序

雄安新区地下膜调控灌溉系统试验示范田的田间工程施工顺序如下：
(1) 干支管放线；
(2) 干支管道开沟；
(3) 干支管道安装及试水；
(4) 干管沟回填及回填土夯实；
(5) 毛管沟放线；
(6) 毛管沟开挖；
(7) 毛管安装及试水；
(8) 灌水器铺设；
(9) 毛管沟回填。

7.3.2 施工准备

(1) 根据膜调控润灌工程的特点制定相应的施工标准，要按照设计要求，保质、保量地实施。

1) 施工前要深入灌区，全面勘查，调查了解施工区域内的情况，认真分析施工条件，制定施工细则。

2) 施工安装必须按批准的设计进行，首先检查图纸、文件等是否齐全，认真核对设计与实际灌区内的有关情况是否相符，提出合理修改意见。

3) 施工中要随时检查工程质量，并做好记录，工程全部完工后及时绘制竣工图，编制竣工报告并等待验收。

4) 管材、管件在运输、装卸、储存时应小心轻放，排列整齐，避免油污和化学污染，不得撞击和尖锐物品触碰、不得抛、摔、滚、拖。堆放高度不宜超过1.5m，管材分类堆放，不得在阳光下长期暴晒，距离热源不小于1.5m。

(2) 施工前的准备工作如下。

1) 在工程控制土地范围内，宜实现统一管理，完成土地流转工作。

2) 根据施工所在地尽可能方便协商获取电源以及安装独立电表，为施工顺利进行做准备。

3) 全面了解和熟悉膜调控润灌工程的设计文件，包括灌区内地形、水源设备布置、管网布置等，核对有关设计参数，以便顺利施工。

4) 根据工程规模编制相应的施工计划，应包括建立施工组织、编制劳动力等工程进度，制定质量检查方案和安全措施，准备好施工工具。

5) 按设计要求核对设备，施工前要根据设计所提供的资料对所有设备进行核对，以便顺利施工。

7.3.3 管沟开挖技术要求

（1）干支管开沟

1) 工程施工要求严格按设计进行，施工前按照工期制定工期计划，建立健全施工组织，制定质量检查方法和安全措施。

2) 施工放线前，须设置控制网点，按先主管后支管的顺序进行。沟槽开挖中心线上每隔30~50m在管道线、转折点、闸阀等处打桩标注，并在地形复杂的地方加桩，桩上应标注开挖深度与宽度，开挖宽度与深度误差不得超过设计值±3cm。

3) 对施工区域内障碍物、周围地面输水设施调查了解，如农田灌溉渠、工厂排水渠等以及其他临时性或永久性排水设施，提出明确处理方案。

4) 管沟若与原地下管线相交叉或在地上建筑物、电杆、测量标志等附近挖槽时，应采取加固措施。如遇通信、电力等管线时，应会同有关单位协调解决。

5) 干支管开沟偏移量控制在±5cm，镇墩坑、阀门井开挖宜与管沟开挖同时进行。

（2）毛管开沟

开沟机在对毛管沟开挖时保证顺直，偏移距离不得超过±3cm，并且开挖深度误差不得超过设计值±2cm，为后期人工修整毛管沟减轻工作量。其开沟前的放线原则同上，保证放线的准确性，为开沟机创造好的条件。

毛管开沟质量参数及要求有以下几项。

1) 沟宽：与下膜边长尺寸相同，误差不得超过设计值±2cm。

2) 沟长：与毛管长度一致，沟长比毛管长误差不得超过±50cm。

3) 沟深：与毛管埋深一致，开沟深度为35~40cm，沟深误差不得超过±0.5cm。

（3）开沟技术要求符合以下规定：

1) 按施工放样轴线、沟底设计高程及设计断面尺寸开挖。

2) 沟底应平直、密实，清除石块与杂物。

7.3.4 管道安装及膜调控装置铺设

（1）管道安装

1) 输配水管网是由低压管道、管件及附属管道装置连接成的输配水通道，由多级管道组成，膜调控润灌技术采用固定式地埋管。

2）干支管的铺设应该在干支管沟槽检验合格后进行。材料的供应：技术参数执行行业相关标准，且 PE 管材必须满足 GBT 13663—2000 有关要求，出厂合格证、质检合格证齐全。

3）使用软带吊具吊运管材并平稳放入沟内，吊运过程中避免使得管材遭到破坏，并且防止管沟两侧的开挖土进入沟槽。

4）铺设管道时将管道沿管沟槽中心线布设，误差控制在±5cm 范围内。

5）PVC 管道安装宜采用承插式连接，PE 管道安装宜采用热熔焊接。

(2) 膜调控装置的铺设是在毛管铺设完成后进行。铺设应满足如下要求：

1）应对下膜进行铺设，以毛管灌水器为中心将下膜放置在滴头下面，偏差距离不得超过±1cm。

2）要对中间透水夹层以及上膜进行铺设，将毛管灌水器覆盖，且处在下膜的中心位置。

3）铺设完毕后要对灌水器用少量细土进行盖压固定，防止在管沟回填前灌水器各部分发生偏移。

4）在施工过程中，防止上膜、中间透水夹层以及下膜发生卷曲情况发生。

7.3.5　干支管系统密闭性检验

(1) 干支管管道安装完成后，在沟槽土回填前应先对其进行密闭性检验。应做好下列准备工作。

1）配套建筑物的设备基础、镇墩等已达要求的强度。

2）首部枢纽处于完好状态。

3）管道铺设应符合要求，接头和阀门等处能观察漏水情况。

(2) 管道水压密闭性试验应符合以下规定。

1）管道升压时，排除管道内气体，升压过程中，当发现压力表针摆动不稳且升压较慢时，应重新排气后再升压。

2）应分级升压，每升一级应检查后背、接口等，当发现无异常现象时，再继续升压。

3）水压试验时，严禁对管身、接口进行敲打或修补缺陷，遇到缺陷时，应作出标记，卸压后修补。

4）水压试验过程中，管道两端严禁站人。

5）试运行前应进行主管道水压试验。试压的水压力不应小于管道设计压力的 1.5 倍，并保持 20 min，管道不应发生爆裂、脱落等。

(3) 测试管道渗漏水，管道允许最大漏水量。

当渗漏水量小于管道允许最大漏水量时，应为合格；当漏水量大于管道允许最大漏水量时，应进行管道渗水量试验，详见 GB/T 20203—2017。

7.3.6　管道冲洗

管道冲洗应首先打开枢纽总控制阀和准备冲洗管道的阀门，关闭其他阀门，然后启动水泵,对干管进行冲洗后打开一个轮灌组的各支管进口和末端阀门,关闭干管末端阀门,进行支管冲洗。

7.3.7　毛管配水系统施工及技术要求

(1) 毛管管网是采用封闭成环的管道组成,宜由两个方向供水。

(2) 在铺设毛管时,要保证毛管顺直,毛管要处在沟槽的中心线上面,并且毛管不应拉的过紧,按略大于支管间距的长度切割毛管,以补偿温度差所引起的变化影响管路。

(3) 毛管与支管连接时,应先进行打孔,打孔位置需在支管同一侧,且保证孔径与旁通一致,保证毛管与支管更好的连接,防止漏水。

(4) 打孔完毕后将旁通件压入支管,旁通的另一端连接毛管,并且要避免与支管连接时毛管严重突起。

(5) 在铺设控制膜时,要严格按照灌水器的结构位置来铺设,毛管的滴头要处在膜的中心位置,保证灌水器四周均匀出水。

7.3.8　管沟回填及技术要求

(1) 管沟回填时必须确保管道、接口及构筑物的安全,先检查主要部位的运行情况,如控制器、支管、控制阀以及过滤器。当管道系统及其连接件、控制线、PE 软管等隐蔽部件能正常工作后,即可回填管沟。

(2) 在管壁四周 10cm 内的填土不得有直径大于 2.5cm 的石块或直径大于 5cm 的土块,不得采用冻土回填,回填应分层轻夯或踩实,并预留沉陷超高。

(3) 管沟回填应在管道充水的条件下进行,回填前清除沟内一切杂物,将沟内积水排除。

(4) 在回填过程中,管道下部与管底间的空隙处必须填实,保证管道垫层平整、密实,管沟要顺直,防止管材扭曲变形而沉降。

参考文献

[1] 池宝亮，黄学芳，张冬梅，等．点源地下滴灌土壤水分运动数值模拟及验证［J］．农业工程学报，2005，21（3）：56-59.

[2] 段启蒙，绳莉丽，程伍群，等．基于HYDRUS-2D的膜调控润灌湿润锋运移数值模拟研究［J］．河北农业大学学报，2022，45（2）：120-130.

[3] 郭美丽，焦峰，薛超玉．黄土丘陵区土壤水分空间分布与环境因子的关系［J］．中国水土保持科学，2018，16（1）：46-55.

[4] 郭元裕．农田水利学［M］．3版．北京：中国水利水电出版社，2019.

[5] 韩明明，张西平，程伍群，等．膜调控润灌对冬小麦生长及水分利用效率的影响［J］．河北农业大学学报，2022，45（6）：16-23.

[6] 康绍忠．农业水土工程概论［M］．北京：中国农业出版社，2005.

[7] 志栋，杨诗秀，谢森传．土壤水动力学［M］．北京：清华大学出版社，1988.

[8] 李久生，陈磊，栗岩峰．地下滴灌灌水器堵塞特性田间评估［J］．水利学报，2008（10）：1272-1278.

[9] 李久生，栗岩峰，王军，等．微灌在中国：历史、现状和未来［J］．水利学报，2016，47（3）：372-381.

[10] 李耀刚，王文娥，胡笑涛，等．基于HYDRUS-3D的涌泉根灌土壤入渗数值模拟［J］．排灌机械工程学报，2013，31（6）：546-552.

[11] 刘昌明．节水优先 需水控制 开源节流统一观［J］．水利发展研究，2001（1）：3-4，12.

[12] 刘晓东．河北省农业用水效率测度与提升路径研究［D］．保定：河北农业大学，2020.

[13] 罗金耀．节水灌溉理论与技术［M］．2版．武汉：武汉大学出版社，2003.

[14] 马建国，杨莹，董娜，等．膜调控润灌在不同土壤类型下的技术参数确定［J］．灌溉排水学报，202，43（5）：45-54.

[15] 宓文海，江荣风，刘全清，等．不同灌溉方式对华北冬小麦生长的影响［J］．华北农学报，2013，28（2）：175-179.

[16] 陶治，吴现兵，程伍群，等．地下膜调控润灌对冬小麦土壤水分及生长的影响［J］．灌溉排水学报，2024，43（7）：48-56，112.

[17] 王二英，候仁礼．河北省农业用水现状及促进农业节水的对策［J］．南水北调与水利科技，2005（S1）：19-20.

[18] 王嘉毅．调控膜埋深和灌水量对土壤水分分布及甘蓝生长影响［D］．保定：河北农业大学，2024.

[19] 王全九，邵明安，郑纪勇．土壤中水分运动与溶质迁移［M］．北京：中国水利水电出版社，2007.

[20] 王淑芬，张喜英，裴冬．不同供水条件对冬小麦根系分布、产量及水分利用效率的影响［J］．农业工程学报，2006，22（2）：27-32.

[21] 王伟，李光永，段中锁，等．利用工程措施改变地下滴灌土壤湿润模式的试验［J］．节水灌溉，2000（3）：22-24.

[22] 宜丽宏，王丽，张孟妮，等．不同灌溉方式对冬小麦生长发育及水分利用效率的影响［J］．灌溉排水学报，2017，36（10）：14-19．

[23] 余根坚，黄介生，高占义，等．基于 HYDRUS 模型不同灌水模式下土壤水盐运移模拟［J］．水利学报，2013（7）：826-834．

[24] 张维理，田哲旭，张宁，等．我国北方农用氮肥造成地下水硝酸盐污染的调查［J］．植物营养与肥料学报，1995，1（2）：80-87．

[25] 张雅冰，程伍群，吴现兵，等．地下膜调控润灌对冬小麦耗水规律及水分利用效率的影响［J］．南水北调与水利科技（中英文），2023，21（2）：399-406．

[26] 中华人民共和国住房和城乡建设部．微灌工程技术标准：GB/T 50485—2020［S］．北京：中国计划出版社，2021．

[27] BARTH H K. Resource conservation and preservation through a new subsurface irrigation system [C] //In: Lamm F, ed. Proceedings of the 5th International Microirrigation Congress, Orlando, FL, USA: ASABE, 1995: 168-174.

[28] BARTH H K. Sustainable and effective irrigation through a new subsoil irrigation system (SIS). Agricultural Water Management, 1999, 40 (2-3): 283-290.

[29] DEPANTE M, MORISON M Q, PETRONE R M, et al. Hydraulic redistribution and hydrological controls on aspen transpiration and establishment in peatlands following wildfire [J]. Hydrological Processes, 2019, 33 (21): 2714-2728.

[30] KANDELOUS M M, ŠIMŮNEK J. Numerical simulations of water movement in a subsurface dire irrigation system under field and laboratory conditions using HYDRUS-2D [J]. Agircultural Water Management, 2010, 97 (7): 1070-1076.

[31] PROVENZANO G. Using HYDRUS-2D simulation model to evaluate wetted soil volume in subsurface drip irrigation systems [J]. J. Irrig. Drain. Eng. 2007, 133 (4): 342-349.

[32] SKAGGS T, TIDUT T, SIMUNEK J, et al. Comparison of HYDRUS-2D simulations of drip irrigation with experimental observations [J]. Journal of Irrigation and Drainage Engineering ASCE, 2004 (130): 304-310.

[33] WANG JD, GONG SH, XU D. Impact of drip and level-basin irrigation on growth and yield of winter wheat in the North China Plain [J]. Irrigation Science, 2013, 31 (5): 1025-1037.

[34] ZHANG G X, MENG W H, PAN W H, et al. Effect of soil water content changes caused by ridge-furrow plastic film mulching on the root distribution and water use pattern of spring maize in the Loess Plateau [J]. Agricultural Water Management, 2022 (26) 1: 107338.